国家骨干高职院校建设

机电一体化技术专业（能源方向）系列教材

煤矿机电设备电气自动控制

王　娟　　温玉春　主　编

王荣华　韩晓雷　刘　璐　张松宇　副主编

袁　广　主　审

化学工业出版社

·北京·

本书主要介绍煤矿机械设备的电气自动控制，按照任务引领、项目驱动将全书分为六大任务：矿用电动机基本控制电路的设计、安装及调试，采煤机电气控制系统，液压支架的PLC控制程序的设计及调试，矿井运输机械的电气控制，掘进机电控系统的安装、维护与检修及矿井提升设备电气控制系统。

本书是专门针对机电一体化技术专业（能源方向）核心课程煤矿机电设备电气自动控制编写的特色教材，可供各院校相关专业使用和作为煤矿企业机电技术工人的培训教材。

图书在版编目（CIP）数据

煤矿机电设备电气自动控制/王娟，温玉春主编．—北京：化学工业出版社，2014.5（2023.8 重印）

国家骨干高职院校建设．机电一体化技术专业（能源方向）系列教材

ISBN 978-7-122-20030-3

Ⅰ.①煤…　Ⅱ.①王…②温…　Ⅲ.①煤矿-机电设备-电气控制系统-教材　Ⅳ.①TD6

中国版本图书馆 CIP 数据核字（2014）第 045707 号

责任编辑：李　娜　　　　装帧设计：张　辉

责任校对：王素芹

出版发行：化学工业出版社（北京市东城区青年湖南街 13 号　邮政编码 100011）

印　　装：天津盛通数码科技有限公司

787mm×1092mm　1/16　印张 14　字数 347 千字　2023 年 8 月北京第 1 版第 5 次印刷

购书咨询：010-64518888　　　　售后服务：010-64518899

网　　址：http：//www. cip. com. cn

凡购买本书，如有缺损质量问题，本社销售中心负责调换。

定　　价：35.00 元

前　言

本套系列教材，是内蒙古机电职业技术学院在国家骨干院校建设中的系列成果之一。为适应我国煤炭工业建设和发展的需要，进一步加快高等职业教育教学改革的步伐，满足高素质高级技能型人才培养的要求，机电一体化技术专业（能源方向）深化“理实一体、双境育人”的人才培养模式改革，在重构以知识、能力、素质为一体的课程体系的基础上，配套建设了相应的教材。

本书立足煤炭高等职业教育人才培养目标，按照工学结合的思路，在行业和有关企业专家及本院专业教师的共同反复研讨下，针对煤矿机电设备电气技术岗位，对职业岗位进行职业能力分析，并根据学生的认知规律进行设计编写。

编写时把握高职教育的特点，淡化理论分析，避免公式的推导，教材的编写基于工作过程的需要，体现任务驱动的特点，在每个任务中均提出了知识要点、技能目标、任务描述、任务分析、相关知识、能力体现、操作训练、任务评价等。

本书通过具体的典型案例展示教学内容，通过以学生为主体的教、学、做一体的教学方法实施教学内容，在培养学生掌握相关职业知识、具备与实际工作密切相关的职业能力的同时，注重培养学生的职业素质。

本书主要介绍煤矿机械设备的电气自动控制，按照任务引领、项目驱动将全书分为六大任务：矿用电动机基本控制线路的设计安装及调试、采煤机电气控制系统、液压支架的PLC控制程序设计及调试、矿井运输机械电气控制、掘进机电气自动控制及矿井提升设备电气控制系统。

本书由王娟、温玉春任主编，王荣华、韩晓雷、刘璐、张松宇任副主编。

本书由王娟编写前言和任务四的分任务一；温玉春编写任务一的分任务一和任务三；刘璐编写任务一的分任务二；王荣华编写任务一的任务三、任务二和任务四的分任务二；张松宇编写任务五；韩晓雷编写任务六；王旭元编写任务一的能力体现部分；张国瑞编写任务二的能力体现部分。本书由袁广主审。本书在编写过程中，得到了神东天隆集团有限责任公司侯玉和神华北电胜利能源有限责任公司张华明大力帮助，在此表示衷心感谢。

由于编者水平有限，书中难免有不足之处，恳请读者批评指正。

编　者

目　录

任务一　矿用电动机基本控制电路的设计、安装及调试

分任务一　电动机正反转控制电路的安装与调试

知识要点

(1) 常用低压电器的识别。

(2) 认识电气控制系统图。

(3) 电动机基本控制电路的分析。

技能目标

(1) 能识别常用低压电器。

(2) 能正确识读电气控制线路图。

(3) 能根据原理图装接实际电路并进行调试。

(4) 能利用万用表检查电气元件、主电路、控制电路并根据检查结果或故障现象判断故障位置。

(5) 能够对操作过程进行评价，具有独立思考能力、分析判断与决策能力。

任务描述

生产实际中，要求运动部件能够向两个方向运动的情况比较多，例如矿井提升机的上升和下降、采煤机向左牵引和向右牵引等都是电动机正反转控制的应用。根据电动机正反转控制原理图，安装实际电路并进行调试。

一、常用低压电气元件的识别与选用

在电能的产生、输送、分配和应用中，起着开关、控制、调节和保护作用的电气设备称为电器。常用的低压电器是指工作在交流电压1200V、直流电压1500V以下的电器。

（一）刀开关和自动空气开关

刀开关和自动空气开关都可以用来隔离电源，所以又称它们为隔离开关。

1. 刀开关

刀开关是一种手动电器，用于不频繁地接通和分断交直流电路。刀开关的结构如图1-1所示。

(1) 刀开关的结构与型号　它主要有与操纵手柄相连的动触点、静触点、刀座、进线及出线接线座，这些导电部分都固定在瓷底板上，且用胶盖盖着，所以当闸刀合上时，操作人员不会触及带电部分。

刀开关的型号含义及电气符号如图1-2所示。

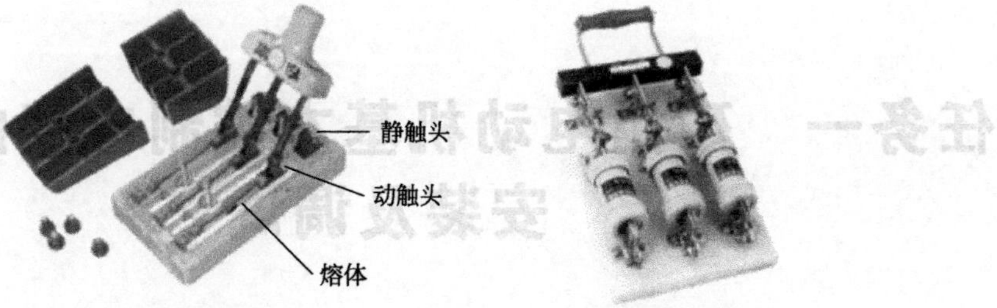

(a) 闸刀开关结构　　(b) 熔断式刀开关

图 1-1　刀开关的结构

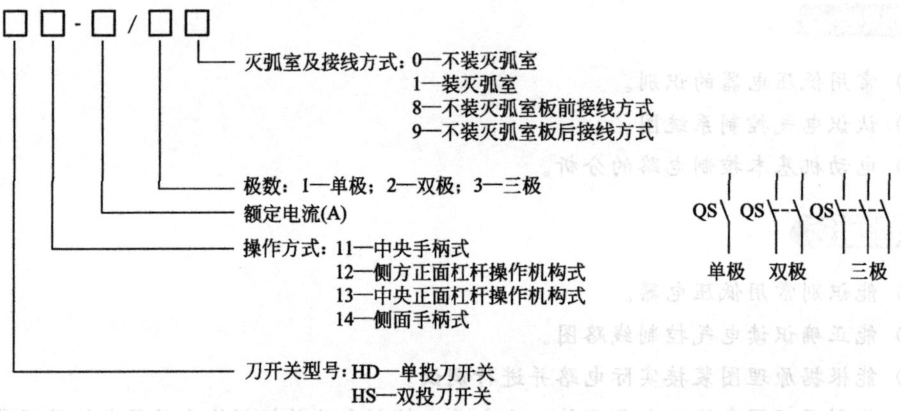

(a) 型号含义　　(b) 电气符号

图 1-2　刀开关的型号含义及电气符号

(2) 刀开关的主要技术参数与选择　刀开关种类很多，有两极（额定电压 250V）和三极（额定电压 380V）的刀开关，额定电流有 10～100A 不等。

① 用于照明电路时可选用额定电压 220V 或 250V、额定电流等于或大于电路最大工作电流的两极开关。

② 用于电动机的直接启动，可选用额定电压为 380V 或 500V、额定电流等于或大于电动机额定电流 3 倍的三极开关。

(3) 刀开关的安装与使用

① 电源进线应装在静插座上，而负荷应接在动触点一边的出线端。这样，当开关断开时，闸刀和熔丝上不带电。

② 刀开关必须垂直安装在控制屏或控制板上，不能倒装，即接通状态时手柄朝上，否则有可能在分断状态时闸刀开关松动落下，造成误接通。

③ 负荷较大时，为防止出现闸刀开关本体相间短路，可与熔断器配合使用。闸刀本体不再装熔丝，在应装熔丝的接点上安装与线路导线截面相同的铜线。

2. 自动空气开关

自动空气开关又称低压断路器，在电气线路中起接通、断开和承载额定工作电流的作用，并能在线路和电动机发生过载、短路、欠电压的情况下进行可靠的保护。可以手动操作也可以电动操作，还可以远方遥控操作。其外形如图 1-3 所示。

(1) 自动空气开关的结构及工作原理　自动空气开关的主要由触点系统、灭弧装置、

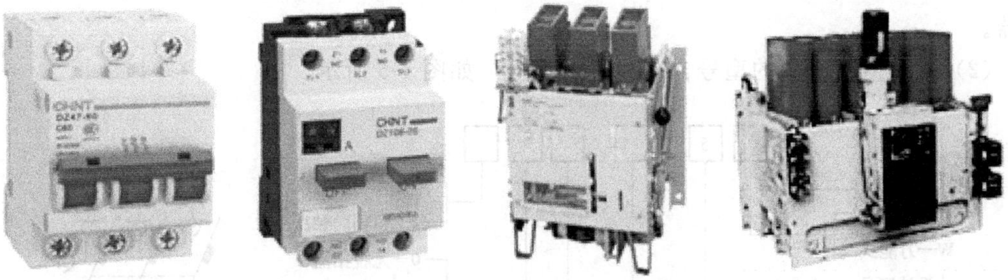

(a) DZ47系列断路器　(b) DZ108系列断路器　(c) DW15系列断路器　(d) NW17系列断路器

图 1-3　低压断路器外形

机械传动机构和保护装置组成。自动空气开关的保护装置由各种脱扣器来实现，脱扣器的形式有电流脱扣器、热脱扣器、欠压脱扣器等。图 1-4 所示为自动空气开关的结构示意图。

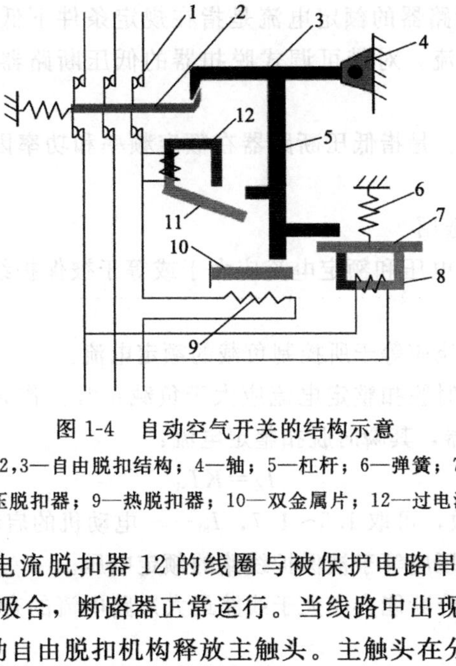

图 1-4　自动空气开关的结构示意

1—主触点；2,3—自由脱扣结构；4—轴；5—杠杆；6—弹簧；7,11—衔铁；8—欠电压脱扣器；9—热脱扣器；10—双金属片；12—过电流脱扣器

① 过电流脱扣器。过电流脱扣器 12 的线圈与被保护电路串联。线路中通过正常电流时，衔铁 11 不能被电磁铁吸合，断路器正常运行。当线路中出现短路故障时，衔铁被电磁铁吸合，通过传动机构推动自由脱扣机构释放主触头。主触头在分闸弹簧的作用下分开，切断电路起到短路保护作用。

② 热脱扣器。热脱扣器 9 与被保护电路串联。线路中通过正常电流时，发热元件发热使双金属片弯曲至一定程序（刚好接触到传动机构）并达到动态平衡状态，双金属片不再继续弯曲。若出现过载现象时，电路中电流增大，双金属片将继续弯曲，通过传动机构推动自由脱扣机构释放主触头，主触头在分闸弹簧的作用下分开，切断电路起到过载保护的作用。

③ 欠压脱扣器。欠压脱扣器 8 并联在断路器的电源侧，可起到欠压及零压保护的作用。电源电压正常时，电磁铁得电，衔铁被电磁铁吸住，自由脱扣机构才能将主触头锁定在合闸位置，断路器投入运行。当电源侧停电或电源电压过低时，衔铁释放，通过传动机构推动自由脱扣机构使断路器掉闸，起到欠压及零压保护的作用。

在一台低压断路器上同时装有两种或两种以上脱扣器时，称这台低压断路器装有复式脱扣器。

(2) 自动空气开关的型号含义和电气符号 如图1-5所示。

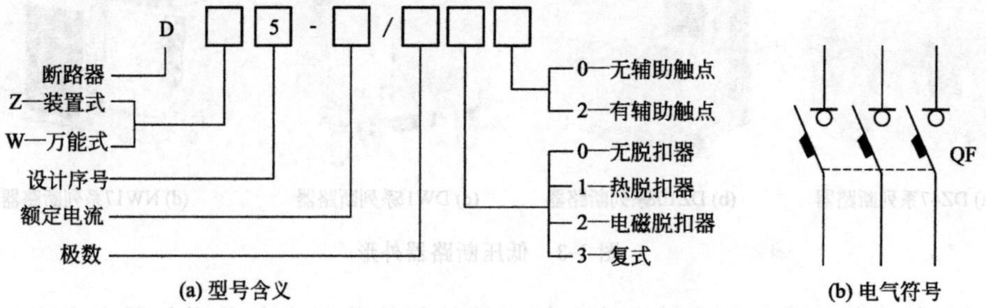

图1-5 自动空气开关型号含义和电气符号

(3) 主要技术参数

① 额定电压：低压断路器的额定电压是指与通断能力及使用类别相关的电压值。

② 额定电流：低压断路器的额定电流是指在规定条件下低压断路器可长期通过的电流，又称为脱扣器额定电流。对带可调式脱扣器的低压断路器而言，是可长期通过的最大电流。

③ 额定短路分断能力：是指低压断路器在额定频率和功率因数等规定条件下，能够分断的最大短路电流值。

(4) 自动空气开关的选用

① 低压断路器的额定电压和额定电流应大于或等于被保护线路的正常工作电压和负载电流。

② 热脱扣器的整定电流应等于所控制负载的额定电流。

③ 过电流脱扣器的瞬时脱扣整定电流应大于负载正常工作时可能出现的峰值电流。用于控制电动机的低压断路器，其瞬时脱扣整定电流：

$$I_Z=KI_{st}$$

式中，K——安全系数，可取1.5～1.7；I_{st}——电动机的启动电流。

④ 欠压脱扣器额定电压应等于被保护线路的额定电压。

⑤ 低压断路器的极限分断能力应大于线路最大短路电流的有效值。

3. 组合开关

组合开关又称转换开关，组合开关由多节触点组合而成，是一种手动控制电器。组合开关常用来作为电源的引入开关，也用来控制小型的笼型异步电动机启动、停止及正反转。

(1) 组合开关的结构及工作原理 图1-6(a)、1-6(b) 所示为组合开关的外形及结构示意图。它的内部有三对静触点，分别用三层绝缘板相隔，各自附有连接线路的接线柱。三个动触点（刀片）相互绝缘，与各自的静触点相对应，套在共同的绝缘杆上。绝缘杆的一端装有操作手柄，转动手柄，变换三组触点的通断位置。组合开关内装有速断弹簧，以提高触点的分断速度。

(2) 组合开关的型号和电气符号 组合开关的种类很多，常用的是HZ10系列，额定电压为交流380V，直流220V，额定电流有10A、25A、60A及100A等。不同规格型号的组

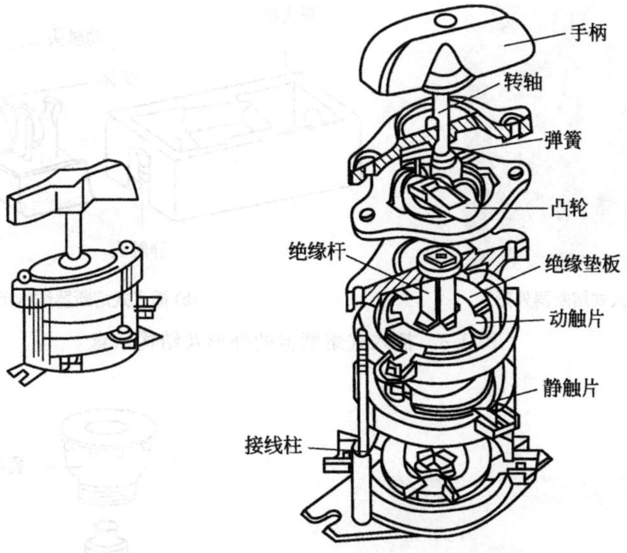

(a) 组合开关的外形　　(b) 组合开关的结构示意

图 1-6　组合开关的外形及结构示意

合开关，各对触片的通断时间不一定相同，可以是同时通断，也可以是交替通断，应根据具体情况选用。组合开关的型号和电气符号如图 1-7 所示。

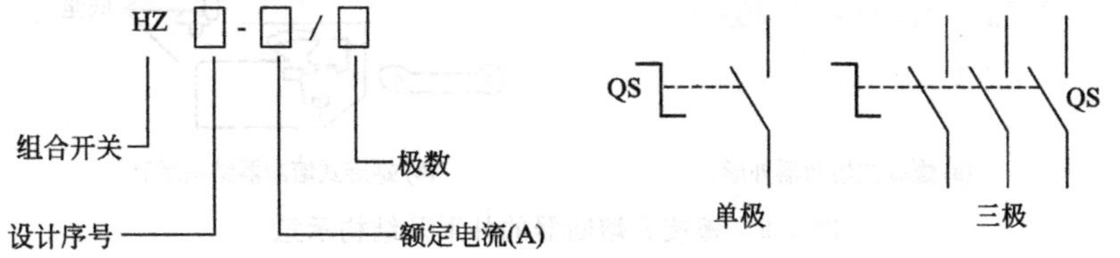

(a) 型号　　(b) 电气符号

图 1-7　组合开关的型号及电气符号

（二）熔断器

熔断器是一种当电流超过规定值一定时间后，以它本身产生的热量使熔体熔化而分断电路的电器，也可以说它是一种利用热效应原理工作的电流保护电器。熔断器串接于被保护电路中，能在发生短路或严重过电流时快速自动熔断，从而切断电路电源，起到保护作用。

1. 结构与分类

熔断器由熔断管（座）、熔断体、填料、导电部件组成。其外形如图 1-8 及 1-9 所示。

熔断器按结构形式可分为瓷插式、螺旋式、无填料封闭管式、有填料封闭管式等类别。熔断器的型号含义和电气符号如图 1-10 所示。

2. 主要技术参数

（1）熔断器额定电流　指保证熔断器能长期安全工作的额定电流。

（2）熔断体额定电流　在正常工作时熔断体不熔断的工作电流。

3. 熔断器的选择

（1）电阻性负载或照明电路。一般按负载额定电流的 1～1.1 倍选用熔断体的额定电流，

(a) 插入式熔断器外形

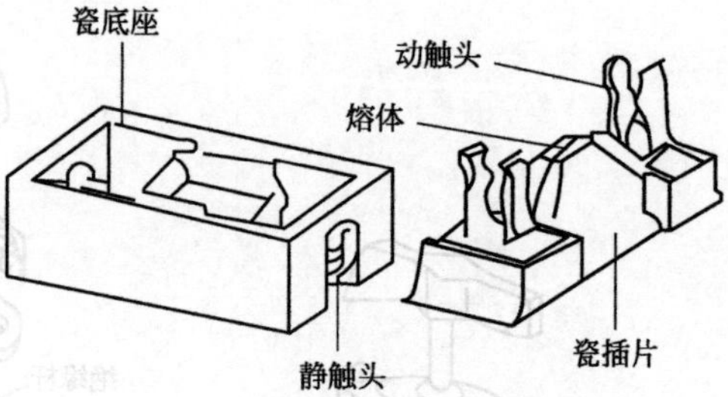

(b) 插入式熔断器结构示意

图 1-8　插入式熔断器的外形及结构示意

(a) 螺旋式熔断器外形

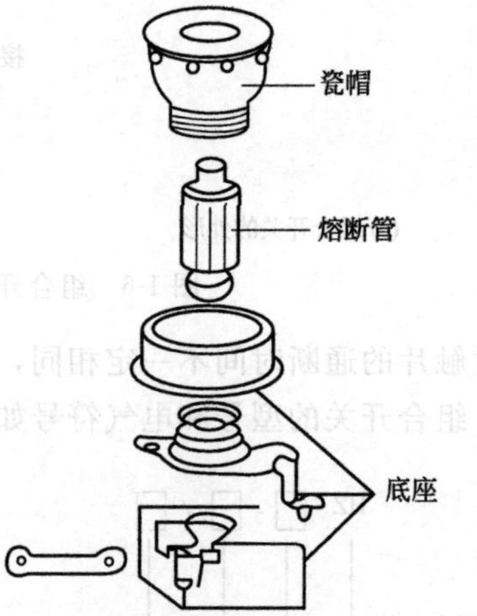

(b) 螺旋式熔断器结构示意

图 1-9　螺旋式熔断器的外形及结构示意

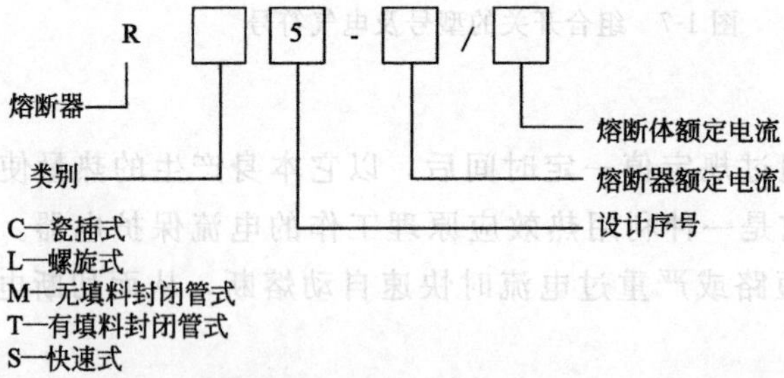

(a) 型号含义

(b) 电气符号

图 1-10　熔断器的型号含义及电气符号

进而选定熔断器的额定电流。

(2) 电动机控制电路。对于单台电动机，一般选择熔断体的额定电流为电动机额定电流的 1.5～2.5 倍；对于多台电动机，熔断体的额定电流应大于或等于其中最大容量电动机额定电流的 1.5～2.5 倍再加上其余电动机的额定电流之和。

(3) 为防止发生越级熔断，上、下级（供电干线、支线）熔断器间应有良好的协调配合，为此，应使上一级（供电干线）熔断器的熔断体额定电流比下一级（供电支线）大1～2个级差。

（三）按钮和行程开关

按钮和行程开关都属于主令电器，主要用来发出指令，使接触器和继电器动作，从而接通或断开控制电路。主令电器按其作用可分为按钮、行程开关和接近开关。

1. 按钮

(1) 按钮的结构和工作原理　按钮的外形和结构示意如图 1-11 所示，按钮主要由按钮帽、复位弹簧、常闭触点、常开触点和外壳等组成。当按下按钮帽时，常闭触点先断开，常开触点后闭合；当松开按钮帽时，触点在复位弹簧作用下恢复到原来位置，常开触点先断开，常闭触点后闭合。按用途和结构的不同，按钮可分为启动按钮、停止按钮和组合按钮等。

(a) 按钮的外形

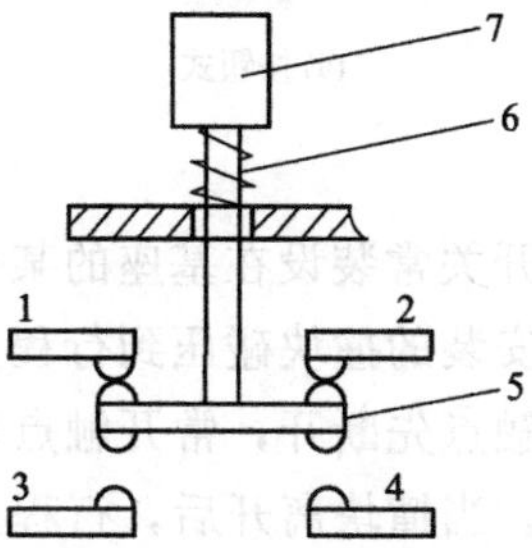

(b) 按钮的结构示意

图 1-11　按钮的外形及结构示意

1,2—常闭触点；3,4—常开触点；5—桥式触点；6—复位弹簧；7—按钮帽

(2) 按钮的型号和电气符号　常见的按钮有 LA 系列和 LAY 系列。LA 系列按钮的额定电压为交流 500V、直流 440V，额定电流 5A；LAY 系列按钮的额定电压为交流 380V、直流 220V，额定电流为 5A。按钮帽有红、绿、黄、白等颜色，一般红色作停止按钮，绿色作启动按钮。

按钮的型号含义及电气符号如图 1-12 所示。

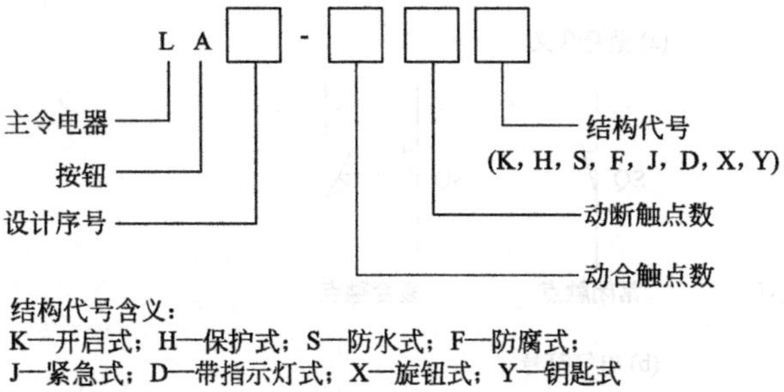

(a) 型号含义

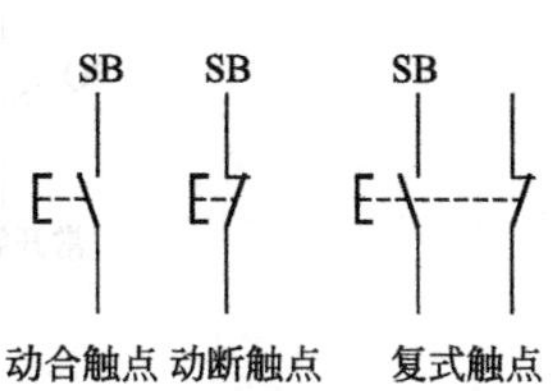

(b) 电气符号

图 1-12　按钮的型号含义和电气符号

2. 行程开关

(1) 行程开关的结构及工作原理　行程开关的外形如图 1-13 所示，行程开关又称位置开关或限位开关，其作用是将机械位移转换成电信号，使电动机运行状态发生改变，即按一定行程自动停车、反转、变速或循环、进行终端限位保护。行程开关的结构和工作原理与按钮相同，不同的是行程开关不是靠手的按压，而是利用生产机械运动部件的撞块碰压而使触

点动作。

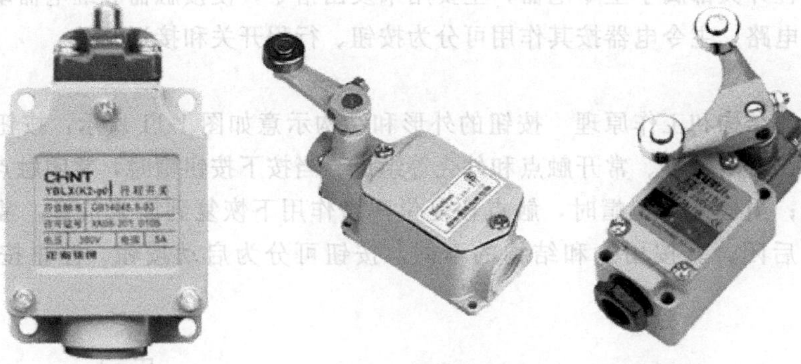

(a) 按钮式　　(b) 单滚轮式　　(c) 双滚轮式

图 1-13　行程开关的外形

行程开关常装设在基座的某个预定位置，其触点接到有关的控制电路中。当被控对象运动部件上安装的撞块碰压到行程开关的推杆（或滚轮）时，推杆（或滚轮）被压下，行程开关的常闭触点先断开，常开触点后闭合，从而断开和接通有关控制电路，以达到控制生产机械的目的。当撞块离开后，行程开关在复位弹簧的作用下恢复到原来的状态。

(2) 行程开关的型号和电气符号　行程开关的种类很多，可分为直动式（如 LX1、JLXK1 系列）、滚轮式（如 LX2、JLXK2 系列）和微动式（如 LXW. 11、JLXK1. 11 系列）三种。通常行程开关的触头额定电压 380V，额定电流 5A。行程开关的符号含义及电气符号如图 1-14 所示。

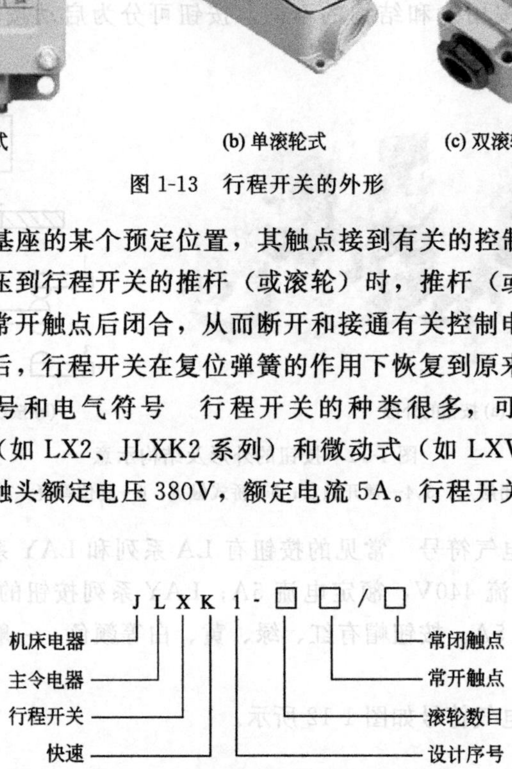

(a) 型号含义

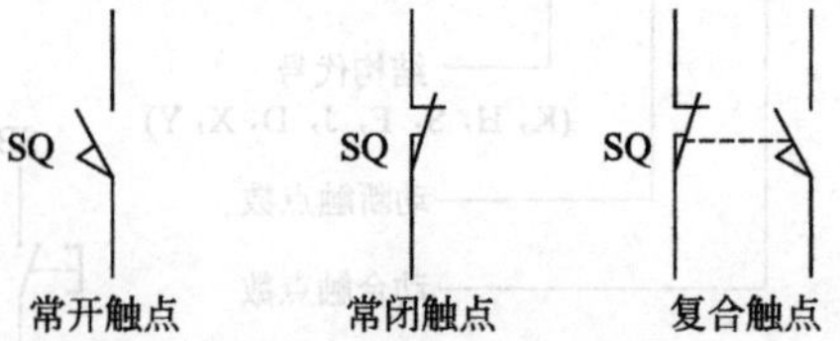

(b) 电气符号

图 1-14　行程开关的型号含义和电气符号

3. 接近开关

接近开关是一种无接触式物体检测装置。当某种物体与之接近到一定距离时就发出“动作”信号，它不需要施以机械力。接近开关的用途除了像一般的行程开关一样做行程开关和限位开关外，还可以用于高速计数、测速、液面控制、检测金属体的存在、检测零件尺寸、用作无触点按钮及用作计算机或可编程控制器的传感器等。

接近开关由感应头、高频振荡器、放大器和外壳组成。当运动部件与接近开关的感应头接近时，就使其输出一个电信号，使其动合触点闭合，动断触点断开。常见接近开关的外形和电气符号如图 1-15 所示。

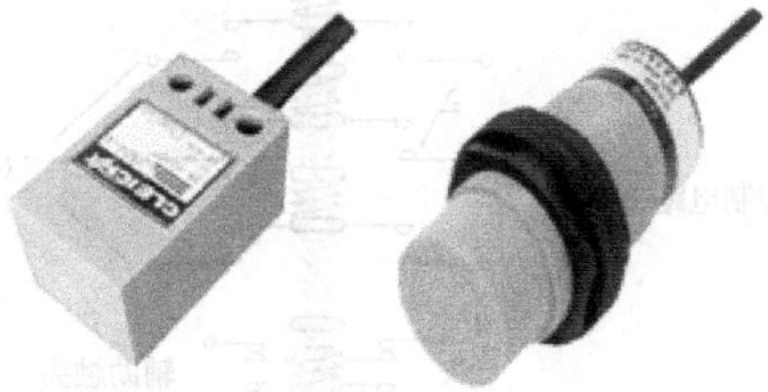

(a) 外形

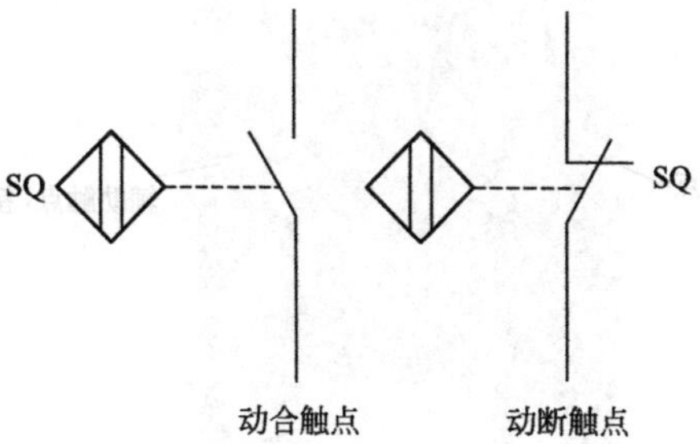

(b) 电气符号

图 1-15　接近开关的外形及电气符号

（四）接触器

接触器是适用于远距离频繁接通或断开交、直流电路的一种自动控制电器。主要控制对象是电动机，也可以用于控制其他电力负载如电热器、电照明、电焊机与电容器组等。接触器具有操作频率高、使用寿命长、工作可靠、性能稳定、维护方便等优点，同时还具有低压释放保护功能，因此，在电力拖动和自动控制系统中，接触器是运用最广泛的控制电器之一。常见接触器的外形如图 1-16 所示。

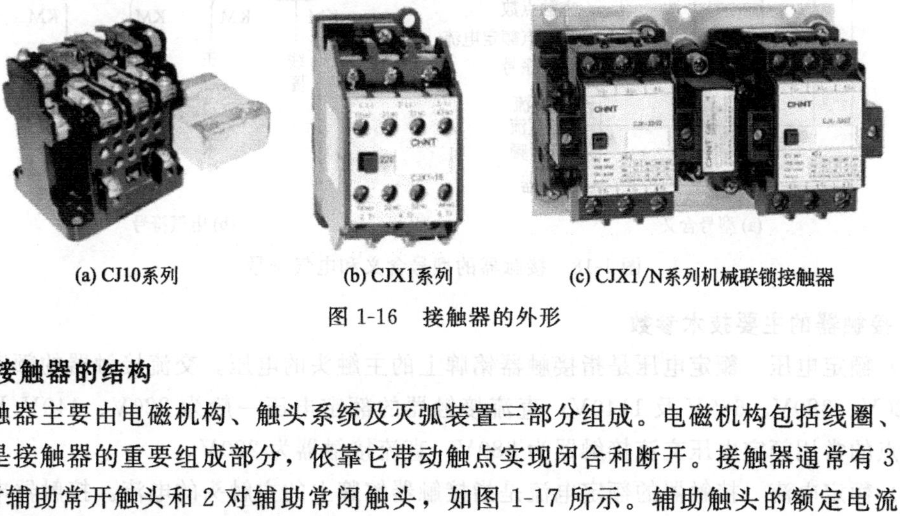

(a) CJ10系列　(b) CJX1系列　(c) CJX1/N系列机械联锁接触器

图 1-16　接触器的外形

1. 接触器的结构

接触器主要由电磁机构、触头系统及灭弧装置三部分组成。电磁机构包括线圈、铁芯和衔铁，是接触器的重要组成部分，依靠它带动触点实现闭合和断开。接触器通常有 3 对主触点，2 对辅助常开触头和 2 对辅助常闭触头，如图 1-17 所示。辅助触头的额定电流为 5A，低压接触器的主、辅触头的额定电压均为 380V。

2. 接触器的工作原理

如图 1-17 所示，当接触器的线圈通电后，在铁芯中产生磁通及电磁吸力，此电磁吸力克服弹簧反力使得衔铁吸合，带动触点机构动作，使常闭触点先断开，常开触点后闭合，分断或接通相关电路。反之线圈失电时，电磁吸力消失，衔铁在反作用弹簧的作用下释放，各触点随之复位。

3. 接触器的型号与符号

常用的交流接触器有 CJ20、CJX1、CJX2 等系列，直流接触器有 CZ18、CZ21、CZ10 等系列，接触器的型号含义和电气符号如图 1-18 所示。

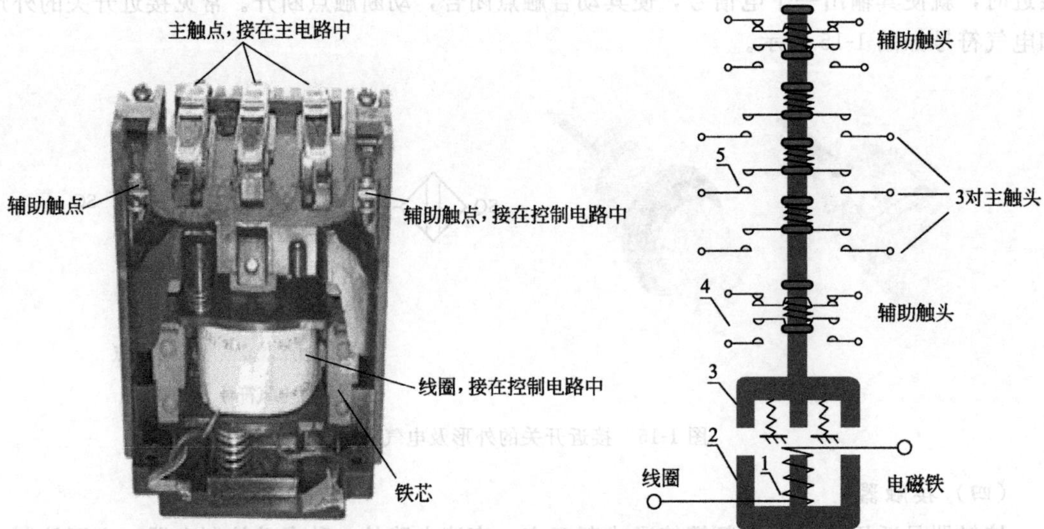

图 1-17 交流接触器结构

1—线圈；2—铁芯；3—衔铁；4—辅助触点；5—主触点

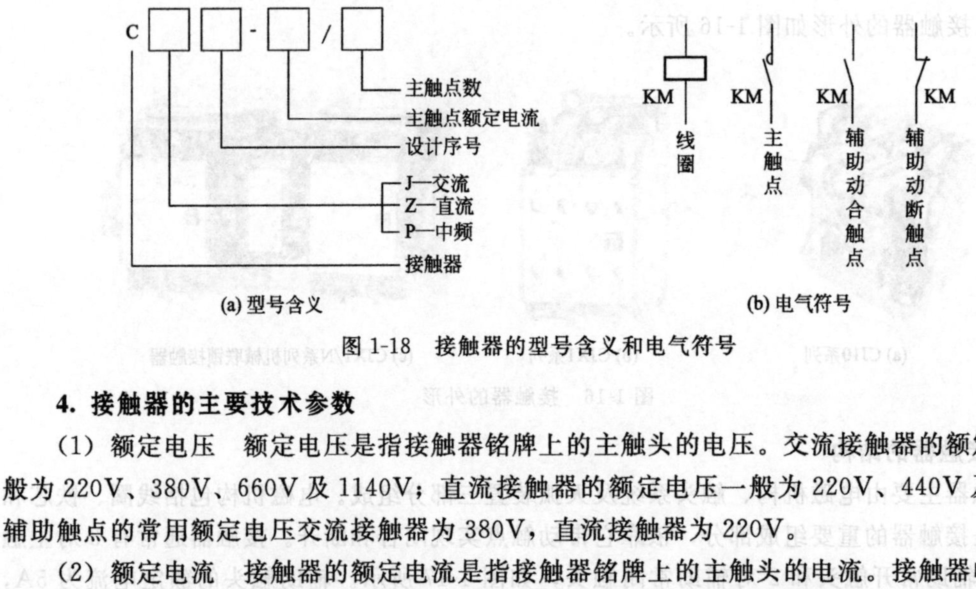

图 1-18 接触器的型号含义和电气符号

4. 接触器的主要技术参数

(1) 额定电压 额定电压是指接触器铭牌上的主触头的电压。交流接触器的额定电压一般为 220V、380V、660V 及 1140V；直流接触器的额定电压一般为 220V、440V 及 660V。辅助触点的常用额定电压交流接触器为 380V，直流接触器为 220V。

(2) 额定电流 接触器的额定电流是指接触器铭牌上的主触头的电流。接触器电流等级为：6A、10A、16A、25A、40A、60A、100A、160A、250A、400A、600A、1000A、1600A、2500A 及 4000A。

(3) 线圈额定电压 接触器吸引线圈的额定电压交流接触器有 36V、110V、117V、220V、380V 等；直流接触器有 24V、48V、110V、220V、440V 等。

(4) 额定操作频率 交流接触器的额定操作频率是指接触器在额定工作状态下每小时通、断电路的次数。交流接触器一般为 300 次/h～600 次/h，直流接触器的额定操作频率比交流接触器的高，可达到 1200 次/h。

5. 接触器的选用

(1) 接触器主触点的额定电压应大于或等于被控电路的额定电压。

（2）接触器主触点的额定电流应大于或等于 1.3 倍的电动机的额定电流。

（3）根据接触器线圈额定电压选择。

（4）根据接触器的触头数量、种类应满足控制线路要求。

（5）根据操作频率选择。交流接触器最高为 600 次/h，直流接触器可达 1200 次/h。

（五）热继电器

热继电器是利用电流的热效应来推动动作机构，使触头系统闭合或分断的保护电器。其主要用于电动机的过载保护、断相保护、电流不平衡运行的保护。热继电器的外形如图1-19所示。

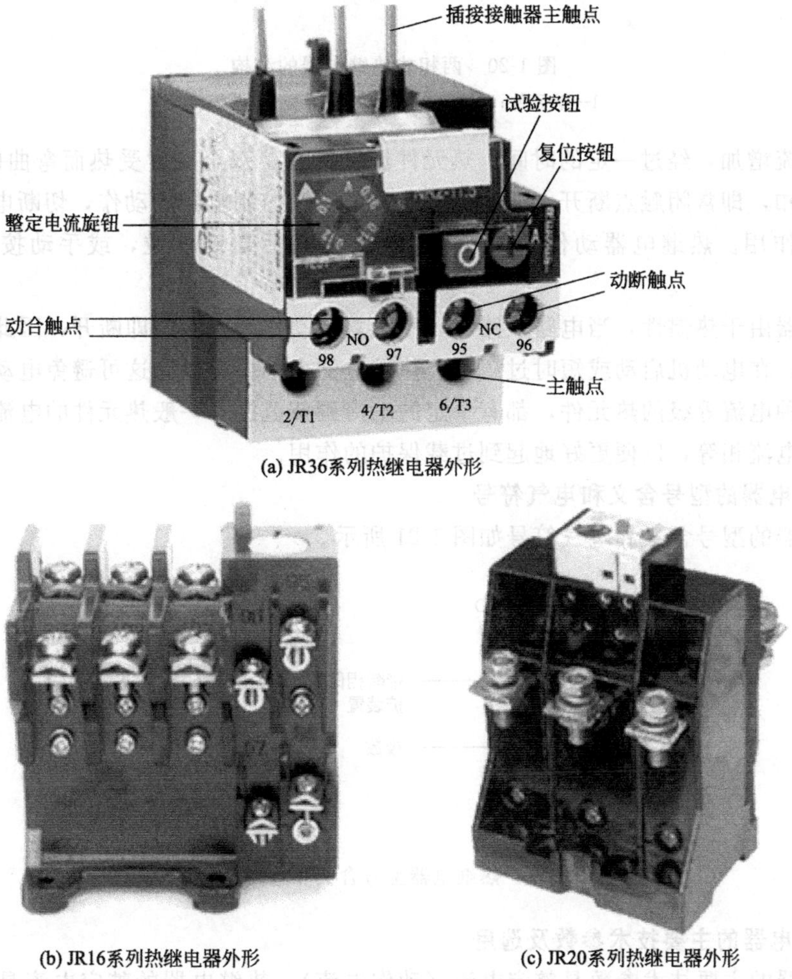

(a) JR36系列热继电器外形

(b) JR16系列热继电器外形

(c) JR20系列热继电器外形

图 1-19　热继电器的外形

1. 热继电器结构及工作原理

目前使用的热继电器有两相和三相两种类型。图 1-20 所示为两相式热继电器的结构，主要由热元件、双金属片和触点组成。热元件由发热电阻丝做成；双金属片由两种膨胀系数不同的金属碾压而成，当双金属片受热时，会出现完全变形。

使用时，热继电器的热元件应串接在主电路中，常闭触点应接在控制电路中。当电动机正常工作时，双金属片受热而膨胀弯曲的幅度不大，常闭触点闭合。当电动机过载后，通过

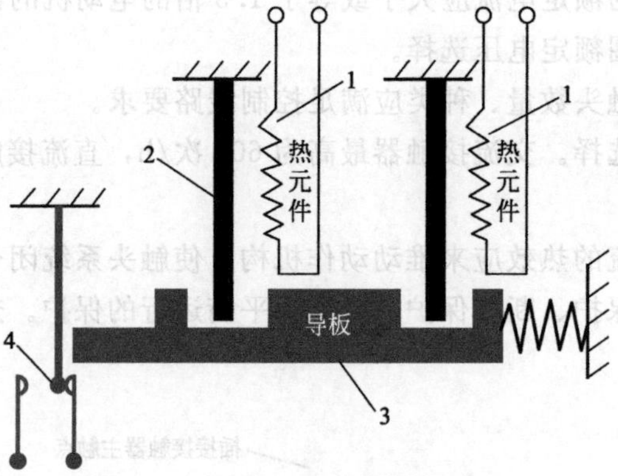

图 1-20　两相式热继电器的结构

1—热元件；2—双金属片；3—导板；4—触点

热元件的电流增加，经过一定的时间，热元件温度升高，双金属片受热而弯曲的幅度增大，热继电器脱扣，即常闭触点断开，通过有关控制电路和控制电器的动作，切断电动机的电源而起到保护作用。热继电器动作后，待双金属片冷却后自动复位，或手动按下复位按钮复位。

热继电器由于热惯性，当电路短路时，不能立即动作使电路立即断开，因此不能做短路保护。同理，在电动机启动或短时过载时，热继电器也不会动作，这可避免电动机不必要的停车。每一种电流等级的热元件，都有一定的电流调节范围，一般热元件的电流应调节到与电动机额定电流相等，以便更好地起到过载保护的作用。

2. 热继电器的型号含义和电气符号

热继电器的型号含义和电气符号如图 1-21 所示。

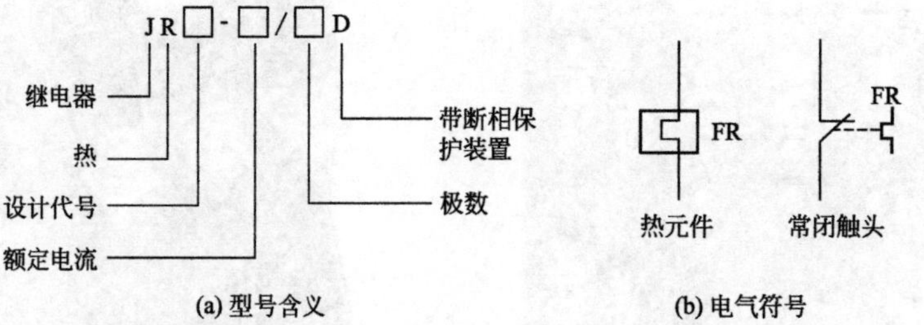

图 1-21　热继电器型号含义和电气符号

3. 热继电器的主要技术参数及选用

热继电器的主要技术参数是整定电流（动作电流）。热继电器的整定电流是指热继电器的热元件允许长期通过又不致引起继电器动作的最大电流值。

（1）热继电器的类型选择。一般轻载启动、长期工作的电动机或间断长期工作的电动机，选择两相结构的热继电器；电源电压的均衡性和工作环境较差或较少有人照管的电动机，或多台电动机的功率差别较大，可选择三相结构的热继电器；而三角形连接的电动机，应选用带断相保护装置的热继电器。

（2）热继电器的额定电流应略大于电动机的额定电流。

（3）热继电器的整定电流选择。热继电器的整定电流是指热继电器长期不动作的最大电流，超过此值即动作。一般将热继电器的整定电流调整到等于电动机的额定电流；对过载能力差的电动机，可将热继电器的整定电流调整到电动机额定电流的0.6～0.8倍；对启动时间较长、拖动冲击性负载或不允许停车的电动机，热继电器的整定电流应调整到电动机额定电流的1.1～1.15倍。

（六）中间继电器

中间继电器的外形如图1-22所示，其基本结构及工作原理与交流接触器相似，不同的是中间继电器只有辅助触点，没有主触点。且触点数目较多，电流容量可增大，起到中间放大（触点数目和电流容量）的作用。触头的额定电流是5A，额定电压是380V。当其他继电器的触头对数或触点容量不够时，可借助中间继电器来扩充它们，起到中间转换的作用。

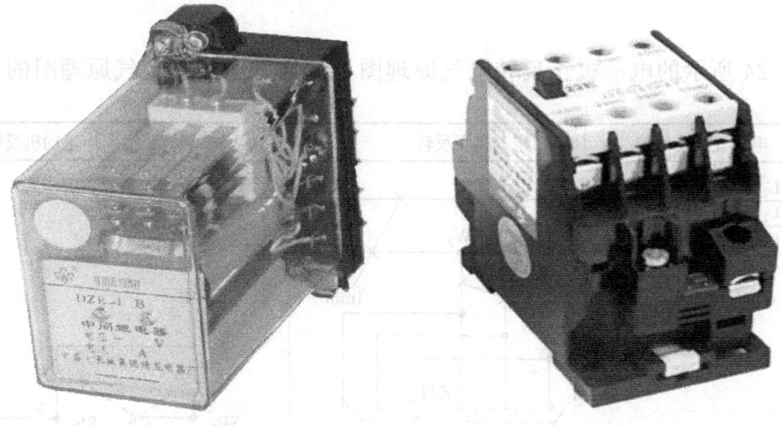

(a) DZ30B系列直流中间继电器　　(b) JZC4系列交流中间继电器

图1-22　中间继电器的外形

中间继电器的型号如下：

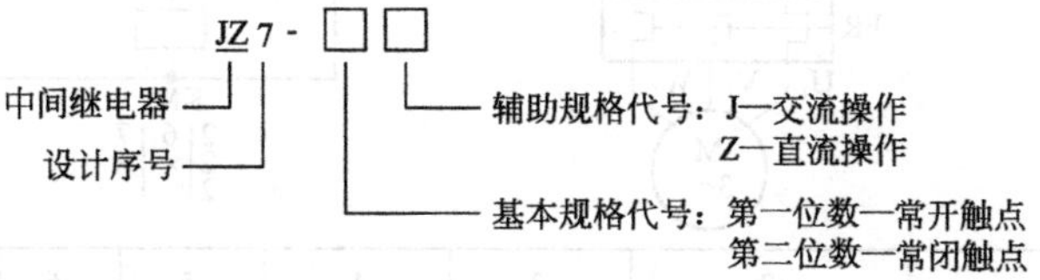

中间继电器电气符号如图1-23所示。

图1-23　中间继电器的电气符号

选用中间继电器时，主要根据控制电路的电压和对触点数量的需要来选择线圈额定电压等级及触点数目。

二、电气控制系统图的绘制原则

为了清晰地表达电气控制线路的组成和工作原理，便于系统地安装、调试、使用和维修，将电气控制系统中的各电气元件用一定的图形符号和文字符号表示，再将连接情况用一定的图形表达出来，这种图形就是电气控制系统图。

为了提高系统的通用性，国家标准局参照国家电工委员会（IEC）颁布的有关文件，制定了我国电气设备的有关国家标准。电气图形符号通常用于电气系统图，用以表示一个设备或器件的图形，文字符号使用适用于电气技术文件（包括电气系统图），用以表明电气设备或器件的名称、功能、状态及特征。

电气控制系统图一般有三种：电气原理图、电气布置图和安装接线图。

（一）电气原理图

电气原理图是用图形符号和项目代号表示电路各个电气元件连接关系和工作原理的图。它并不反映电气元件的大小及安装位置。电气原理图结构简单，层次分明，关系明确，适用于分析研究电路的工作原理，而且还可作为其他电气图的依据，在设计部门和生产现场得到了广泛应用。

现以图 1-24 所示的电动机正反转电气原理图为例来阐明绘制电气原理图的规则。

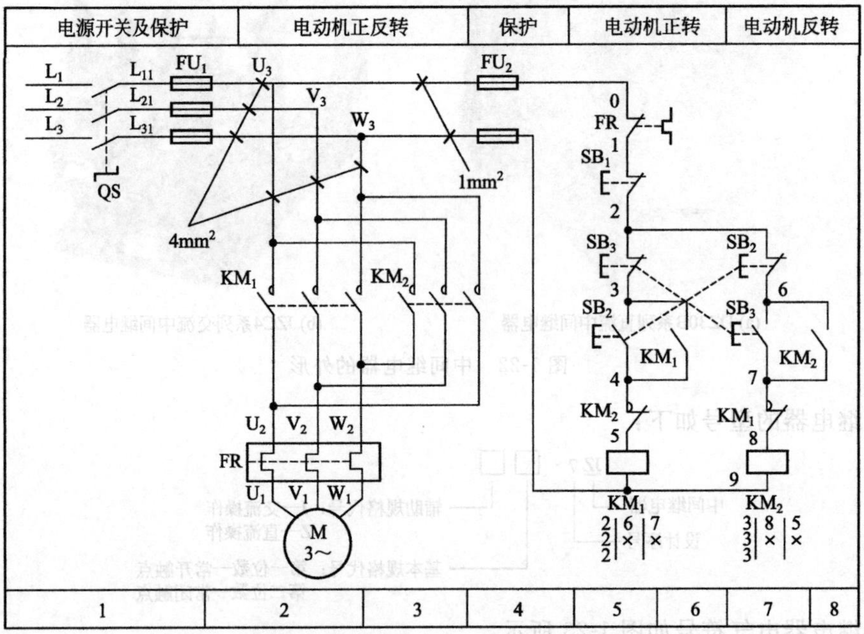

图 1-24 电动机正反转电气原理图

（1）电气原理图一般分为主电路和辅助电路。主电路是从电源到电动机的电路，其中有刀开关、熔断器、接触器主触头、热继电器发热元件与电动机等。主电路用粗线绘制在电气原理图的左侧或上方。辅助电路包括控制电路、照明电路、信号电路及保护电路等。它们由继电器、接触器的线圈、继电器、接触器的辅助触头、控制按钮、其他控制元器件触头、熔断器、信号灯、控制变压器及控制开关组成，用细实线绘制在电气原理图的右侧或下方。

（2）电路图中的所有电气元件一般不是实际的外形图，而是采用国家标准规定的图形符号和文字符号表示，属于同一电器的各个部件和触点可以出现在不同的地方，但必须用相同的文字符号标注。电气原理图中各元器件触头状态均按没有外力作用时或未通电时触头的自然状态画出。

（3）电气原理图中直流电源用水平线画出，一般正极画在原理图的上方，负极画在原理图的下方。三相交流电源线集中水平画在原理图的上方，相序自上而下按 L_1、L_2、L_3 排列，中性线（N 线）和接地线（PE 线）排在相线之下。主电路垂直于电源线画出，控制电路与信号电路垂直于两条水平电源线之间画出。

（4）在电路图中，对于需要测试和拆接的外部引线的端子，采用“空心圆”表示；有直接电联系的导线连接点，用“实心圆”表示；无直接电联系的导线交叉点不画黑圆点，但在电气图中应尽量避免线条的交叉。

（5）在电气原理图中，继电器、接触器线圈的下方注有其触头在图中位置的索引代号，索引代号用图面区域号表示。其含义如下：

KM

2		6
7		
2		×

KM

主触头所在图区	辅助常开触头所在图区	辅助常闭触头所在图区

对于未使用的触头用“×”表示。

（6）电路图中元器件的数据和型号（如热继电器动作电流和整定值的标注、导线截面积等）可用小号字体标注在电气文字符号的下面。

此外，在绘制电气控制线路图中的支路、元件和接点时，一般要加上标号。主电路标号由文字和数字组成。文字用以表明主电路中元件或线路的主要特征，数字用以区别电路的不同线段。电气图中各电器的接线端子用规定的字母数字符号标记，国家标准 GB 4026—96《电器接线端子的识别和用字母数字符号标志接线端子的通则》规定如下。

① 三相交流电源的引入线用 L_1、L_2、L_3 标记，中性线为 N，接地端为 PE。

② 电源开关之后的三相交流电源主电路分别按 U、V、W 顺序进行标记。

③ 对于数台电动机，在字母前加数字区别，如 M1 电动机，其三相绕组接线端以 1U、1V、1W 来区别；M2 电动机，其三相绕组接线端以 2U、2V、2W 来区别。

④ 电动机绕组首端分别用 U_1、V_1、W_1 标记，尾端用 U_2、V_2、W_2 标记。

⑤ 电动机分支电路各接点标记，采用三相文字代号后面加数字来表示，数字中的个位数表示电动机代号，十位数字表示该支路接点的代号，从上到下按数值大小顺序标记。如 U12 表示第二台电动机的第一相的第一个接点。

（二）电气布置图

电气元件布置图主要表明机械设备上和电气控制柜上所有电气设备和电气元件的实际位置，是电气控制设备制造、安装和维修必不可少的技术文件。自锁控制电路的电气原理图及元件布置图如图 1-25 所示。

（三）安装接线图

接线图主要用于安装接线、线路检查、线路维修和故障处理。它表示了设备电控系统各单元和各元器件间的接线关系，并标出所需数据，如接线端子号、连接导线参数等，实际应用中通常与电气原理图、电气布置图一起使用。自锁控制电路的安装接线图如图 1-26 所示。

三、三相异步电动机的基本控制电路分析

三相异步电动机的启动方式有两种：全压启动和降压启动。全压启动又称直接启动，三相异步电动机的基本控制电路属于全压启动。

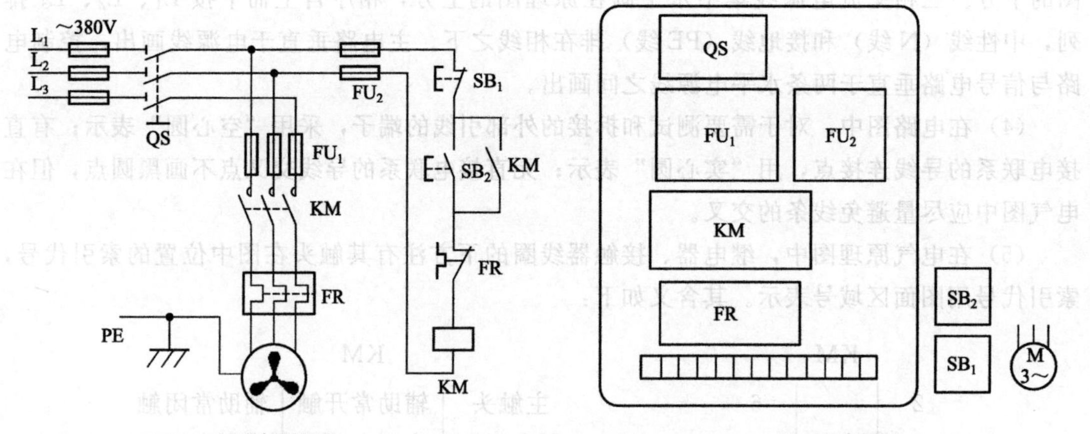

(a) 电气原理图　　　　(b) 元件布置图

图 1-25　自锁控制电路的电气原理图及元件布置图

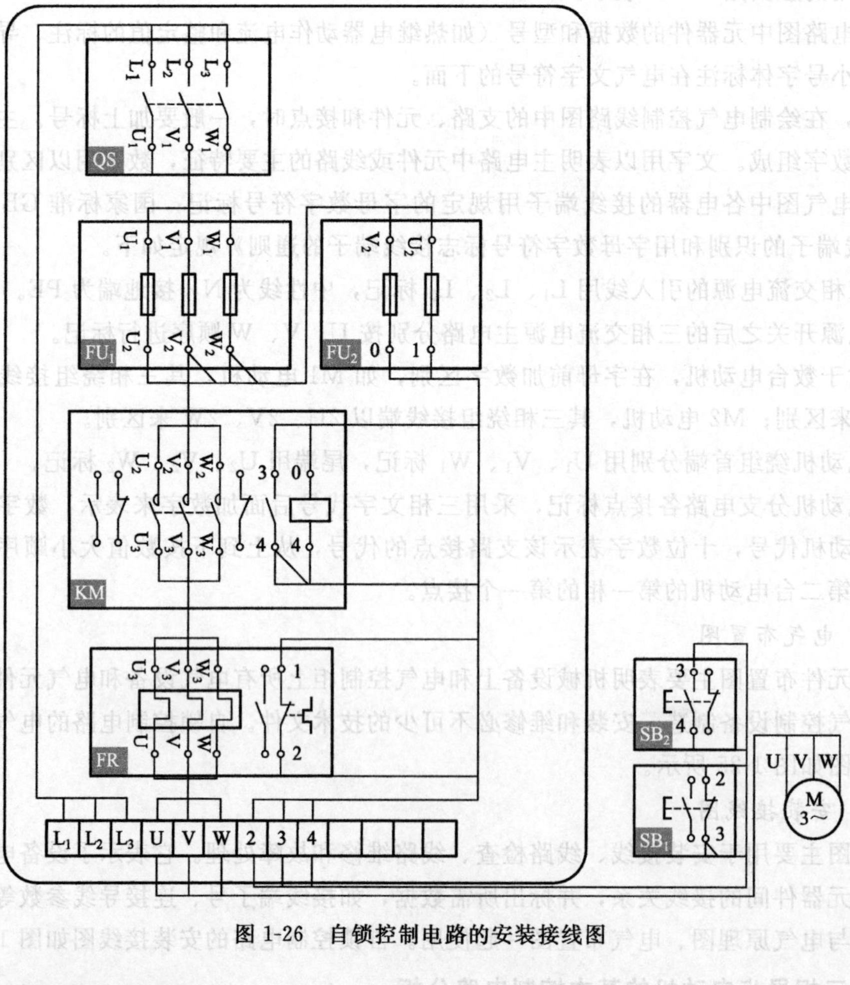

图 1-26　自锁控制电路的安装接线图

（一）手动开关控制电路

手动开关控制电路是用刀闸开关或转换开关控制电动机启停的电路。如图 1-27 所示。工作原理如下。

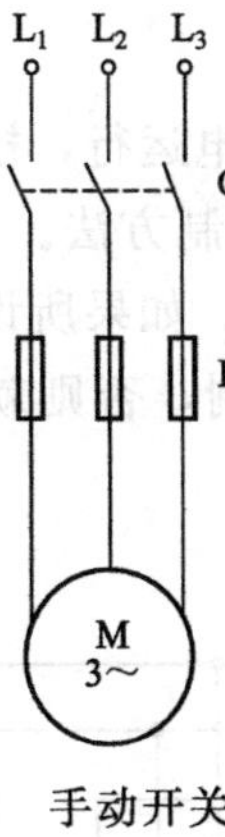

图 1-27　手动开关控制电路

闭合刀开关 QS，电动机通电运转；断开 QS，电动机断电停转。这种启动电路只有主电路，没有控制电路，所以无法实现自动控制。同时，由于直接对主电路进行操作，安全性能也较差，操作频率低，只适合电动机容量较小、启动和换向不频繁的场合。

（二）点动控制电路

电动机的点动控制电路原理如图 1-28 所示。

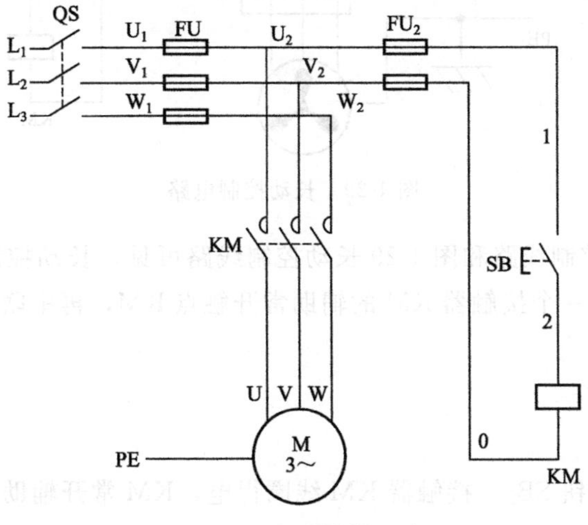

图 1-28　点动控制电路

电路中，QS 为刀开关，不能直接给电动机 M 供电，只起到电源引入的作用。熔断器 FU 起短路保护作用，如发生三相电路的任两相电路短路，短路电流将使熔断器迅速熔断，从而切断主电路电源，实现对电动机的短路保护。

工作原理如下。

闭合刀开关 QS，按下点动按钮 SB，接触器 KM 线圈得电，其主电路中的常开主触点闭合，电动机得电运转。

松开按钮 SB，接触器 KM 线圈失电，主电路中 KM 常开触点恢复原来断开状态，电动机断电直至停止转动。

这种只有按下按钮电动机才会转动，松开按钮电动机便停转的控制方法，称为点动控制。点动控制常用来控制电动机的短时运行，如控制起重机械中吊钩的精确定位操作过程、机械加工过程中的“对刀”操作过程等。

（三）长动控制电路

长动控制是指按下按钮后，电动机通电运行，松开按钮后，电动机仍继续运行，只有按下停止按钮，电动机才失电直至停转的控制方法。长动与点动主要区别在于松开启动按钮后，电动机能否继续保持得电运转的状态。如果所设计的控制线路能满足松开启动按钮后，电动机仍然保持运转，即完成了长动控制，否则就是点动控制。长动控制电路如图 1-29 所示。

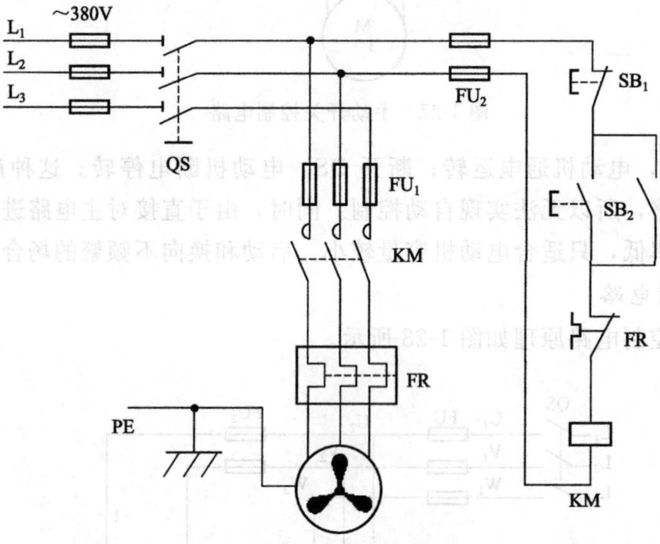

图 1-29 长动控制电路

比较图 1-28 点动控制线路和图 1-29 长动控制线路可见，长动控制线路是在点动控制线路的启动按钮两端并联一个接触器 KM 的辅助常开触点 KM，再串联一个常闭（停止）按钮 SB_1。

工作原理如下。

闭合刀开关 QS。

启动：按下启动按钮 SB_2，接触器 KM 线圈得电，KM 常开辅助触点闭合（进行自锁），KM 常开主触点闭合，电动机 M 运转。此时松开 SB_2，接触器 KM 线圈通过与 SB_1 并联的已处于闭合状态的自锁触点而继续通电，使电动机 M 保持连续运转。

停止：按下停止按钮 SB_1，接触器 KM 线圈断电，KM 常开辅助触点断开，KM 主触点断开，电动机 M 停转。

这种当启动按钮松开后，电动机仍能保持连续运转的电路，称为长动控制电路，也叫具有“自锁”功能的控制电路。与启动按钮 SB_2 并联的常开触点叫做自锁触点。

所谓“自锁”是依靠接触器自身的辅助常开触点来保证线圈继续通电的现象。带有“自锁”功能的控制线路具有失压（零压）和欠压保护作用。即：一旦发生断电或电源电压下降到一定值（一般降低到额定值 85%以下）时，自锁触点就会断开，接触器 KM 线圈就会断电，不重新按下启动按钮 SB_2，电动机将无法自动启动。只有在操作人员有准备的情况下再次按下启动按钮 SB_2，电动机才能重新启动，从而保证了人身和设备的安全。

（四）长动及点动控制电路

在生产实践过程中，常常要求一些生产机械既有能持续不断的连续运行方式（长动），又有可在人工干预下实现手动控制的点动运行方式。下面分别介绍几种不同的既可长动又可点动的控制线路。

（1）利用复合按钮控制的长动及点动控制线路　利用复合按钮控制的既能长动又能点动的控制线路如图 1-30 所示。图中 SB_2 为长动按钮，SB_3 为点动按钮，但需注意，SB_3 是一个复合按钮，使用了一个常开触点和一个常闭触点。

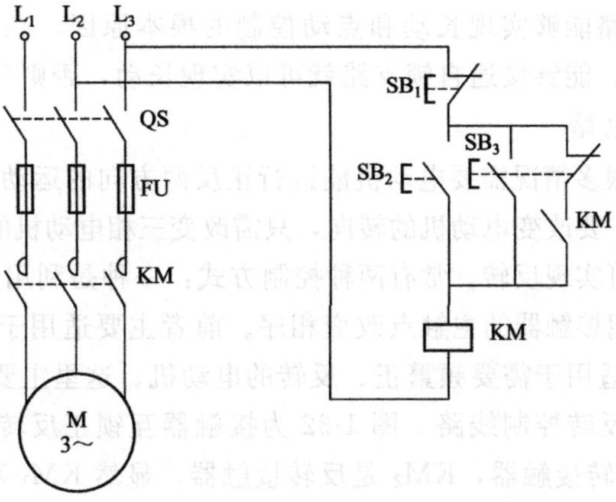

图 1-30　利用复合按钮控制长动及点动控制线路

工作原理如下。

闭合刀开关 QS。

长动：按下按钮 SB_2，接触器 KM 得电并自锁，KM 主触点闭合，电动机 M 运转。松开 SB_2，电动机仍连续运转。只有按下 SB_1，KM 线圈失电，电动机才停转。

点动：按下点动复合按钮 SB_3，按钮常开触点闭合，常闭触点断开，接触器 KM 得电，KM 主触点闭合，电动机 M 运转。松开按钮 SB_3，KM 接触器失电，KM 主触点断开，电动机 M 停转。

（2）利用中间继电器控制的长动及点动控制线路　利用中间继电器控制的既能长动又能点动的控制线路如图 1-31 所示。图中的 KA 为中间继电器。

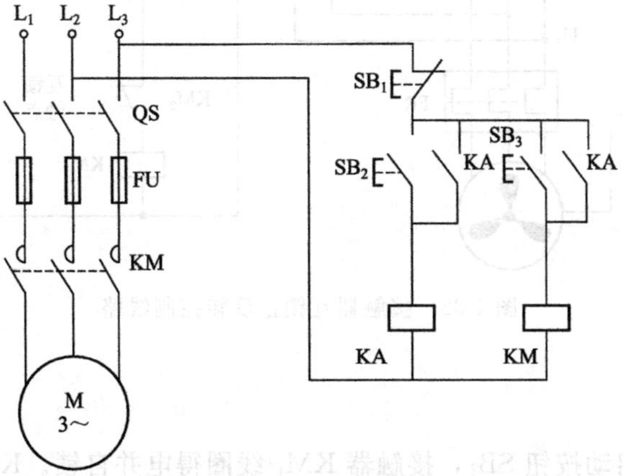

图 1-31　利用中间继电器控制长动及点动控制线路

工作原理如下。

闭合刀开关 QS。

长动：按下按钮 SB_2，中间继电器 KA 得电，KA 的常开触点闭合，接触器 KM 线圈得电，KM 主触点闭合，电动机 M 运转。松开 SB_2，由于 KA 线圈一直得电自锁，所以 KM 线圈保持连续通电，电动机仍连续运转。只有按下 SB_1，KA 失电使得 KM 线圈失电，电动机才停转。

点动：按下按钮 SB_3，接触器 KM 线圈得电，KM 主触点闭合，电动机 M 运转。松开 SB_3，KM 接触器失电，KM 主触点断开，电动机 M 停转。

综上所述，上述线路能够实现长动和点动控制的根本原因，在于能否保证 KM 线圈得电后，自锁支路被接通。能够接通自锁支路就可以实现长动，否则只能实现点动。

（五）正反转控制电路

在生产实践中，有很多情况需要电动机能进行正反两方向的运动。如夹具的夹紧与松开、升降机的提升与下降等。要改变电动机的转向，只需改变三相电动机的相序，将三相电动机的绕组任意两相调换，即可实现反转。常有两种控制方式：一种是利用倒顺开关（或组合开关）改变相序，另一种是利用接触器的主触点改变相序。前者主要适用于不需要频繁正、反转的电动机，而后者则主要适用于需要频繁正、反转的电动机。这里主要介绍后一种控制方式。

(1) 接触器互锁正反转控制线路　图 1-32 为接触器互锁正反转控制线路。图中采用了两个接触器，KM_1 是正转接触器，KM_2 是反转接触器。显然 KM_1 和 KM_2 两组主触点不能同时闭合，即 KM_1 和 KM_2 两接触器线圈不能同时通电，否则会引起电源短路。

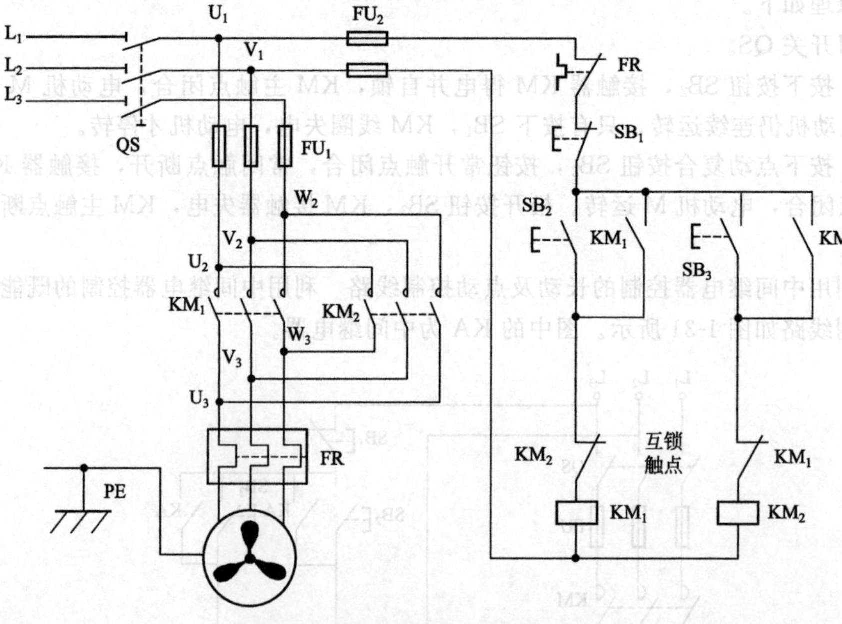

图 1-32　接触器互锁正反转控制线路

工作原理如下。

闭合刀开关 QS。

正转：按下正转启动按钮 SB_2，接触器 KM_1 线圈得电并自锁。KM_1 主触点闭合接通主电路，输入电源相序为 L_1、L_2、L_3，使电动机 M 正转。同时 KM_1 常闭触点断开，保证

KM_2 线圈不会得电。

停转：按下停止按钮 SB_1，接触器 KM_1 线圈失电，KM_1 主触点断开，电动机 M 停转。

反转：按下反转启动按钮 SB_3，接触器 KM_2 线圈得电并自锁。KM_2 主触点闭合接通主电路，输入电源相序为 L_3、L_2、L_1，使电动机 M 反转。同时 KM_2 常闭触点断开，保证 KM_1 线圈不会得电。

在控制电路中，正转接触器 KM_1 的线圈电路中串联了一个反转接触器 KM_2 的常闭触点，反转接触器 KM_2 的线圈电路中串联了一个正转接触器 KM_1 的常闭触点。这样，每一接触器线圈电路是否被接通，将取决于另一接触器是否处于释放状态。例如正转接触器 KM_1 线圈被接通得电，它的辅助常闭触点被断开，将反转接触器 KM_2 线圈支路切断，KM_2 线圈在 KM_1 接触器得电的情况下是无法接通得电的。两个接触器之间的这种相互关系称为“互锁”（联锁）。在图 1-32 所示线路中，互锁是依靠电气元件来实现的，所以也称为电气互锁。实现电气互锁的触点称为互锁触点。互锁可避免同时按下正反转按钮时造成短路。

接触器互锁正、反转控制线路存在的主要问题是从一个转向过渡到另一个转向时，要先按停止按钮 SB1，不能直接过渡，显然这是十分不方便的。

(2) 按钮互锁正反转控制线路　图 1-33 为按钮互锁正反转控制线路。图中 SB_2、SB_3 为复合按钮，各有一对常闭触点和常开触点，其中常闭触点分别串联在对方接触器线圈支路中，这样只要按下按钮，就自然切断了对方接触器线圈支路，实现互锁。这种互锁是利用按钮来实现的，所以称为按钮互锁。

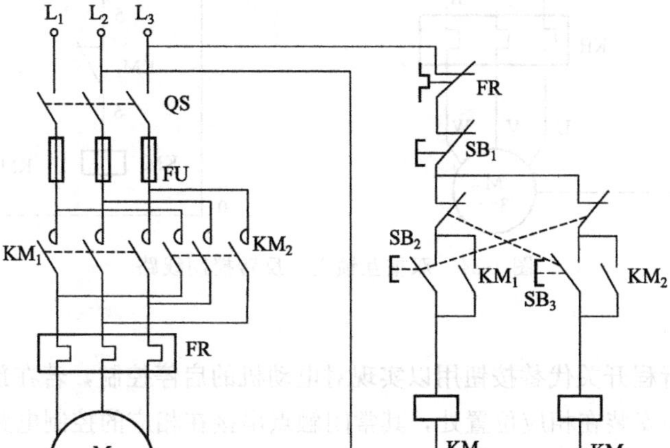

图 1-33　按钮互锁正反转控制线路

工作原理如下：

闭合刀开关 QS。

正转：按下正转启动按钮 SB_2，接触器 KM_1 线圈得电并自锁。KM_1 主触点闭合接通主电路，输入电源相序为 L_1、L_2、L_3，电动机 M 正转。同时复合按钮 SB_2 的常闭触点断开，切断 KM_2 线圈支路。

反转：按下反转启动按钮 SB_3，SB_3 的常闭触点断开，接触器 KM_1 线圈失电，KM_1 主触点断开，电动机 M 停转。同时 KM_2 线圈得电并自锁，KM_2 主触点闭合接通主电路，输入电源相序为 L_2、L_1、L_3，电动机 M 反转。

由此可见，按钮互锁正、反转控制电路可以从正转直接过渡到反转，即可实现“正-反-停”控制。但其存在的主要问题是容易产生短路事故。例如，电动机正转接触器 KM_1 主触点因弹簧老化或剩磁的原因而延迟释放时，或者被卡住而不能释放时，如按下 SB_3 反转按钮，KM_2 接触器又得电使其主触点闭合，电源会在主电路短路。

(3) 双重互锁正、反转控制线路　双重互锁正、反转控制线路如图 1-34 所示。该线路既有接触器的电气互锁，又有复合按钮的机械互锁，是一种比较完善的既能实现正、反转直接启动的要求，又具有较高安全可靠性的线路。

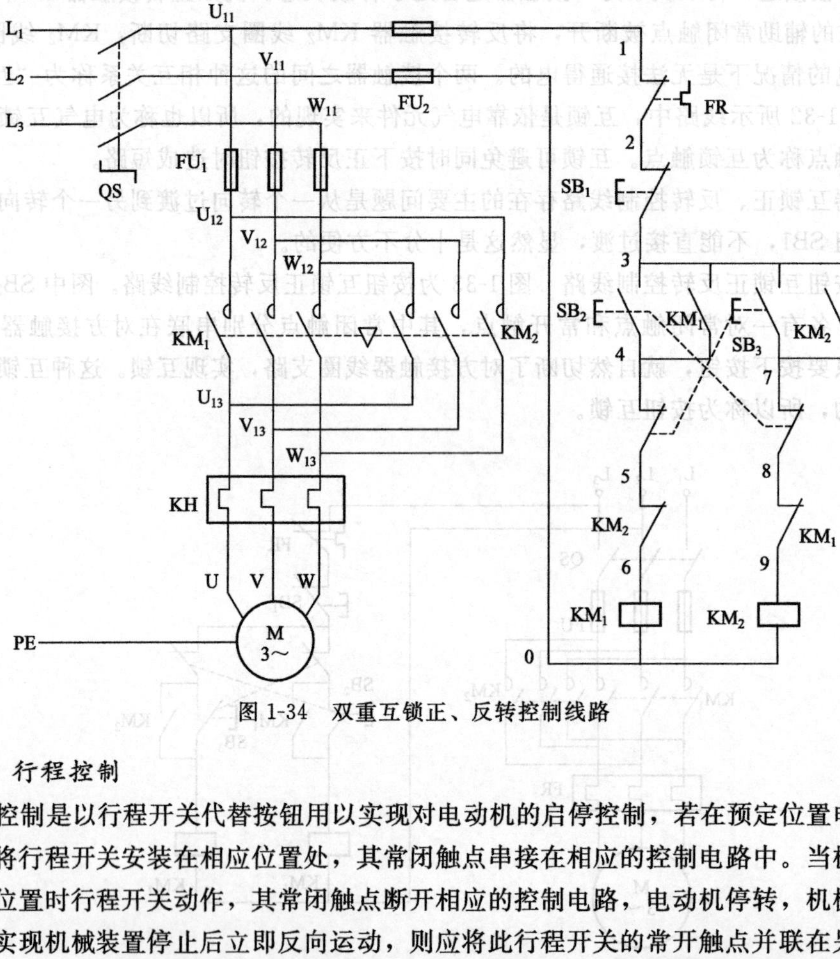

图 1-34　双重互锁正、反转控制线路

（六）行程控制

行程控制是以行程开关代替按钮用以实现对电动机的启停控制，若在预定位置电动机需要停止，则将行程开关安装在相应位置处，其常闭触点串接在相应的控制电路中。当机械装置运动到预定位置时行程开关动作，其常闭触点断开相应的控制电路，电动机停转，机械运动也停止。若要实现机械装置停止后立即反向运动，则应将此行程开关的常开触点并联在另一个控制回路的启动按钮上，这样，当行程开关动作时，常闭触点断开了正向运动控制的电路，同时常开触点又接通了反向运动的控制电路，从而实现了机械装置的自动往返循环运动。图 1-35(a) 为小车自动往返运动的示意图，图 1-35(b) 为小车自动往返运动的电气控制线路图。

工作原理如下。

合上电源开关 QS。

前行：按下前向运动启动按钮 SB_2，接触器 KM_1 线圈得电并自锁，KM_1 主触点闭合，电动机正转，小车向前运行。当小车运行到左端的终端位置时，由于小车上的挡铁碰撞行程开关 SQ_1，使 SQ_1 的常闭触点断开，KM_1 线圈断电，主触点释放，电动机也将断电，使小车停止前进。此时即使再按下 SB_2，KM_1 线圈也不会得电，保证了小车不会超出 SQ_1 所限的位置。

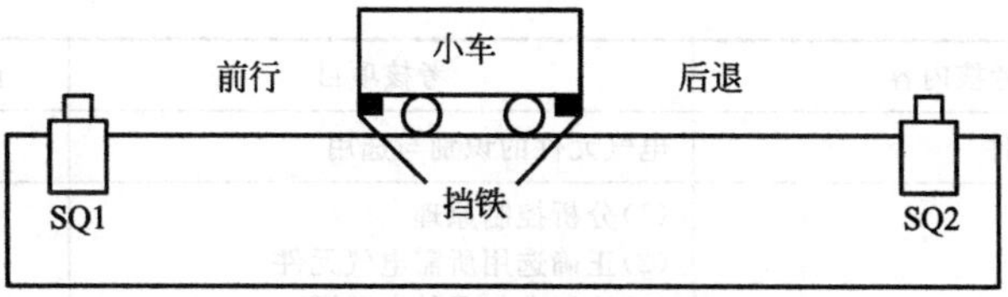

(a) 小车自动往返运动示意

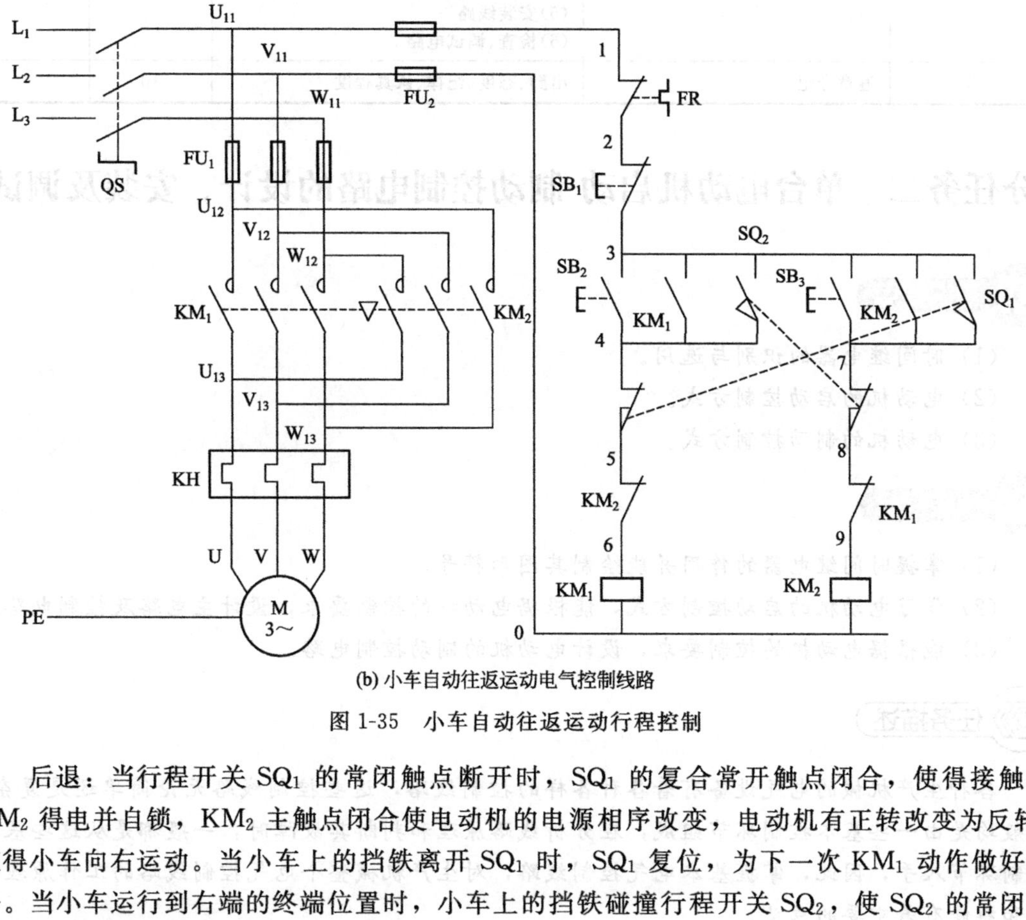

(b) 小车自动往返运动电气控制线路

图 1-35　小车自动往返运动行程控制

后退：当行程开关 SQ_1 的常闭触点断开时，SQ_1 的复合常开触点闭合，使得接触器 KM_2 得电并自锁，KM_2 主触点闭合使电动机的电源相序改变，电动机有正转改变为反转，使得小车向右运动。当小车上的挡铁离开 SQ_1 时，SQ_1 复位，为下一次 KM_1 动作做好准备。当小车运行到右端的终端位置时，小车上的挡铁碰撞行程开关 SQ_2，使 SQ_2 的常闭触点断开，KM_2 线圈断电，主触点释放，电动机断电。同时 SQ_2 的常开触点闭合使得 KM_1 得电，KM_1 主触点闭合使电动机正转。如此周而复始地自动往返运动，当按下停止按钮 SB_1 时，电动机停止转动，小车也停止运动。

【操作训练】

序号	训练内容	训练要点
1	常用电气元件的识别与选用	能够识别按钮、接触器、隔离开关、热继电器、熔断器等电气元件
2	电动机长动控制电路的分析与安装	正确选用所需电气元件
3	电动机点动和长动混合控制电路的设计	设计电路的能力
4	电动机正反转控制电路的分析与安装	实现正反转的原理
5	行程控制线路的分析与安装	位置控制

【任务评价】

序号	考核内容	考核项目	配分	得分
1	常用电气元件	电气元件的识别与选用	10	
2	电动机正反转控制电路的分析	(1)分析控制原理 (2)正确选用所需电气元件 (3)绘制电气元件布置图 (4)绘制安装接线图 (5)安装线路 (6)检查、调试电路	80	
3	遵章守纪	出勤、态度、纪律、认真程度	10	

分任务二　单台电动机启动-制动控制电路的设计、安装及调试

知识要点

(1) 时间继电器的识别与选用。

(2) 电动机的启动控制方式。

(3) 电动机的制动控制方式。

技能目标

(1) 掌握时间继电器的作用并能绘制其图形符号。

(2) 学习电动机的启动控制方式，能根据电动机的控制要求，设计主电路及控制电路。

(3) 能根据电动机的控制要求，设计电动机的制动控制电路。

任务描述

各种生产机械的电气设备有着各种各样的控制线路，这些控制线路无论简单还是复杂，一般均是由一些基本控制环节组成，在分析线路原理和判断其故障时，一般都是从这些基本控制环节入手，因此，掌握基本电气控制线路，对生产机械整个电气控制线路的工作原理分析和维修有着重要的意义。

根据电动机的控制要求，确定设计方式，完成主电路及控制电路的设计，并进行实际电路的安装及调试。

一、电动机启动控制方式

随着煤矿开采的机械化程度越来越高，煤矿生产中使用的大型机械设备越来越多，例如通风机、空气压缩机、提升机等，这些大型设备一般是由大功率的电动机驱动，在启动时会产生较大的启动电流，对整个电网产生较大的压降，给其他设备工作造成影响，严重时会导致电网故障。煤矿常用的大电动机启动方式有两种，一种是全压直接启动，另一种是降压启动，常用的降压方法有 Y-△降压启动、自耦变压器降压启动和定子绕组串电阻启动（适合小功率电机）。

（一）时间继电器

时间继电器是一种利用电磁原理或机械的动作原理实现触点延时接通和断开的自动控制电器。它使用在较低的电压或较小电流的电路上，用来接通或切断较高电压、较大电流的

电路的电气元件，也就是说，用来控制较高电压或较大功率的电路的电动开关，给继电器工作线圈一个控制电流，继电器就吸合，对应的触点就接通或断开。在供电电路中，继电器也被称为接触器。

常用的时间继电器主要有空气阻尼式、电子式、电磁式、电动式等。

1. 空气阻尼式时间继电器

（1）结构　由电磁系统、延时机构、触点系统、空气室、传动机构、基座等组成，空气阻尼式时间继电器外形如图 1-36 所示，外部结构如图 1-37 所示。

图 1-36　空气阻尼式时间继电器外形

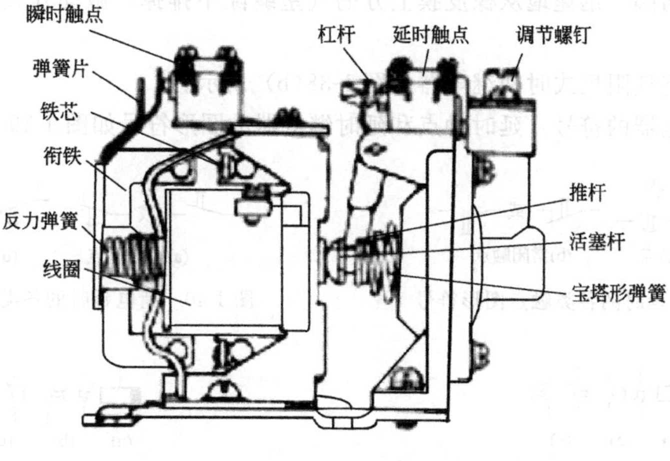

图 1-37　空气阻尼式时间继电器外部结构

（2）工作原理　如图 1-38(a) 所示，当线圈 1 通电后，衔铁 3 吸合，微动开关 16 受压其触点动作无延时，活塞杆 6 在塔形弹簧 8 的作用下，带动活塞 12 及橡皮膜 10 向上移动，但由于橡皮膜下方气室的空气稀薄，形成负压，因此活塞杆 6 只能缓慢地向上移动，其移动的速度视进气孔的大小而定，可通过调节螺杆 13 进行调整。经过一定的延时后，活塞杆才能移动到最上端。这时通过杠杆 7 压动微动开关 15，使其常闭触头断开，常开触头闭合，起到通电延时作用。

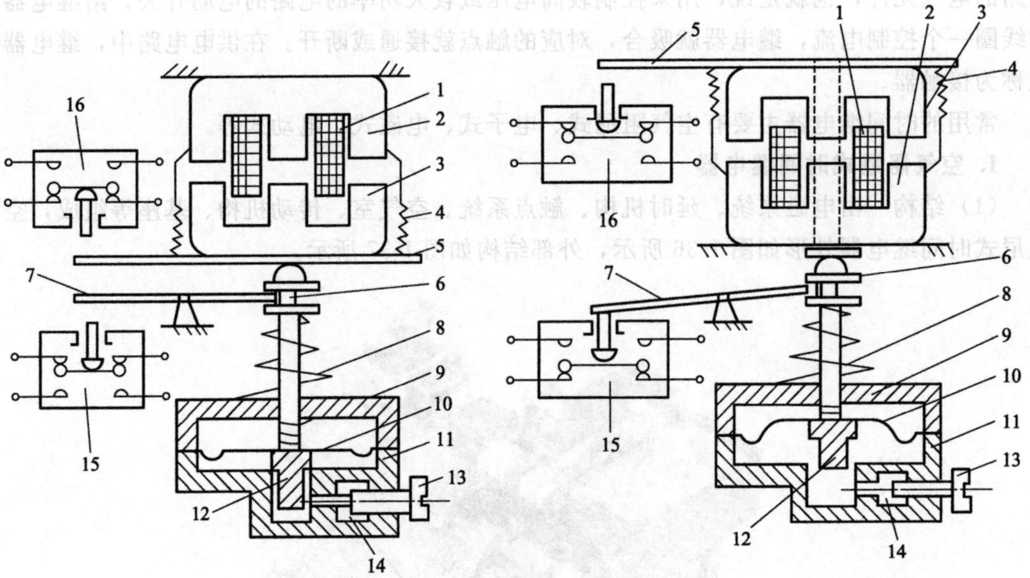

(a) 通电延时型　　　　(b) 断电延时型

图 1-38　空气阻尼式时间继电器

1—线圈；2—铁芯；3—衔铁；4—反力弹簧；5—推板；6—活塞杆；7—杠杆；8—塔形弹簧；9—弱弹簧；10—橡皮膜；11—空气室壁；12—活塞；13—调节螺杆；14—进气孔；15,16—微动开关

当线圈 1 断电时，电磁吸力消失，衔铁 3 在反力弹簧 4 的作用下释放，并通过活塞杆 6 将活塞 12 推向下端，这时橡皮膜 10 下方气室内的空气通过橡皮膜 10、弱弹簧 9 和活塞 12 肩部所形成的单向阀，迅速地从橡皮膜上方的气室缝隙中排掉，微动开关 15、16 能迅速复位，无延时。

断电延时型空气阻尼式时间继电器如图 1-38(b) 所示。

(3) 时间继电器的符号　延时触点和延时继电器的图形符号如图 1-39～图 1-42 所示。

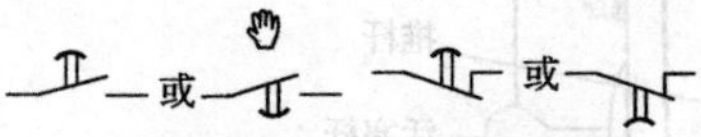

(a) 常开触点　(b)常闭触点

图 1-39　通电延时的各类触点图形符号

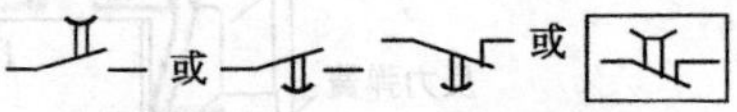

(a) 常开触点　(b)常闭触点

图 1-40　断电延时的各类触点图形符号

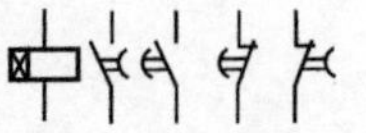

(a)　(b)　(c)

图 1-41　通电延时继电器的图形符号

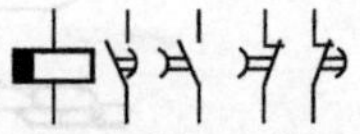

(a)　(b)　(c)

图 1-42　断电延时继电器的图形符号

(4) 空气阻尼式时间继电器的特点

① 优点：延时范围较大 (0.4～180s)，且不受电压和频率波动的影响；可以做成通电和断电两种延时形式；结构简单、寿命长、价格低。

② 缺点：延时误差大，难以精确地整定延时值，且延时值易受周围环境温度、尘埃等的影响。因此，对延时精度要求较高的场合不宜采用。

(5) 型号意义　空气阻尼式时间继电器的型号意义如下。

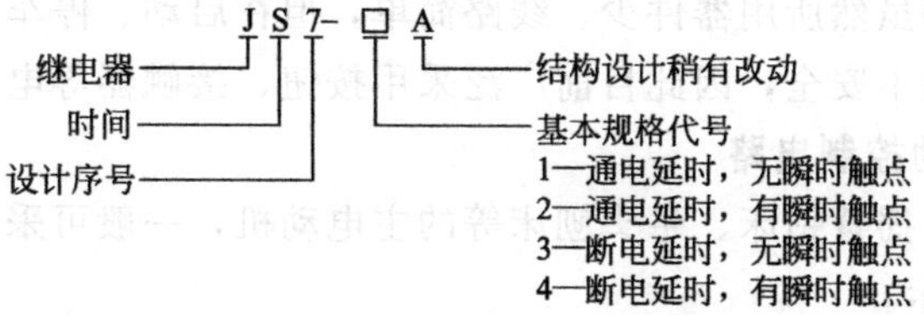

2. 电子式时间继电器

电子式时间继电器也称为半导体时间继电器，具有机械结构简单、延时范围广（可达 0.1s～9999min）、精度高、体积小、消耗功率小、调整方便及寿命长等优点，其应用越来越广泛。

电子式时间继电器按结构分为阻容式和数字式两类，阻容式时间继电器以 *RC* 电路电容充电时电容器上的电压逐步上升的原理为基础。电路有单结晶体管电路和场效应管电路两种。

按延时方式分为通电延时型、断电延时型及带瞬动触点的通电延时型。JS20 系列时间继电器的外形和接线示意如图 1-43 和图 1-44 所示。

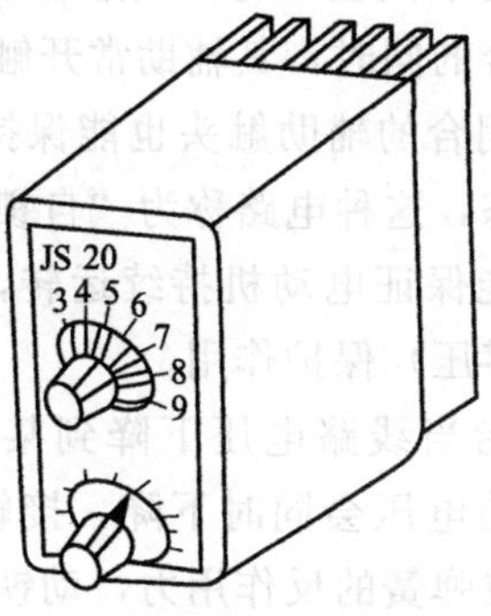

图 1-43 JS20 系列时间继电器的外形

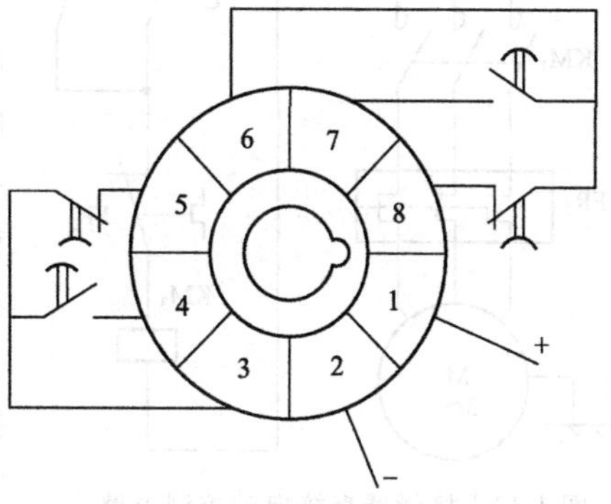

图 1-44 JS20 系列时间继电器的接线示意

3. 直流电磁式时间继电器

直流电磁式时间继电器用于直流电气控制电路中，只能直流断电延时动作。它的结构简单、运行可靠、寿命长，缺点时延时时间短。

（二）全压启动控制

全压启动又称为直接启动，即将额定电压直接加在定子绕组上使电动机启动的方法，经过开关或是接触器，将电源电压直接加到电动机的定子绕组上启动电动机。小功率、启动不频繁的电动机可以直接启动。

1. 手动直接启动电路

对小型台钻、冷却泵、砂轮机和风扇等，可用铁壳开关、胶盖闸刀开关、转换开关直接控制三相笼型异步电动机的启动和停止，如图 1-45 所示。

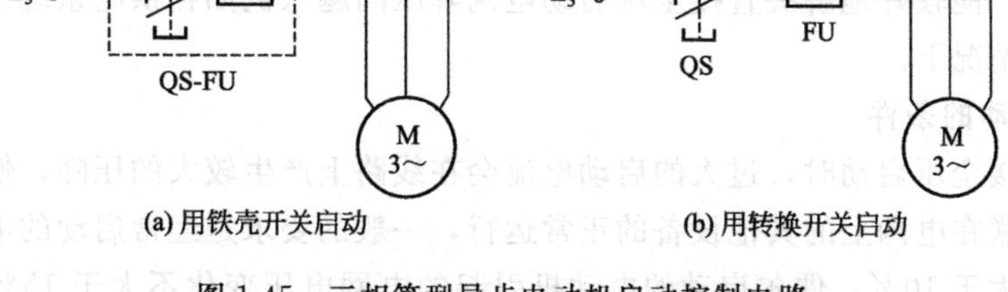

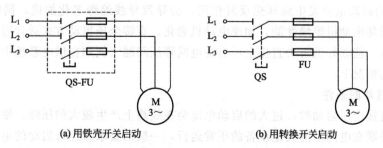

(a) 用铁壳开关启动　　(b) 用转换开关启动

图 1-45 三相笼型异步电动机启动控制电路

上述直接启动电路虽然所用器件少、线路简单，但在启动、停车频繁时，使用这种手动控制方式既不方便，也不安全，因此目前广泛采用按钮、接触器等电器来控制。

2. 接触器直接启动控制电路

中小型普通车床、摇臂钻床、牛头刨床等的主电动机，一般可采用接触器直接启动。控制电路图如图 1-46 所示。

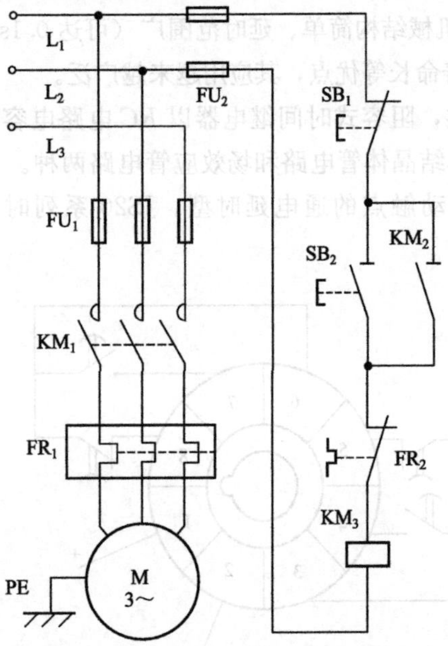

图 1-46 接触器直接启动控制电路

图 1-46 中，SB_1 为停止按钮，SB_2 为启动按钮，热继电器 FR 作过载保护，熔断器 FU1、FU2 作短路保护。

工作原理：按下按钮 SB_2，接触器线圈 KM 得电，其主触头闭合，电动机得电运转；按下按钮 SB1，线圈 KM 失电，其主触头断开，电动机失电停止。

由图可知，按下按钮 SB_2，接触器线圈 KM 得电，其主触头闭合的同时，其辅助常开触头也闭合，即使 SB_2 断开，闭合的辅助触头也能保持 KM 线圈一直处于得电状态，这种电路称为“自锁电路”。这种自锁电路不但能保证电动机持续运转，而且还具有欠压和失压（零压）保护作用。

欠压保护是指当线路电压下降到某一数值时，接触器线圈两端的电压会同时下降，接触器的电磁吸力将会小于复位弹簧的反作用力，动铁芯被释放，带动主、辅触头同时断开，自动切断主电路和控制电路，电动机失电停止，避免电动机欠压运行而损坏。

失压（零压）保护是指电动机在正常工作情况下，由于外界某种原因引起突然断电时，能自动切断电源；当重新供电时，电动机不会自行启动。这就避免了突然停电后，操作人员忘记切断电源，来电后电动机自行启动而造成设备损坏或人身伤亡的事故。

3. 全压启动方式的优缺点

全压启动方式的优点是控制方便、维护简单。而在实践中，其缺点也是非常明显的。例如：

① 整个电网降压非常严重，使其他设备不能同时启动；

② 冲击电流会对控制开关的真空管造成严重损害，造成其使用寿命的下降；

③ 启动电流中含有大量的高次谐波，进而形成高频谐振，导致继电保护误动作；

④ 较大的启动电流发生焦耳热反复作用，会导致导线绝缘老化加速，同时，较大的启动电流也会损坏电动机绝缘性能，加速电动机老化。直接全压启动方式适合启动设备离变电所距离比较近，能较好地解决直接全压启动电网降压问题（例如在供电系统中采用电容进行压降补偿）的情况下。

4. 全压启动的条件

电动机直接全压启动时，过大的启动电流会在线路上产生较大的压降，使电网电压波动很大，影响并联在电网上的其他设备的正常运行，一般的要求是经常启动的电动机引起的电网电压变化不大于 10%，偶尔启动的电动机引起的电网电压变化不大于 15%。另外还可以按电源的情况来决定是否允许电动机直接启动，如表 1-1 所示。

表 1-1　按电源容量确定电动机直接启动时的功率

电源情况	允许直接启动的电动机最大功率/kW
小容量发电厂	每 1kV · A 发电机容量为 0.1～0.12kW
变电所	经常启动时，不大于变压器容量的 20%
	偶尔启动时，不大于变压器容量的 30%
高压线路	不超过电动机连接线路上短路容量的 3%
变压器-电动机组	电动机容量不大于变压器容量的 80%

（三）电动机降压启动控制

1. 定子电路串电阻降压启动控制

电动机启动时，在三相定子电路中串接电阻，使电动机定子绕组电压降低，启动结束后再将电阻切除，使电动机在额定电压下正常运行。正常运行时定子绕组接成 Y 型的笼型异步电动机，图 1-47 是这种启动方式的电路图。

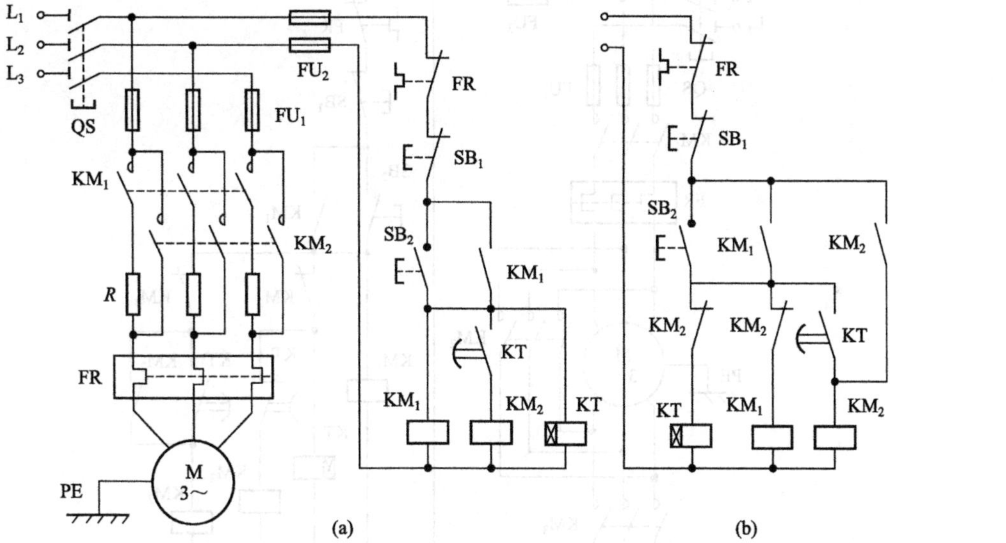

图 1-47　定子电路串电阻降压启动控制电路

工作原理：合上隔离开关 QS，按下按钮 SB_2，KM_1 线圈得电自锁，其常开主触头闭合，电动机串电阻启动，KT 线圈得电；当电动机的转速接近正常转速时，到达 KT 的整定时间，其常开延时触头闭合，KM_2 线圈得电自锁，KM_2 的常开主触头 KM_2 闭合将 R 短接，电动机全压运转。

降压启动用电阻一般采用 ZX1、ZX2 系列铸铁电阻，其阻值小、功率大，可允许通过较大的电流。

电路图中各元器件工作顺序如下：

合上电源开关 QS→按下 SB_2→KM_1 线圈得电→KM_1 主触点闭合→电动机 M 串电阻 R 降压启动
　　　　　　　　　　　　　　　　　　　　　　　└→KM_1 辅助动合触点闭合，自锁
　　　　　　　　　　　　└→KT 线圈得电 —经过一段时间→ KT 延时动合触点闭合→

→KM_2 线圈得电→KM_2 主触点闭合→切除启动电阻 R，电动机 M 在全压下稳定运行
　　　　　　　　　├→KM_2 辅助动合触点闭合，自锁
　　　　　　　　　└→KM_2 辅助动断触点分断→KM_1 和 KT 线圈失电，所有触头复位

2. Y- 降压启动控制电路

这种方式的原理是：启动时把绕组接成星形连接，启动完毕后再自动换接成三角形接法而正常运行。凡是正常运行时定子绕组接成三角形的笼型异步电动机，均可采用这种降压启动方法（该方法也仅适用于这种接法的电动机）。

图 1-48 是用两个接触器和一个时间继电器自动完成 Y-△转换的启动控制电路。由图可知，按下 SB_2 后，接触器 KM_1 得电并自锁，同时 KT、KM_3 也得电，KM_1、KM_3 主触头同时闭合，电动机以星形接法启动。当电动机转速接近正常转速时，到达通电延时型时间继电器 KT 的整定时间，其延时动断触头断开，KM_3 线圈断电，延时动合触头闭合，KM_2 线圈得电，同时 KT 线圈也失电。这时，KM_1、KM_2 主触头处于闭合状态，电动机绕组转换为三角形连接，电动机全压运行。图中把 KM_2、KM_3 的动断触头串联到对方线圈电路中，构成“互锁”电路，避免 KM2 与 KM3 同时闭合，引起电源短路。

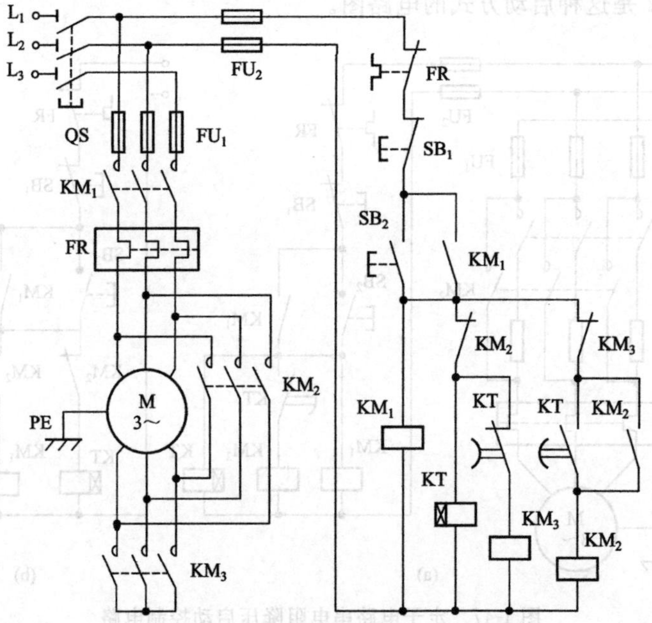

图 1-48 异步电动机 Y-△降压启动控制电路

在电动机 Y-△启动过程中，绕组的自动切换由时间继电器 KT 延时动作来控制。这种控制方式称为按时间原则控制，它在机床自动控制中得到广泛应用。KT 延时的长短应根据启动过程所需时间来整定。

3. 自耦变压器降压启动控制电路

正常运行时定子绕组接成 Y 型的笼型异步电动机，还可用自耦变压器降压启动。电动机启动时，定子绕组加上自耦变压器的二次电压，一旦启动完成就切除自耦变压器，定子绕组加上额定电压正常运行。

自耦变压器二次绕组有多个抽头，能输出多种电源电压，启动时能产生多种转矩，一般比 Y-△启动时的启动转矩大得多。自耦变压器虽然价格较贵，而且不允许频繁启动，但仍是三相笼型异步电动机常用的一种降压启动装置。

图 1-49 为一种三相笼型异步电动机自耦变压器降压启动控制电路。

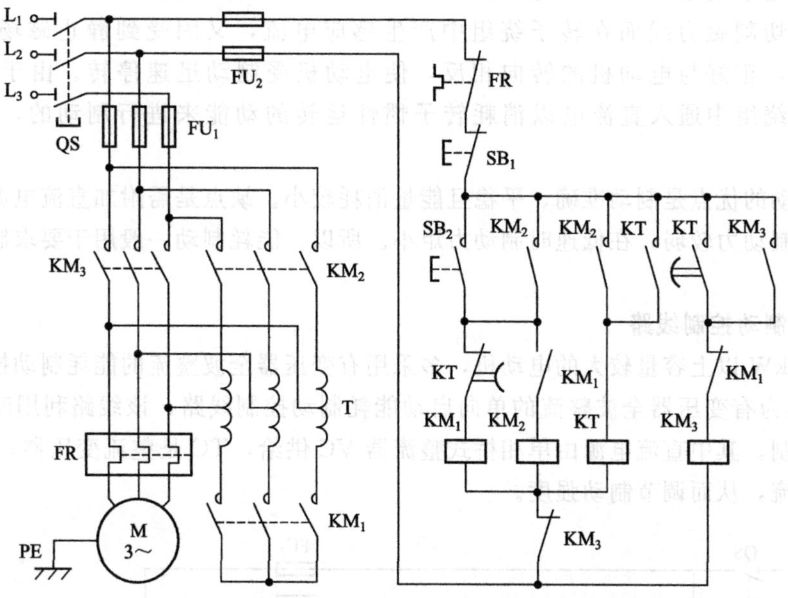

图 1-49　异步电动机自耦变压器降压启动控制电路

其工作过程是：合上隔离开关 QS，按下 SB_2，KM_1 线圈得电，自耦变压器作 Y 连接，同时 KM_2 得电自锁，电动机降压启动，KT 线圈得电自锁；当电动机的转速接近正常工作转速时，到达 KT 的整定时间，KT 的常闭延时触点先打开，KM_1、KM_2 先后失电，自耦变压器 T 被切除，KT 的常开延时触点后闭合，在 KM_1 的常闭辅助触点复位的前提下，KM_3 得电自锁，电动机全压运转。

电路中 KM_1、KM_3 的常闭辅助触点的作用是：防止 KM_1、KM_2、KM_3 同时得电，使自耦变压器 T 的绕组电流过大，从而导致其损坏。

二、电动机的制动控制方式

许多机床，如万能铣床、卧式镗床、组合机床等，都要求能迅速停车和准确定位。三相异步电动机从切断电源到安全停止旋转，由于惯性的关系总要经过一段时间，这样就使得非生产时间拖长，影响了劳动生产率，不能适应某些生产机械的工艺要求。在实际生产中，为了保证工作设备的可靠性和人身安全，为了实现快速，准确停车，缩短辅助时间，提高生产机械效率，对要求停转的电动机采取措施，强迫其迅速停车，这就叫“制动”。制动停车的方式有两大类：即机械制动和电气制动。机械制动有电磁抱闸制动、电磁离合器制动等；电气制动有反接制动、能耗制动、回馈制动等，它实质是使电动机产生一个与原来转子的转动方向相反的制动转矩。机床中经常应用的电气制动是反接制动和能耗制动。常用到的机械制动是电磁抱闸制动。下面就常用到的几种制动方法分别介绍。

（一）电动机的能耗制动

当电动机切断交流电源后，立即在定子绕组的任意两相中通入直流电，迫使电动机迅速停转的方法叫能耗制动。

1. 能耗制动的方法

先断开电源开关，切断电动机的交流电源，这时转子仍沿原方向惯性运转；随后向电动机两相定子绕组通入直流电，使定子中产生一个恒定的静止磁场，这样作惯性运转的转子因切割磁力线而在转子绕组中产生感应电流，又因受到静止磁场的作用，产生电磁转矩，正好与电动机的转向相反，使电动机受制动迅速停转。由于这种制动方法是在定子绕组中通入直流电以消耗转子惯性运转的动能来进行制动的，所以称为能耗制动。

能耗制动的优点是制动准确、平稳且能量消耗较小。缺点是需附加直流电源装置，设备费用较高，制动力较弱，在低速时制动力矩小。所以，能耗制动一般用于要求制动准确、平稳的场合。

2. 能耗制动控制线路

对于10kW以上容量较大的电动机，多采用有变压器全波整流的能耗制动控制线路。如图1-50所示为有变压器全波整流的单向启动能耗制动控制线路，该线路利用时间继电器来进行自动控制。其中直流电源由单相桥式整流器VC供给，TC是整流变压器，电阻R用来调节直流电流，从而调节制动强度。

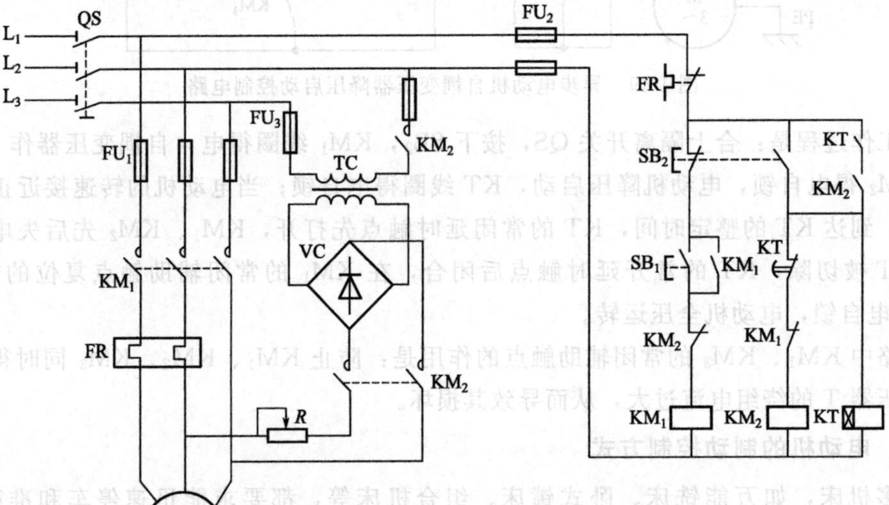

图1-50 单向启动能耗制动控制线路

3. 线路工作步骤

(1) 单向启动运转步骤：

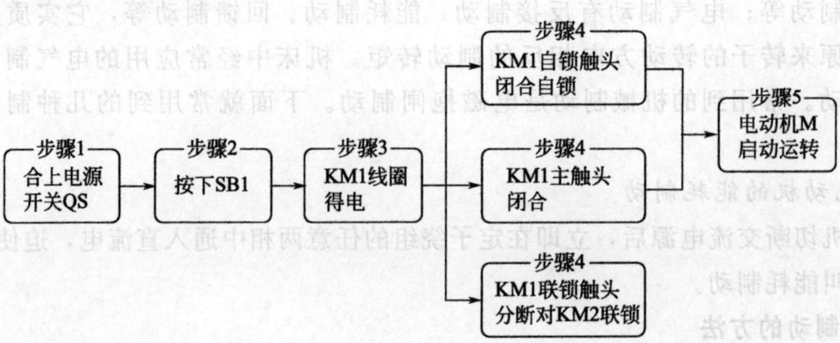

(2) 能耗制动停转步骤：

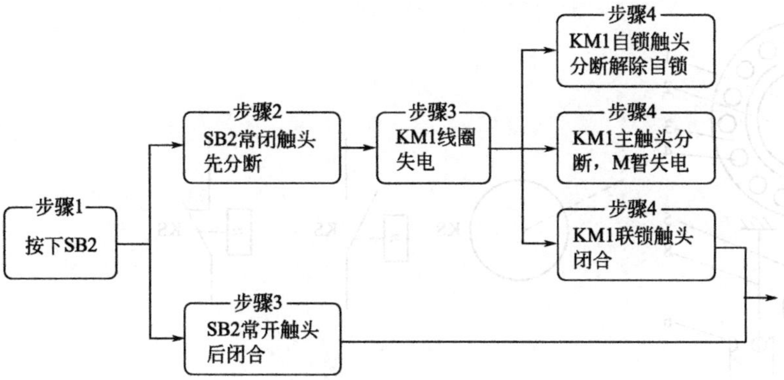

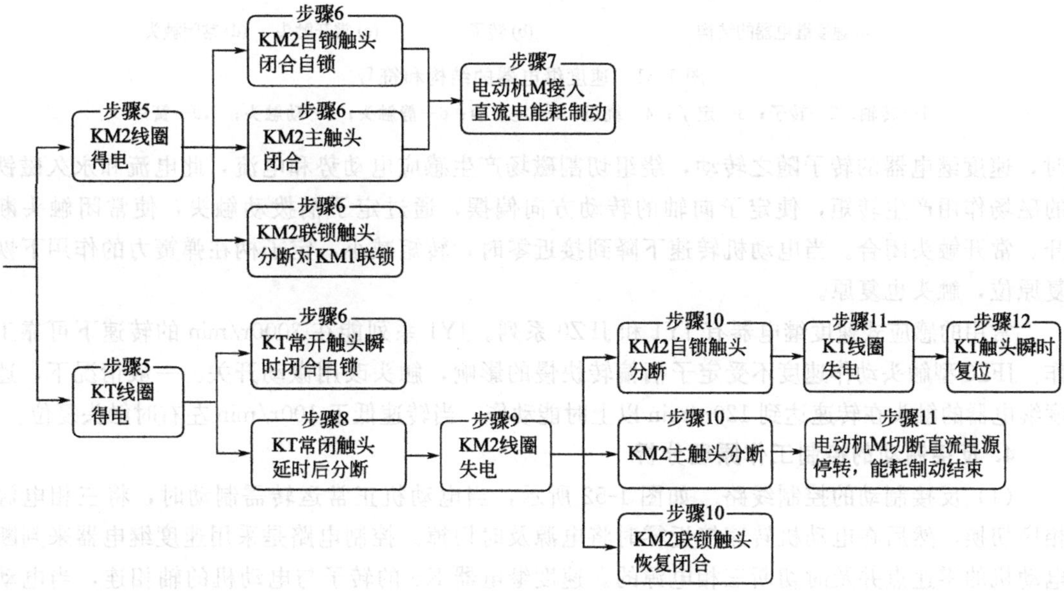

（二）电动机的反接制动

1. 反接制动的方法

异步电动机反接制动有两种，一种是在负载转矩作用下使电动机反转的倒拉反转反接制动，这种方法不能准确停车。另一种是依靠改变三相异步电动机定子绕组中三相电源的相序产生制动力矩，迫使电动机迅速停转的方法。

2. 反接制动的特点

制动力强，制动迅速。缺点是：制动准确性差，制动过程中冲击强烈，易损坏传动零件，制动能量消耗大，不宜经常制动。因此反接制动一般适用于制动要求迅速、系统惯性较大，不经常启动与制动的场合。

3. 速度继电器

速度继电器（文字符号 KS）是依靠速度大小使继电器动作与否的信号，配合接触器实现对电动机的反接制动，故速度继电器又称为反接制动继电器。感应式速度继电器是靠电磁感应原理实现触头动作的。从结构上看，与交流电机类似，速度继电器主要由定子、转子和触头三部分组成。定子的结构与笼型异步电动机相似，是一个笼型空心圆环，由硅钢片冲压而成，并装有笼型绕组，转子是一个圆柱形永久磁铁。速度继电器的结构和符号如图 1-51 所示。

速度继电器的轴与电动机的轴相连接。转子固定在轴上，定子与轴同心。当电动机转动

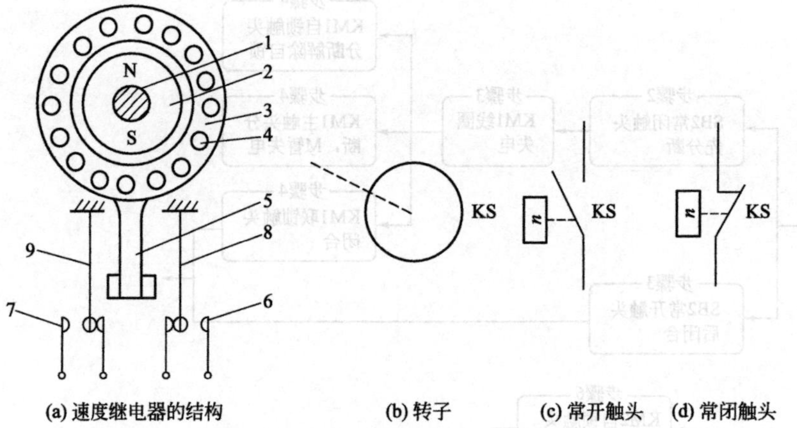

图 1-51 速度继电器的结构和符号

1—转轴；2—转子；3—定子；4—绕组；5—定子柄；6—静触头；7—动触头；8,9—簧片

时，速度继电器的转子随之转动，绕组切割磁场产生感应电动势和电流，此电流和永久磁铁的磁场作用产生转矩，使定子向轴的转动方向偏摆，通过定子柄拨动触头，使常闭触头断开、常开触头闭合。当电动机转速下降到接近零时，转矩减小，定子柄在弹簧力的作用下恢复原位，触头也复原。

常用的感应式速度继电器有 JY1 和 JFZ0 系列。JY1 系列能在 3000r/min 的转速下可靠工作。JFZ0 型触头动作速度不受定子柄偏转快慢的影响，触头改用微动开关。一般情况下，速度继电器的触头在转速达到 120r/min 以上时能动作，当转速低于 100r/min 左右时触头复位。

4. 反接制动的控制工作原理分析

(1) 反接制动的控制线路　如图 1-52 所示，当电动机正常运转需制动时，将三相电源相序切换，然后在电动机转速接近零时将电源及时切掉。控制电路是采用速度继电器来判断电动机的零速点并及时切断三相电源的。速度继电器 KS 的转子与电动机的轴相连，当电动机正常运转时，速度继电器的常开触头闭合，当电动机停车转速接近零时，KS 的常开触头

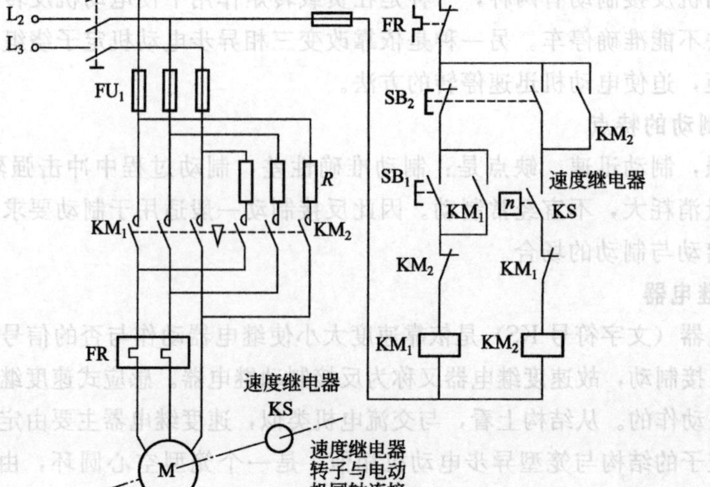

图 1-52 单向启动反接制动控制线路

断开，切断接触器的线圈电路。

（2）单向启动步骤如下：

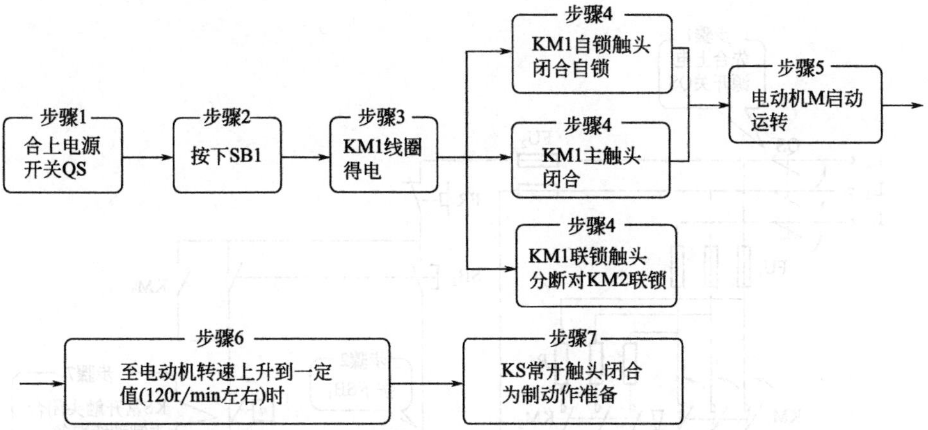

（3）反接制动步骤如下：

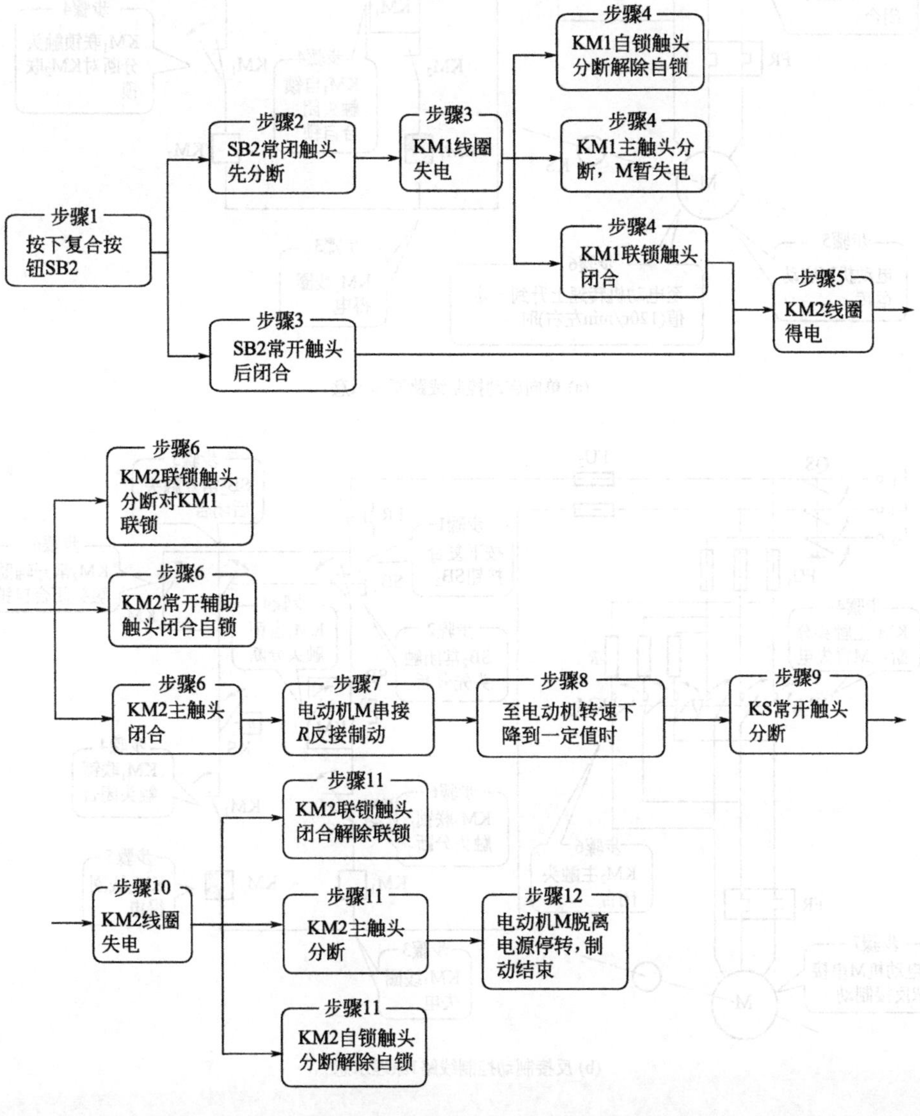

图 1-53 为单向启动反接制动控制线路原理示意图：图 1-53(a) 单向启动控制线路、图 1-53(b) 反接制动原理控制线路 1、图 1-53(c) 反接制动原理控制线路 2。

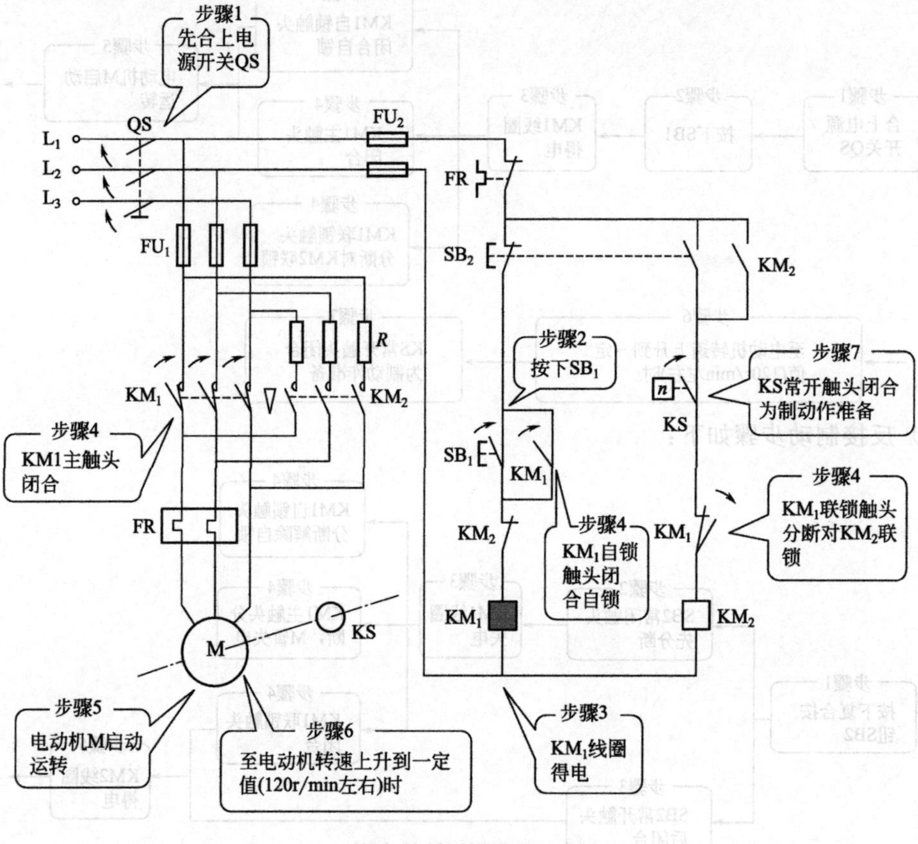

(a) 单向启动控制线路原理示意

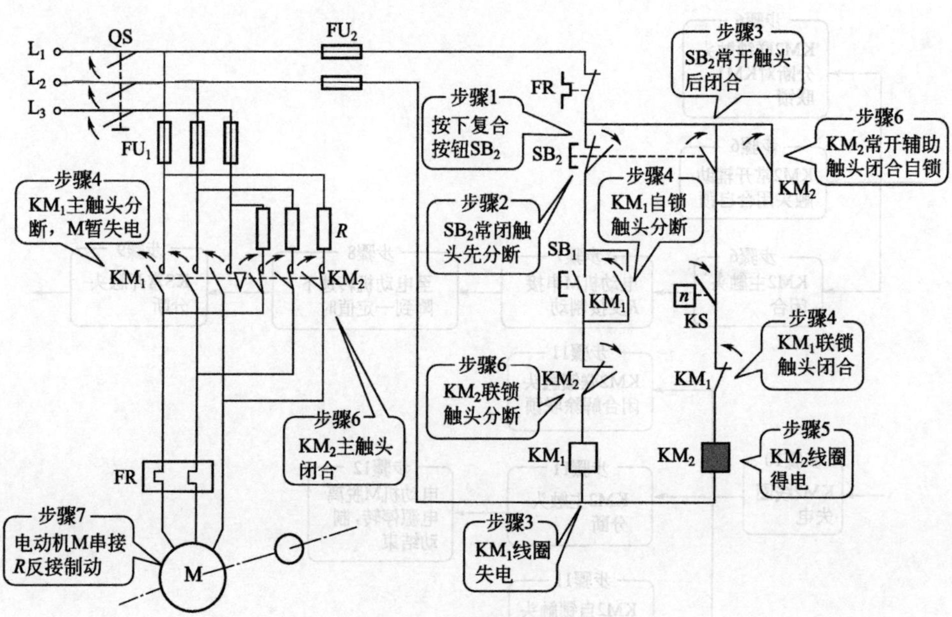

(b) 反接制动控制线路1原理示意

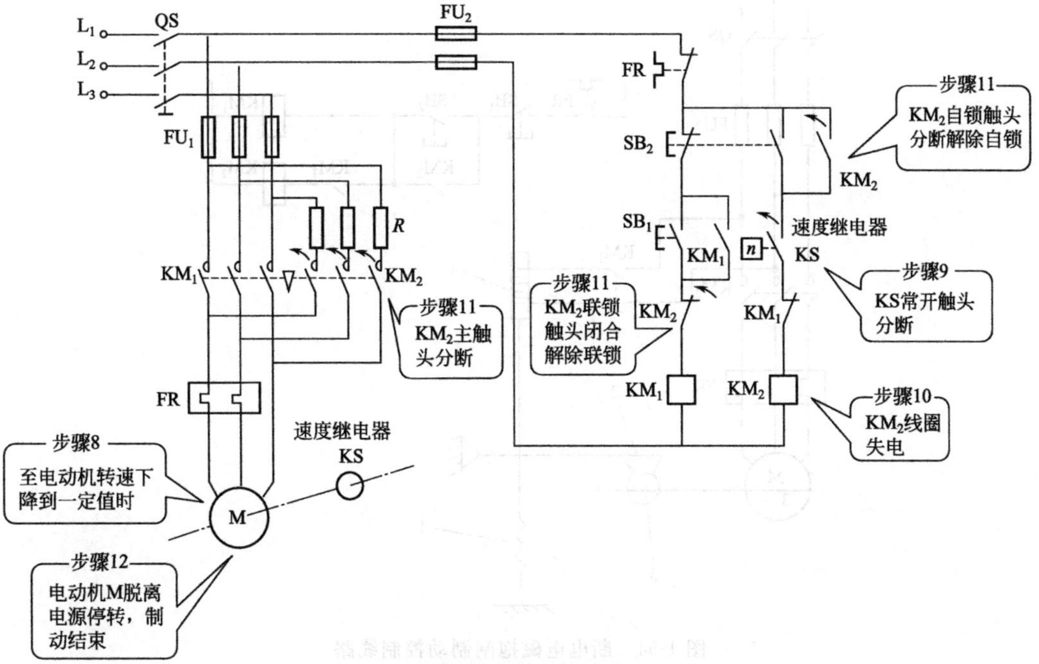

(c) 反接制动控制线路2原理示意

图 1-53　单向启动反接制动控制线路原理示意

（三）电动机的抱闸制动

1. 电磁抱闸制动线路

电磁抱闸制动是机械制动，其设计思想是利用外加的机械作用力，使电动机迅速停止转动。由于这个外加的机械作用力，是靠电磁制动闸紧紧抱住与电动机同轴的制动轮来产生的，所以叫做电磁抱闸制动。电磁抱闸制动又分为两种，即断电电磁抱闸制动和通电电磁抱闸制动。

(1) 断电电磁抱闸制动 制动闸平时一直处于“抱住”状态。

图 1-54 是断电电磁抱闸制动控制线路原理图。制动轮通过联轴器直接或间接与电动机主轴相连，电动机转动时，制动轮也跟着同轴转动。线路工作原理为：合上电源开关 QS；按下启动按钮 SB_2，接触器 KM_1 得电吸合，电磁铁绕组接入电源，电磁铁铁芯向上移动，抬起制动闸，松开制动轮；KM_1 得电后，KM_2 顺序得电，吸合，电动机接入电源，启动运转；按下停止按钮 SB_1，接触器 KM_1、KM_2 失电释放，电动机和电磁铁绕组均断电，制动闸在弹簧作用下紧压在制动轮上，依靠摩擦力使电动机快速停车。由于在电路设计时是使接触器 KM_1 和 KM_2 顺序得电，使得电磁铁线圈 YA 先通电，待制动闸松开后，电动机才接通电源。这就避免了电动机在启动前瞬时出现的“电动机定子绕组通电而转子被掣住不转的短路运行状态”。这种断电抱闸制动的结构形式，在电磁铁线圈一旦断电或未按通时电动机都处于制动状态，故称为断电抱闸制动方式。

这种控制线路不会因网络电源中断或电气线路故障而使制动的安全性和可靠性受影响。但电动机制动时，其转轴不能转动，也不便调整；而当电机正常运转时，KM_1 和电磁线圈长期通电。

(2) 通电电磁抱闸制动 制动闸平时一直处于“松开”状态。图 1-55 是通电电磁抱闸制动控制线路原理图。

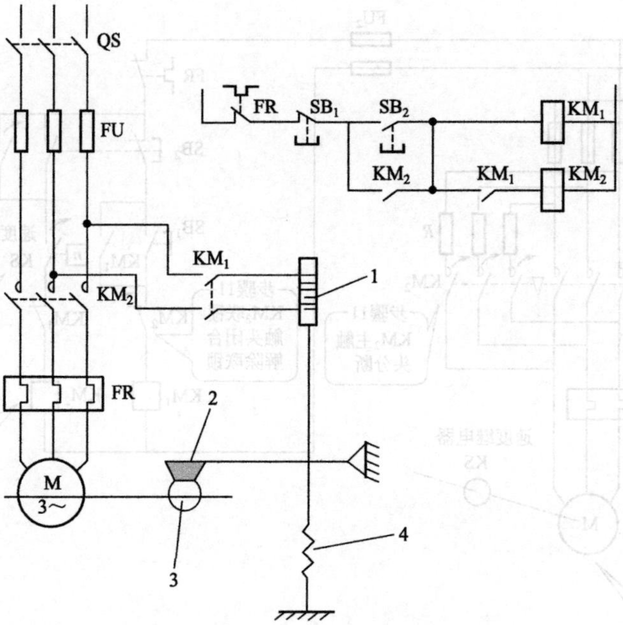

图 1-54 断电电磁抱闸制动控制线路

1—电磁铁；2—制动闸；3—制动轮；4—弹簧

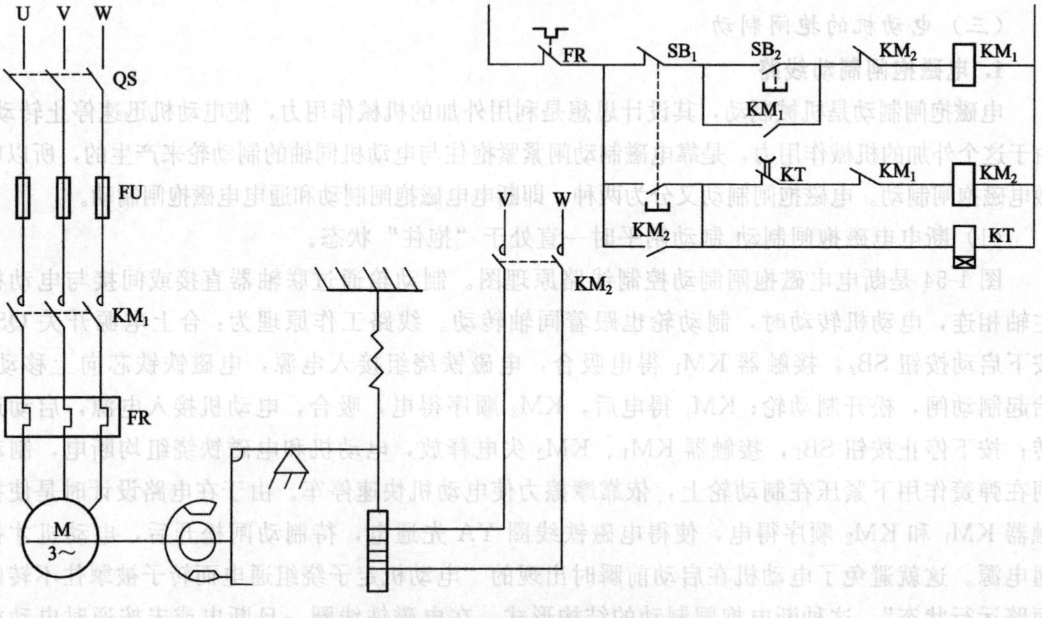

图 1-55 通电电磁抱闸制动控制线路

线路工作原理为：按下启动按钮 SB_2，接触器 KM_1 线圈得电吸合，电动机启动运行。按停止按钮 SB_1，接触器 KM_1 失电复位，电动机脱离电源。接触器 KM_2 线圈得电吸合，电磁铁线圈通电，铁芯向下移动，使制动闸紧紧抱住制动轮，同时时间继电器 KT 得电。当电动机惯性转速下降至零时，时间继电器 KT 的常闭触点经延时断开，使 KM_2 和 KT 线圈先后失电，从而使电磁铁绕组断电，制动闸又恢复了“松开”状态。

2. 电磁抱闸制动的特点

优点是制动力矩大，制动迅速，安全可靠，停车准确。

缺点是制动愈快，冲击振动就愈大，对机械设备不利。由于这种制动方法较简单，操作方便，所以在生产现场得到广泛应用，电磁抱闸制动装置体积大，对于空间位置比较紧凑的机床一类的机械设备来说，由于安装困难，故采用较少。至于选用哪种电磁抱闸制动方式，要根据生产机械工艺要求决定。一般在电梯、吊车、卷扬机等升降机械上，应采用断电电磁抱闸制动方式，对像机床一类经常需要调整加工件位置的机械设备，往往采用通电电磁抱闸制动方式。

【操作训练】

序号	训练内容	训练要点
1	电动机的启动控制方案	设计电动机启动的控制电路，绘制元件布置图及其安装接线图，安装控制电路并调试
2	制定电动机的制动控制方案	设计电动机制动的控制电路，绘制元件布置图及其安装接线图，安装控制电路并调试

【任务评价】

序号	考核内容	考核项目	配分	得分
1	电动机的启动控制方案	启动方法的选择	20	
2	电动机的制动控制方案	制动方法的选择	20	
3	排除电路故障	安装控制电路并调试	20	
4	通电运行	调试成功与否	20	
5	遵守纪律	出勤、态度、纪律、认真程度	20	

分任务三　两台电动机顺序启停控制电路的设计、安装及调试

知识要点

(1) 认识PLC。
(2) PLC的类型及结构。
(3) PLC的工作原理。
(4) PLC的基本指令及应用。
(5) 梯形图的编制规则。
(6) 顺序启动同时停止控制。
(7) 顺序启动单独停止控制。

技能目标

(1) 能根据电动机的控制要求，设计主电路及控制电路。
(2) 能分析所设计的电气控制线路图。
(3) 能使用PLC编程软件进行梯形图的编辑和调试。
(4) 能根据检查结果或故障现象判断故障位置。

任务描述

通过本节内容学习，掌握PLC控制基本原理的基本指令，掌握电动机顺序启动同时停止，顺序启动顺序停止和顺序启动逆序停止的梯形图设计和PLC软件编程，并进行实际电路的安装和调试。

在现代化的生产过程中，许多自动控制设备、自动化生产线均需要配备电气化自动控制装置，例如电动机的启动与停止控制、液压系统进给控制等。以往这些控制系统中的电气控制装置主要采用继电器、接触器或电子元件来实现，这种继电接触器控制的电气装置大多体积大、接线复杂、故障率高、可靠性差、并且生产周期长、费工费时、需要经常或定时进行检修维护。一旦控制功能略加变动，就需要重新进行硬件组合、增减元器件、改变接线。因此，迫切需要一种更通用、更灵活、更经济可靠的新型自动控制装置取代继电接触器控制系统，以适应生产的快速发展。

1968年，美国通用汽车（GM）公司为了适应生产工艺不断更新的需求，提出了一种设想：把计算机的功能完善、通用、灵活等优点和继电接触器控制系统的简单易懂、操作方便、价格便宜等优点结合起来，制成一种新型的通用控制装置取代继电接触器控制系统。这种控制装置不仅能够把计算机的编程方法和程序输入方式加以简化，并且采用面向控制过程、面向对象的语言编程，使不熟悉计算机的人也能方便地使用。美国数字设备公司（DEC）根据这一设想，于1969年研制成功了世界上第一台可编程控制器，并在汽车自动装配生产线上试用获得成功。

国际电工委员会（IEC）在1987年2月颁布了可编程控制器（简称PLC）的标准草案（第三稿），草案对PLC作了如下定义：“可编程控制器是一种数字运算操作的电子系统，专为在工业环境下应用而设计。它采用可编程的存储器，用来在其内部存储执行逻辑运算、顺序控制、定时、计数和算术运算等操作指令，并通过数字式或模拟式的输入和输出，控制各种类型的机械动作过程。可编程控制器及其相关设备，都应按易于与工业控制系统形成一个整体，易于扩展其功能的原则设计。”

一、PLC的类型及结构

（一）PLC的类型

PLC是应现代化大生产的需要而产生的，PLC的分类也必然要符合现代化生产的需求。一般来说，可以从三方面对PLC进行分类。按PLC的控制规模大小来分；按PLC的性能高低来分；按PLC的结构特点来分。

1. 按PLC的控制规模分类

PLC可以分为小型机、中型机和大型机。

（1）小型机　其I/O点数一般少于256，用户程序存储器容量为2KB以下。见表1-2所示。

表1-2　典型小型机的部分性能指标

公司	机型	处理速度/(KB/ms)	存储器容量/KB	I/O点数
日本OMRON	C60P	4～95	1.19	120
	C120	3～83	2.2	256
	CQM1	0.5～10	3.2～7.2	256

续表

公司	机型	处理速度/(KB/ms)	存储器容量/KB	I/O点数
日本三菱	FX2	0.74	2～8	256
德国 SIEMENS	S5.100U	70	2	128
	S7-200	0.8～1.2	2	256

这类 PLC 虽然控制点数不多，控制功能有一定的局限性。但是，它小巧、灵活，可以直接安装在电气控制柜内，特别适用于单机控制或小型系统的控制。

(2) 中型机　其I/O点数在256～2048之间，用户程序存储器容量为2～8KB，见表1-3所示。

表 1-3　典型中型机的部分性能指标

公司	机型	处理速度/(KB/ms)	存储器容量/KB	I/O点数
日本 OMRON	C200H	0.75～2.25	6.6	1024
	C1000H	0.4～2.4	3.8	1024
	CV1000	0.125～0.375	62	1024
日本富士	F200	2.5	48	1792
德国 SIEMENS	S5.150U	2.5	42	1024
	S7.400	0.3～0.6	12～192	1024

这类 PLC 由于控制点数较多，控制功能强，有些 PLC 甚至还具有较强的计算能力。不仅可以用于对设备进行直接控制，还可以对多个下一级的 PLC 进行监控，适合中、大型控制系统的控制。

(3) 大型机　其I/O点数多于2048，用户程序存储器容量在8KB以上，见表1-4所示。

表 1-4　典型大型机的部分性能指标

公司	机型	处理速度/(KB/ms)	存储器容量/KB	I/O点数
日本 OMRON	C2000H	0.4～2.4	30.8	2048
	CV2000	0.125～0.175	62	2048
日本富士	F200	2.5	32	3200
德国 SIEMENS	S5.150U	2	480	4096
	S7.400	0.3～0.6	512	131072

这类 PLC 控制点数多，控制功能很强，还有很强的计算能力。这类 PLC 运行速度也很高，不仅能完成较复杂的算术运算，还能进行复杂的矩阵运算。不仅可以用于对设备进行直接控制，也可以对多个下一级的 PLC 进行监控。

2. 按 PLC 的控制性能分类

PLC 可以分为低档机、中档机和高档机。

(1) 低档机　低档 PLC，具有基本的控制能力和一般的运算能力，工作速度比较低，能带的输入和输出模块的数量也比较少，同时输入和输出模块的种类也不多。这类 PLC 只适用于单机或小规模简单控制系统，在联网中一般适合做从站使用。比如德国 SIEMENS 公司生产的 S7-200 系列 PLC、日本三菱公司的 FX 系列 PLC、美国 AB 公司的 SLC500 系列

PLC等都是典型的小型PLC产品。

(2) 中档机　中档PLC，具有较强的控制功能和较强的运算能力。它不仅能完成一般的逻辑运算，也能完成比较复杂的三角函数、指数和PID运算，工作速度比较快，能带的输入输出模块的数量较多，输入和输出模块的种类也比较多。这类PLC不仅能完成小型系统的控制，也可以完成较大规模的控制任务。在联网中可做从站，也可做主站。比如，德国SIEMENS公司生产的S7-300系列PLC、日本OMRON公司的C200H系列PLC等都是典型的中档PLC产品。

(3) 高档机　高档PLC，具有强大的控制功能和强大的运算能力。它不仅能完成逻辑运算、三角函数运算、指数运算和PID运算，还能进行复杂的矩阵运算，工作速度很快，能带的输入输出模块的数量很多，并且输入输出模块的种类也很全面。这类PLC不仅能完成中等规模的控制工程，也可以完成规模很大的控制任务，在联网中一般都做主站使用。比如，德国SIEMENS公司生产的S7-400系列PLC、美国AB公司生产的SLC5/05系列PLC等都是典型的大型PLC产品。

3. 按PLC的结构分类

可分为整体式、组合式和叠装式三类。

(1) 整体式　整体式结构的PLC把电源、CPU、存储器、I/O系统都集成放在一个单元内，通常把这个单元叫做基本单元。一个基本单元实质就是一台完整的PLC，可以实现各种控制功能。如果控制点数不符合需要时，可再接扩展单元，但扩展单元不带CPU。整体式结构PLC的特点是结构紧凑、体积小、成本低、安装方便，易于安装在工业生产过程控制中，适合于单机控制系统。但输入与输出点数有限定的比例是其缺点。小型机多为整体式结构。例如，OMRON公司的C60P就为整体式结构。

(2) 组合式　组合结构的PLC就是把PLC系统的各个组成部分按功能分成若干个独立模块，主要有CPU模块、输入输出模块、电源模块等。虽然各模块功能比较单一，但模块的种类却日趋丰富。如一些PLC除了具有一些基本的I/O模块外，还有一些特殊功能模块，像温度检测模块、位置检测模块、PID控制模块、通信模块等。组合式结构的PLC采用搭积木的方式，在一块基板上插上所需要的各种模块组成控制系统。其特点是CPU、输入、输出均为独立的模块，模块尺寸统一，安装整齐，装配和维修方便，功能易于扩展。缺点是结构复杂、价格较高。中、大型机一般为组合式结构。例如，SIEMENS公司S7-400型PLC就属于这一类结构。

(3) 叠装式　叠装式结构的PLC由各个单元组合构成。特点是CPU自成独立的基本单元，其他I/O模块为扩展单元。在安装时不使用基板，仅用电缆进行单元间的连接，各个单元通过叠装，使得系统配置灵活、体积小巧。叠装式结构的PLC集整体式结构PLC的紧凑、体积小、安装方便和组合式结构PLC的I/O点搭配灵活、模块尺寸统一、安装整齐的优点于一身。例如SIEMENS公司的S7-300、S7-200型PLC就采用叠装式结构，如图1-56所示。

(二) PLC的结构

PLC生产厂家很多，产品的结构也各不相同，但系统的组成是相同的，都是由硬件系统和软件系统两大部分组成，如图1-57所示。

1. PLC的硬件系统

(1) 中央处理单元　中央处理单元（CPU）一般由运算器、控制器和寄存器组成，这

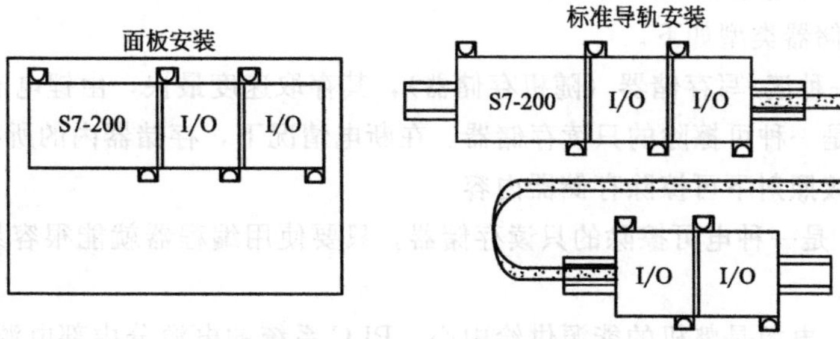

图 1-56　西门子 S7-200 叠装式 PLC 示意

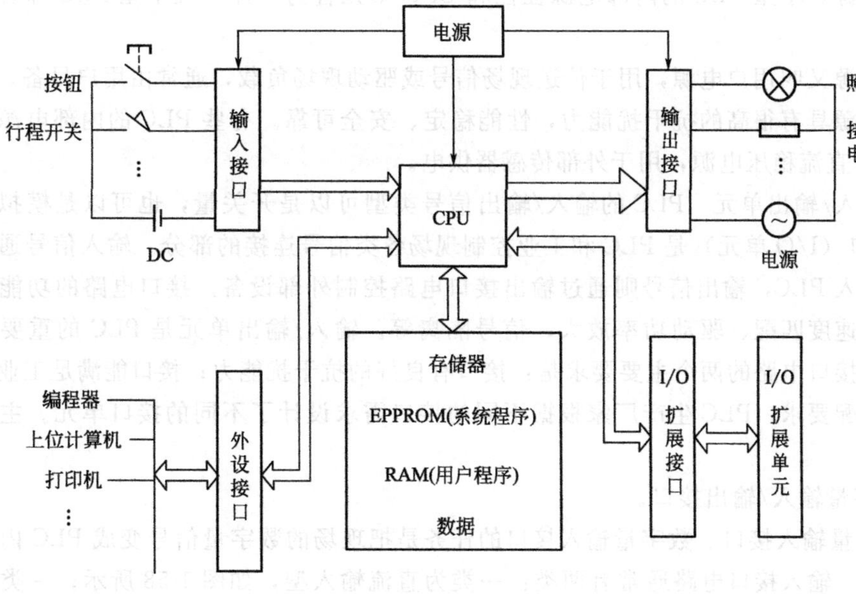

图 1-57　PLC 结构示意

些电路都集成在一个芯片内。CPU 通过数据总线、地址总线和控制总线与存储单元、输入/输出接口电路相连接。CPU 是 PLC 的运算与控制中心，它主要完成的任务包括以下几个方面。

① 检查编程中的语法错误，诊断电源、内部电路故障。

② 用扫描方式接收输入设备的状态和数据，存入输入映像寄存器或数据寄存器中。

③ 运行时，从存储器中逐条读取并执行用户程序，完成用户程序中规定的逻辑运算、算术运算和数据处理等操作。

④ 根据运算结果更新标志位数据寄存器，刷新输出映像寄存器内容，由输出寄存器的位状态或寄存器的有关内容实现输出控制。

⑤ 响应外部设备的工作请求，如打印机、上位机、条形码判读器和图形监控系统等的请求。

(2) 存储器单元　可编程控制器的存储器分为系统程序存储器和用户程序存储器。存放系统软件的存储器称为系统程序存储器，监控程序、模块化应用功能子程序、命令解释程序、故障诊断程序及其各种管理程序等均存放在系统程序存储器中。存放用户程序的存储器称为用户程序存储器，用户程序包括用户程序存储和数据存储两部分，所以用户程序存储器又分为用户存储器和数据存储器两部分。

PLC 常用的存储器类型如下。

① RAM：是一种读/写存储器（随机存储器），其存取速度最快，由锂电池支持。

② EPROM：是一种可擦除的只读存储器。在断电情况下，存储器内的所有内容保持不变。但在紫外线连续照射下可擦除存储器内容。

③ EEPROM：是一种电可擦除的只读存储器。只要使用编程器就能很容易地对其所存储的内容进行修改。

(3) 电源单元　电源是整机的能源供给中心。PLC 系统的电源分内部电源和外部电源。PLC 内部配有开关式稳压电源模块，用来将 220V 交流电源转换成 PLC 内部各模块所需的直流稳压电源。小型 PLC 的内部电源往往和 CPU 单元合为一体，大中型 PLC 都有专用的电源模块。

外部电源又叫用户电源，用于传送现场信号或驱动现场负载，通常由用户另备。

内部电源具有很高的抗干扰能力，性能稳定、安全可靠。有些 PLC 的内部电源还能向外提供 24V 直流稳压电源，用于外部传感器供电。

(4) 输入/输出单元　PLC 的输入/输出信号类型可以是开关量，也可以是模拟量。输入/输出接口（I/O 单元）是 PLC 和工业控制现场各类信号连接的部分。输入信号通过输入接口电路进入 PLC，输出信号则通过输出接口电路控制外部设备。接口电路的功能还包括电平变换、速度匹配、驱动功率放大、信号隔离等。输入/输出单元是 PLC 的重要组成部分。一般对接口电路的两个主要要求是：接口有良好的抗干扰能力；接口能满足工业现场各类信号的匹配要求。PLC 生产厂家根据不同的接口需求设计了不同的接口单元。主要有以下几种。

① 数字量输入/输出接口。

a. 数字量输入接口。数字量输入接口的任务是把现场的数字量信号变成 PLC 内部处理的标准信号。输入接口电路通常有两类：一类为直流输入型，如图 1-58 所示；一类为交流输入型，如图 1-59 所示。输入接口中都有滤波电路及光耦合电路，滤波有抗干扰的作用，光耦合电路的关键器件是由发光二极管和光电三极管组成的光耦合器，具有抗干扰及产生标准信号的作用。

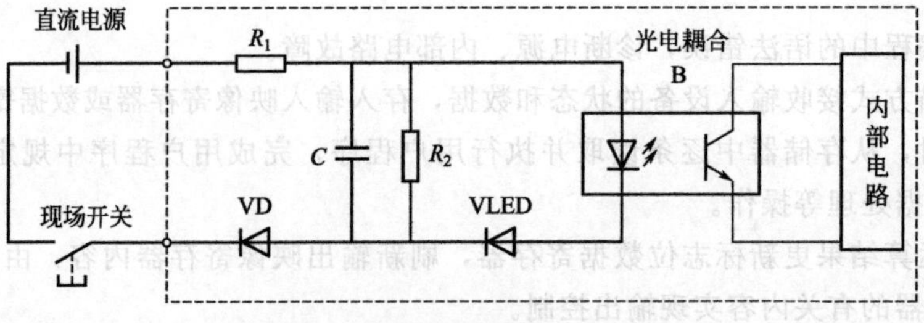

图 1-58　数字量直流输入接口电路

b. 数字量输出接口。数字量输出接口的任务是把 PLC 内部的标准信号转换成现场执行机构所需的数字量信号。输出接口电路通常有 3 种类型：继电器输出型（图 1-60）、晶体管输出型（图 1-61）、晶闸管输出型（图 1-62）。每一种输出电路都采用了电气隔离技术，电源都是由外部提供，输出电流一般为 0.5～2A，这样的负载容量一般可以直接驱动一个常用的接触器线圈或电磁阀。

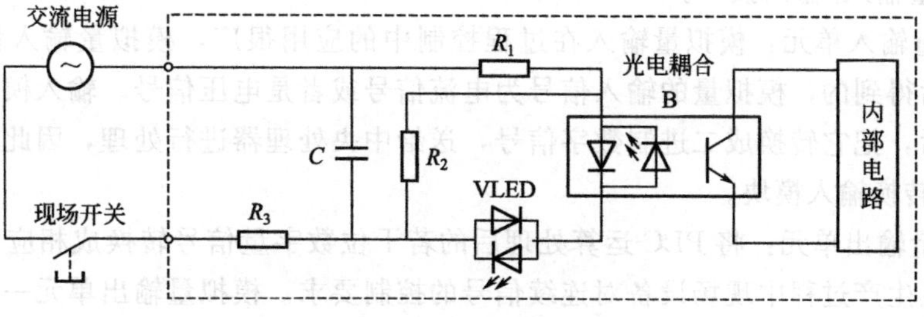

图 1-59　数字量交流输入接口电路

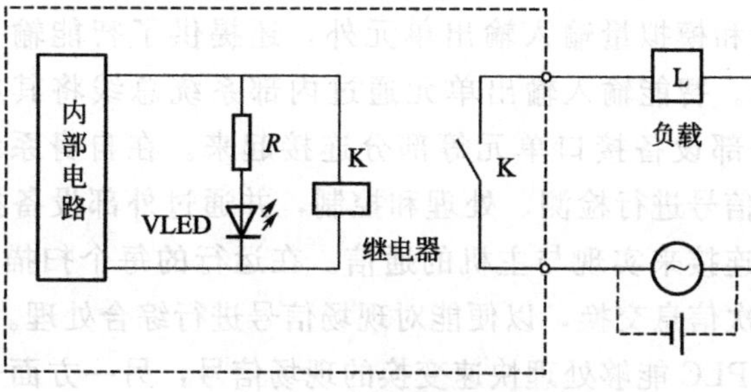

图 1-60　继电器输出型

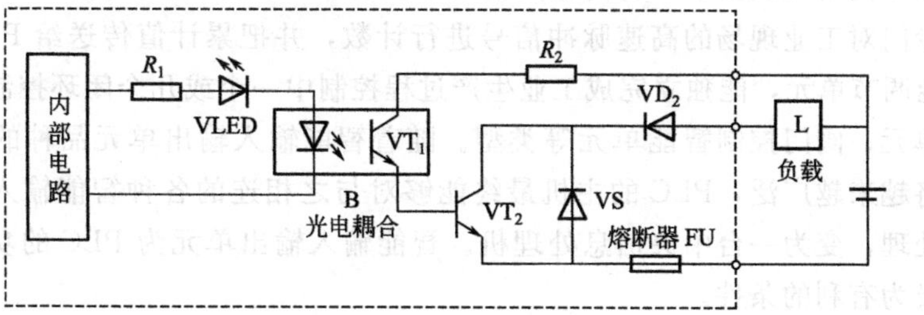

图 1-61　晶体管输出型

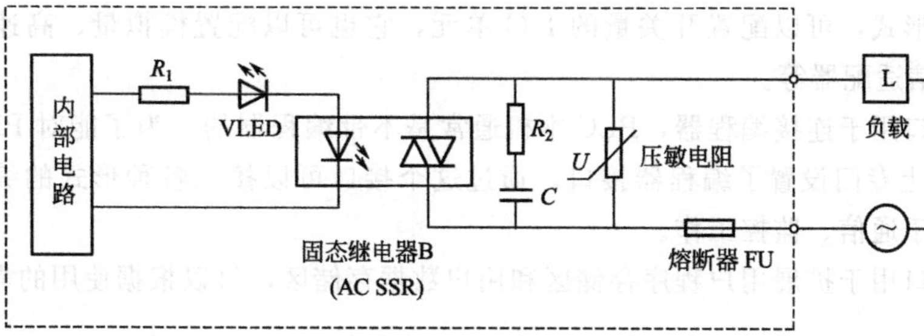

图 1-62　晶闸管输出型

c. 对于输出接口电路应当注意以下几点。

- 各类输出接口中也都具有隔离耦合电路。
- 输出接口本身都不带电源，而且在考虑外驱动电源时，还需考虑输出器件的类型。
- 继电器型的输出接口可用于交流及直流两种电源，但接通与断开的频率低。
- 晶体管型的输出接口有较高的接通、断开频率，但只适用于直流驱动的场合。
- 晶闸管型的输出接口仅适用于交流驱动场合。

② 模拟量输入/输出接口。

a. 模拟量输入单元：模拟量输入在过程控制中的应用很广，模拟量输入信号多是通过传感器变换后得到的，模拟量的输入信号为电流信号或者是电压信号。输入模块接收到这种模拟信号之后，把它转换成二进制数字信号，送给中央处理器进行处理，因此模拟量输入模块又叫 A/D 转换输入模块。

b. 模拟量输出单元：将 PLC 运算处理后的若干位数字量信号转换成相应的模拟量信号输出，以满足生产过程中现场设备对连续信号的控制要求。模拟量输出单元一般由光电耦合电路、D/A 转换器和信号转换等环节组成。

③ 智能输入输出单元：为了使 PLC 在复杂工业生产过程中的应用更广泛，PLC 除了提供上述基本的开关量和模拟量输入输出单元外，还提供了智能输入输出单元，以便适应生产过程控制的要求。智能输入输出单元通过内部系统总线将其中央处理单元、存储器、输入输出单元和外部设备接口单元等部分连接起来。在自身系统程序的管理下，对工业生产过程中现场的信号进行检测、处理和控制，并通过外部设备接口单元与 PLC 主机的输入输出扩展模块的连接来实现与主机的通信。在运行的每个扫描周期，PLC 主机与智能输入输出单元进行一次信息交换，以便能对现场信号进行综合处理。智能输入输出单元能够独立运行，一方面使 PLC 能够处理快速变换的现场信号，另一方面也使 PLC 能够处理完成更多的任务。

为了适应不同的控制要求，智能输入输出单元也有不同的类型。例如：高速脉冲计数器智能单元，专门对工业现场的高速脉冲信号进行计数，并把累计值传送给 PLC 主机进行处理；PID 智能调节单元，能独立完成工业生产过程控制中一个或几个闭环控制回路；还有位置控制智能单元、阀门控制智能单元等类型。随着智能输入输出单元品种的增加，PLC 的应用领域也将越来越广泛，PLC 的主机最终能够对与之相连的各种智能输入输出单元的信息进行综合处理，变为一台中央信息处理机。智能输入输出单元为 PLC 的功能扩展和性能提高提供了极为有利的条件。

(5) 接口单元　接口单元包括扩展接口、编程器接口、存储器接口和通信接口。

扩展接口用于扩展输入输出单元，使 PLC 的控制规模配置的更加灵活。这种扩展接口实际上为总线形式，可以配置开关量的 I/O 单元，它也可以配置模拟量、高速计数等特殊 I/O 单元及通信适配器等。

编程器接口用于连接编程器，PLC 本机通常是不带编程器的。为了能对 PLC 进行编程和监控，PLC 上专门设置了编程器接口。通过这个接口可以接入各种形式的编程设备，此接口还可以用于通信、监控工作。

存储器接口用于扩展用户程序存储区和用户数据存储区，可以根据使用的需要对存储器进行扩展。

通信接口是用于在微机与 PLC、PLC 与 PLC 之间建立通信网络而设立的接口。

(6) 外部设备　PLC 的外部设备主要有编程器、文本显示器、操作面板、打印机等。编程器是编制、调试 PLC 用户程序的外部设备，是人机对话的窗口，用编程器可以将用户程序输入到 PLC 的 RAM 中或对 RAM 中已有程序进行修改，还可以对 PLC 的工作状态进行监视和跟踪。常用的编程器有两种，一种是专用编程器，一种是个人计算机。操作面板和文本显示器不仅可以显示系统信息，还可以在执行程序的过程中修改某个量的数值，从而直接设置输入或输出量，便于立即启动或停止一台正在运行的外部设备。打印机用于将过程参数和运行结果以文字形式输出。

2. PLC 的软件系统

PLC 是一种工业计算机，不光要有硬件，软件也是必不可少的。PLC 的软件包括系统软件和用户程序两大部分。系统软件是由 PLC 生产厂家固化在机内，用于控制 PLC 本身运行的软件。用户程序是使用者通过 PLC 的编程语言来编制的，用于控制外部对象的运行。

(1) 系统软件　所谓系统软件就是 PLC 的系统监控程序，也称之为 PLC 的操作系统。它是每台 PLC 必备的部分，是 PLC 的制造厂家编制的，用于控制 PLC 本身的运行，一般说来，系统软件对用户是不透明的。

系统监控程序通常可分为 3 部分，即系统管理程序、用户指令解释程序及标准模块和系统调用。

① 系统管理程序。系统管理程序是监控中最重要的部分，它主要完成以下任务。

a. 负责系统的运行管理，即控制 PLC 何时输入、何时输出、何时运算、何时自检、何时通信等，进行时间上的分配管理。

b. 负责存储空间的管理，即生成用户环境，由它规定各种参数、程序的存放地址，将用户使用的数据参数存储地址转化为实际的数据格式及物理存放地址。它将有限的资源变为用户可直接使用的很方便的编程元件。

c. 负责系统自检，包括系统出错检验、用户程序语法检验、句法检验、警戒时钟运行等。

有了系统管理程序，整个 PLC 就能在其管理控制下，有条不紊地进行各种工作。

② 用户指令解释程序。任何一台计算机，无论应用何种语言编程，CPU 最终只能执行机器语言，而机器语言无疑是一种枯燥、麻烦和令人生畏的编程语言。为此，在 PLC 中都采用简单、易懂的梯形图语言编程，再通过用户指令解释程序，将梯形图语言一条条地翻译成机器语言。虽然，因为 PLC 在执行指令的过程中需要对程序逐条予以解释，降低了程序的执行速度。但由于 PLC 所控制的对象多数是机电设备，这些滞后的时间（一般是 ms 或 ms 级的）完全可以忽略不计。尤其是当前 PLC 主频越来越高时，时间上的延迟将越来越少。

③ 标准程序模块和系统调用。这部分是由许多独立的程序块组成的，各自能完成不同的功能，如输入、输出、运算或特殊运算等。PLC 的各种具体工作都是由这部分程序完成的，这部分程序的多少，决定了 PLC 性能的强弱。

(2) 应用软件　PLC 的应用软件是指用户根据自己的控制要求编写的用户程序。由于 PLC 的应用场合是工业现场，它的主要用户是电气技术人员，所以其编程语言与通用计算机相比，具有明显的特点，它既不同于高级语言，又不同于汇编语言，它要满足易于编写和易于调试的要求，还要考虑现场电气技术人员的接受水平和应用习惯。因此，PLC 常用梯形图语言。另外，为满足各种不同形式的编程需要，根据不同的编程器和支持软件，还可以采用语句表、逻辑功能图、顺序功能图、流程图及高级语言进行编程。

二、PLC 的工作原理

PLC 是一种专用的工业控制计算机，因此，其工作原理是建立在计算机控制系统工作原理基础上的。但为了可靠地应用在工业环境下，便于现场电气技术人员的使用和维护，它有着大量的接口器件、特定的监控软件和专用的编程器件。所以，不但其外观不像计算机，其操作使用方法、编程语言及工作过程与计算机控制系统也是有区别的。

（一）PLC 控制系统的等效工作电路

PLC 控制系统等效工作电路可分为 3 个部分，即输入部分、逻辑部分和输出部分。输入部分和输出部分与继电器控制电路相同。逻辑部分是通过编程方法实现的控制逻辑，用软件编程代替继电器电路的功能，如图 1-63 所示。

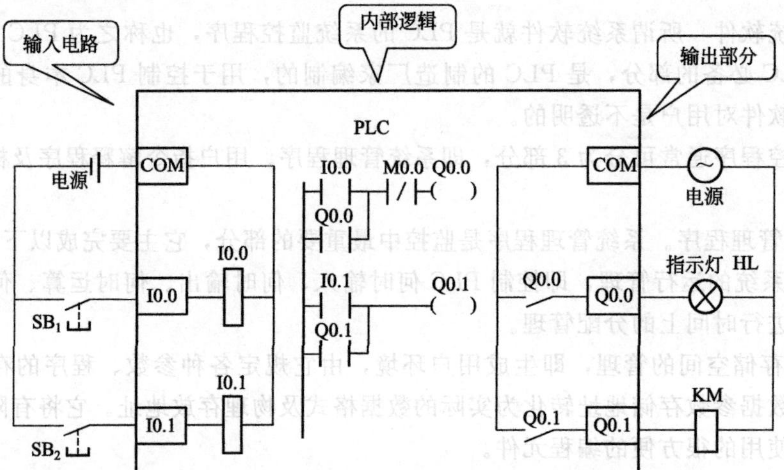

图 1-63 PLC 控制系统的等效工作电路

1. 输入部分

输入部分由外部输入电路、PLC 输入接线端子和输入继电器组成。外部输入信号经 PLC输入接线端子驱动输入继电器线圈。每个输入端子与其相同编号的输入继电器有着唯一确定的对应关系。当外部输入元件处于接通状态时，对应的输入继电器线圈“得电”（注意：这个输入继电器是 PLC 内部的“软继电器”，即 PLC 内部存储单元中的某个位）。

为使输入继电器的线圈“得电”，即让外部输入元件的接通状态写入与其对应的基本单元中去，输入回路要有电源。输入回路所使用的电源，可以是 PLC 内部提供的 24V 直流电源（其负载能力有限），也可由 PLC 外部的独立交流或直流电源供电。

需要注意的是，输入继电器的线圈只能由来自现场的输入元件（如按钮、传感器、行程开关的触点以及各种检测和保护器件的触点或动作信号等）驱动，而不能用编程的方式去控制。所以，在梯形图程序中，只能使用输入继电器的触点，不能使用输入继电器的线圈。

2. 逻辑部分

所谓内部控制逻辑，是指由用户程序规定的逻辑关系，对输入/输出信号的状态进行监测、判断、运算和处理，然后得到相应的输出。

一般用户常使用梯形图语言编程。

3. 输出部分

输出部分是由 PLC 内部且与内部相隔离的输出继电器的外部动合触点、输出接线端子、外部驱动电路组成，用来驱动外部负载。

PLC 的内部控制电路中有许多输出继电器，每个输出继电器除了为内部控制电路提供编程用的任意多个动合、动断触点外，还为外部输出电路提供了一个实际的动合触点与输出接线端子相连。驱动外部负载电路的电源必须由外部电源提供，电源种类及规格可根据负载要求去配备。

（二）PLC 的工作过程

PLC 的工作过程与微型计算机有很大的差别。

小型 PLC 的工作过程有两个显著特点：一个是周期性扫描；另一个是集中批处理。PLC 在运行过程中总是处于不断循环的顺序扫描过程中。每次扫描所用时间称为扫描周期或工作周期。CPU 从第一条指令开始，按顺序逐条地执行用户程序直到用户程序结束，然后返回第一条指令开始新的一轮扫描。PLC 就是这样周而复始地重复上述循环扫描工作的。每个扫描周期长短不一，取决于程序的长短、复杂程度、扫描速度、每一个扫描周期不同的执行情况等。

小型 PLC 的工作过程大致可以分为 4 个扫描阶段：公共处理扫描阶段、输入采样扫描阶段、执行用户程序扫描阶段、输出刷新扫描阶段。PLC 一上电，即对系统进行一次初始化，包括硬件初始化、I/O 模块配置检查、停电保持范围设定、系统通信参数配置及其他初始化处理等。上电处理结束即进入扫描阶段。

1. 公共处理扫描阶段

公共处理包括 PLC 自检、执行来自外设的命令、对警戒时钟（即看门狗定时器）清零。

2. 输入采样扫描阶段

这是第一个集中批处理阶段。在这个阶段，PLC 按顺序逐个采集所有输入端子上的信号，无论端子上是否接线，CPU 顺序读取全部输入端，将所有采集到的一批信号写到输入映像寄存器中，此时输入映像寄存器被刷新。输入采样阶段结束后，在当前扫描周期内，输入映像寄存器中的内容不变。所以，一般来说，输入信号的宽度要大于一个扫描周期，或者说输入信号的频率不能太高，否则很可能造成信号的丢失。

3. 执行用户程序扫描阶段

本阶段 PLC 对用户程序按从左到右、自上而下的顺序进行扫描，逐个采集所有输入端子上的信号，每扫描到一条指令，所需要的信息从输入映像寄存器或元件映像寄存器中去读取。每一次运算结果，都立即写入元件映像寄存器中，以备后边扫描时所利用。对输出继电器的扫描结果，不是马上去驱动外部负载，而是将结果写入元件映像寄存器中的输出映像寄存器中，待输出刷新阶段集中进行批处理。

4. 输出刷新扫描阶段

CPU 对全部用户程序扫描结束后，将元件映像寄存器中的各输出继电器状态同时送到输出锁存器中，再由输出锁存器经输出端子去驱动各输出继电器所带的负载。在下一个输出刷新阶段开始之前，输出锁存器的状态不会改变。输出刷新阶段结束后，CPU 将自动进入下一个扫描周期。

（三）PLC 对输入/输出的处理规则

由 PLC 的工作特点可知，PLC 对输入/输出的处理规则如下。

(1) 输入映像寄存器中的数据，是在输入采样扫描阶段扫描到的输入信号的状态，本扫描周期内，这些数据不随外部信号的变化而变化。

(2) 输出映像寄存器（包含在元件映像寄存器中）的数据取决于输出指令的执行结果。

(3) 输出锁存器的数据，是由上一次输出刷新期间从输出映像寄存器中集中写进去的。

(4) 输出端子的接通和断开状态，由输出锁存器中的数据决定。

(5) 执行程序中所需要的数据是从输入映像寄存器和输出映像寄存器及其他各元件映像寄存器中读取的。

PLC 对输入/输出的处理规则如图 1-64 所示。

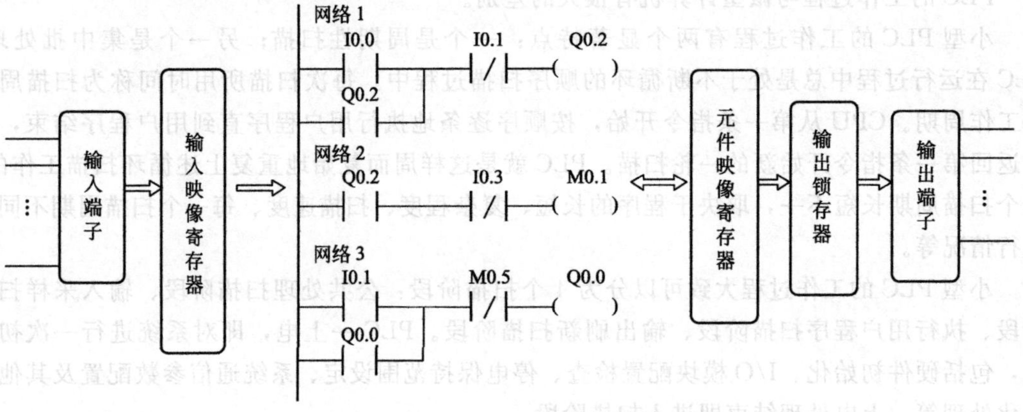

图 1-64 PLC 对输入/输出的处理规则

(四) PLC 的编程语言

编程语言是 PLC 的重要组成部分，PLC 为用户提供的编程语言包括以下几种。

1. 梯形图

梯形图 (Ladder Diagram) 是最常用的一种简单明了、易于理解的编程语言。它是从继电器控制系统原理图的基础上演变而来的，它继承了继电器控制系统中的基本工作原理和电气逻辑关系的表示方法，梯形图与继电器控制系统控制电路的基本思想是一致的，只是使用符号和表达方式有一定区别。图 1-65 所示为梯形图程序。

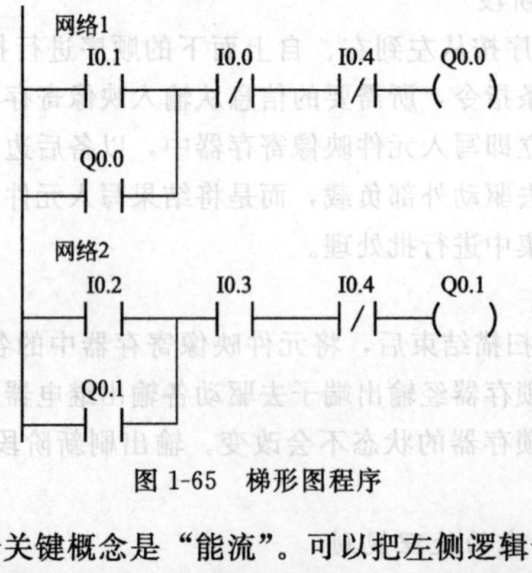

图 1-65 梯形图程序

在梯形图程序中的一个关键概念是“能流”。可以把左侧逻辑母线假想成电源线。例如，对于图 1-65 中网络 1，在分析时常说：“若编号为 I0.1 的常开触点闭合，则编号为 Q0.0 的线圈得电”。也可以说是有“能流”从左至右流向线圈，线圈被激励。值得注意的是，能流的方向只能是自左向右、自上而下的。需要强调的是，引入“能流”的概念，仅仅是为了和继电器控制电路相比较。其实“能流”在梯形图中是不存在的。

2. 指令表

语句指令表（Statement List）是类似于计算机中的助记符语言的编程语言。它是用一个或几个容易记忆的字符来代表 PLC 的某种操作功能，按照一定的语法和句法编写出的程序。

3. 功能块图

功能块图（Function Block Diagram）又称为逻辑功能图，它是一种图形式的编程语言。类似于逻辑门电路，它将输入、输出几个编程元件之间的逻辑关系用逻辑门电路的形式表达出来，如图 1-66 所示。

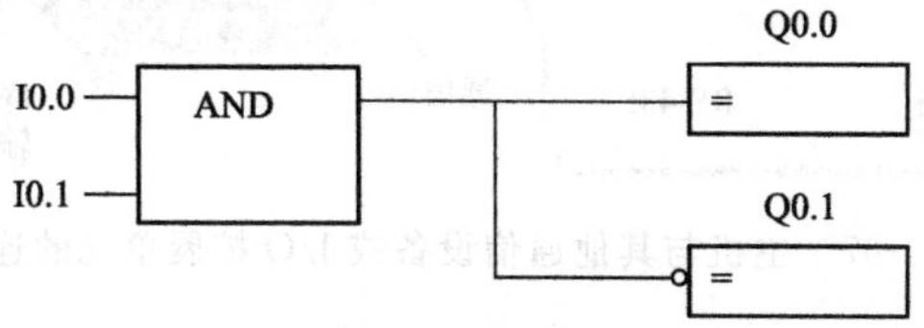

图 1-66　功能块图

4. 顺序功能图

顺序功能图（Sequential Function Chart）是一种真正的图形化编程方法，使用它可以方便地解决复杂的顺序控制问题。在顺序功能图中，最重要的单个元素是状态、和状态相关的动作及状态转移。在后续的内容中，读者会了解到顺序功能图的编程方法和具体应用。

三、认识 S7-200 PLC

（一）认识 S7-200 系列 PLC 的主机结构

SIEMENS S7-200 系列小型 PLC 发展至今，大致经历了两代：第一代产品为 CPU 21X，第二代产品为 CPU 22X。CPU 21X 系列主机具有 4 种不同结构配置的 CPU 单元：CPU 212、CPU 214、CPU 215 和 CPU 216。CPU22X 系列是在 21 世纪初投放市场的，速度快，具有较强的通信能力。具有 5 种不同结构配置的 CPU 单元：CPU 221、CPU 222、CPU 224、CPU 224XP 和 CPU 226，除 CPU 221 之外，其他主机都可连接扩展模块。下面以 CPU22X 系列产品为例加以介绍。

CPU22X 系列 CPU 模块主要包括一个中央处理单元、存储器、电源及 I/O 端子，这些都被集成在一个紧凑、独立的盒体内。主机箱外部设有 RS-485 通信接口、工作方式开关、模拟电位器、I/O 扩展接口、工作状态指示和用户程序存储卡、I/O 接线端子排及发光指示等。主机与其他通信设备或 I/O 扩展单元的连接如图 1-67 所示。

1. 主机外部结构及作用

SIEMENS S7-200 CPU 22X 系列 PLC 主机（CPU 模块）的外形如图 1-68 所示。

(1) 输入接线端子　在底部端子盖下是 PLC 的输入接线端子和为传感器提供的 24V 直流电源。输入接线端子用于连接外部输入设备，以备 CPU 采集输入设备发出的控制信号。

(2) 输出接线端子　在顶部端子盖下是输出接线端子和 PLC 的工作电源。输出端子用于连接被控设备，以备 CPU 在输出刷新扫描阶段将输出信号准确地传递给被控设备。

(3) PLC 状态指示灯

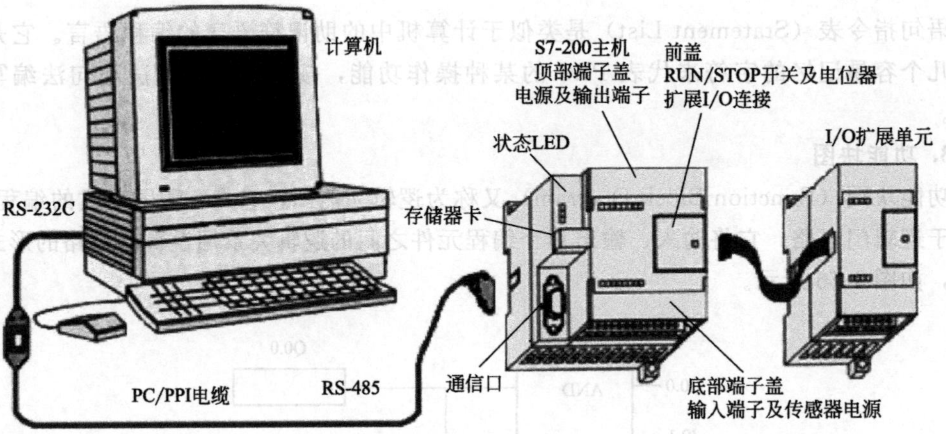

图 1-67 主机与其他通信设备或 I/O 扩展单元的连接

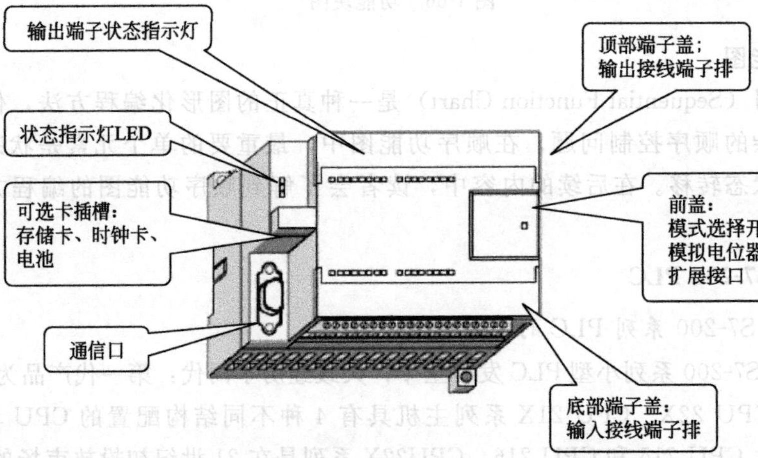

图 1-68 S7-200 CPU 22X 系列 PLC 主机外形

① CPU 状态指示灯：绿色灯点亮表示 CPU 处于 RUN（运行）模式，橙色灯点亮表示 CPU 处于 STOP（停止）模式，红色灯点亮表示 CPU 处于系统故障状态。

② 输入/输出接线端子状态指示灯：PLC 的每个输入或输出端子都有一个状态指示灯，指示灯点亮，表示该端子状态为 ON，指示灯熄灭表示该端子状态为 OFF。

(4) 通信接口 用于连接计算机、手持式编程器、PLC 等。

(5) I/O 扩展单元接口 用于连接各种 I/O 扩展单元模块、功能模块等。

(6) 模拟电位器 模拟电位器用来改变程序运行时的参数，如过程量的控制参数、定时器的预置值等。

(7) 方式开关 方式开关用来手动切换 CPU 的工作方式，开关切换到 STOP，可以停止程序的执行；开关切换到 RUN，可以启动程序的执行；开关切换到 TERM（terminal），允许通过（STEP7-Micro/Win）软件来控制 CPU 的状态。

(8) 存储卡 该卡位可以选择安装扩展卡。扩展卡有 E^2PROM 存储卡、电池和时钟卡等模块。E^2PROM 存储模块，用于用户程序的复制。电池模块，用于长时间保存数据，使用 CPU 224 内部存储电容数据存储时间达 190h，而使用电池模块存储时间可达

200 天。

2. 输入/输出接线

CPU 22X 系列 PLC 的特点：CPU 22X 主机的输入点为 24V DC 双向光耦输入电路，输出有继电器和晶体管（MOS 型）两种类型。输入/输出接口电路是 PLC 与输入设备、输出设备传递信号的接口部件，以 S7-200 CPU224 为例介绍 PLC 的输入/输出接口电路。

(1) CPU224 DC/DC/DC 型接线端子　CPU224DC/DC/DC 型是指该主机 CPU 电源电压 24V DC，输入电压 24V DC 和 24V DC 传感器电源输出。CPU 224 主机共有 I0.0～I1.5 14 个输入点和 Q0.0～Q1.1 10 个输出点。CPU 224 输入电路采用了双向光耦合器，24V DC 极性可任意选择，1M 为 IB0 字节输入端子的公共端，2M 为 IB1 字节输入端子的公共端。在晶体管输出电路中采用了 MOSFET 功率驱动器件，并将数字量输出分为两组，每组有一个独立公共端，共有 1L、2L 两个公共端，可接入不同的负载电源。CPU224 DC/DC/DC 型的 I/O 端子接线如图 1-69 所示。

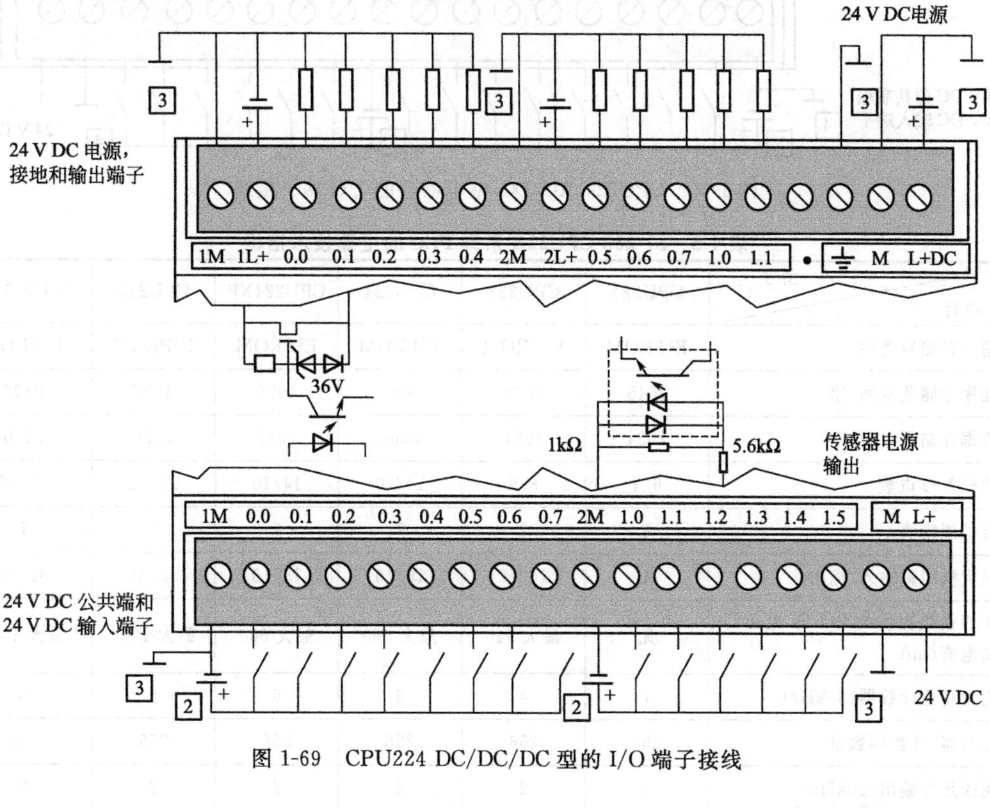

图 1-69　CPU224 DC/DC/DC 型的 I/O 端子接线

(2) CPU224 AC/DC/继电器型接线端子　CPU224 AC/DC/继电器型是指该主机 CPU 电源电压 220V AC，输入电压 24V DC、继电器输出型（即输出电压可以选择 24V DC，也可以选择 220V AC）。数字量输出分为 3 组，每组有一个独立公共端，共有 1L、2L 和 3L 3 个公共端，可接入不同的负载电源。CPU224 AC/DC/继电器型的 I/O 端子接线如图 1-70所示。

3. CPU22X 系列主机性能

S7-200 CPU22X 系列 PLC 的主要技术指标如表 1-5 所示。

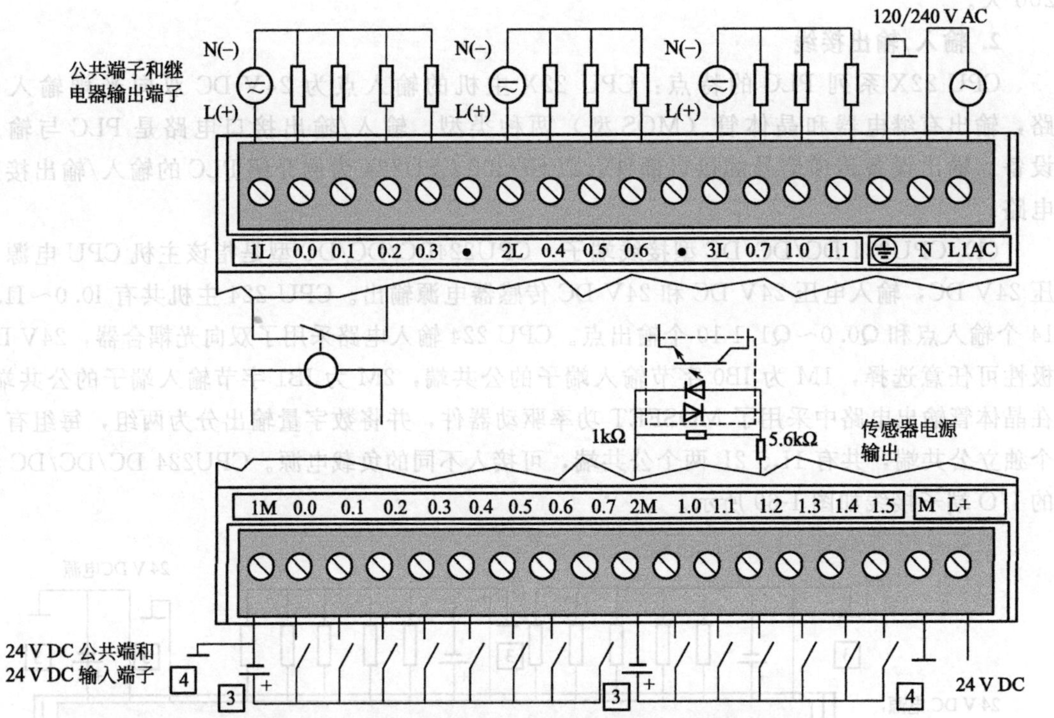

图 1-70 CPU224 AC/DC/继电器型的 I/O 端子接线

表 1-5 S7-200 CPU22X 系列 PLC 的主要技术指标

项目＼型号	CPU221	CPU222	CPU224	CPU224XP	CPU226	CPU226MX
用户存储器类型	E^2PROM	E^2PROM	E^2PROM	E^2PROM	E^2PROM	E^2PROM
程序存储器空间/字	2048	2048	4096	4096	4096	8192
数据存储器空间/字	1024	1024	2560	2560	2560	5120
主机 I/O 点数	6/4	8/6	14/10	14/10	24/16	24/16
可扩展模块	无	2	7	7	7	7
最大模拟量输入/输出	无	16/16	16/16	16/16	32/32	32/32
为扩展模块提供的 DC 5V 电源的输出电流/mA	无	最大 340	最大 660	最大 660	最大 1000	最大 1000
内置高速计数器(30kHz)	4	4	6	6	6	6
定时器/计数器数量	256	256	256	256	256	256
高速脉冲输出(20kHz)	2	2	2	2	2	2
模拟量调节电位器	1	1	2	2	2	2
实时时钟	时钟卡	时钟卡	内置	内置	内置	内置
RS-485 通信口	1	1	1	2	2	2

CPU22X 系列 PLC 主机具有：30kHz 高速计数器，20kHz 高速脉冲输出；RS-485 通信/编程口，PPI、MPI 通信协议和自由口通信能力；CPU 222 及以上 CPU 还具有 PID 控制和扩展的能力，内部资源及指令系统更加丰富，功能更加强大。

4. 主机 I/O 扩展

S7-200 系列的 PLC 主机提供一定数量的数字量 I/O 和模拟量 I/O，在采购时，用户可以根据需要选择最适合的主机产品，以满足工程项目的具体需要。对于 I/O 点数不够或需要进行特殊功能的控制时，就必须增加 I/O 扩展模块，对 I/O 点数进行扩充，或增加特殊功能模块完成特殊控制任务。

(1) I/O 扩展模块　S7-200 系列的 PLC 的 I/O 扩展模块有以下几种。

① 输入扩展模块 EM221：有 3 种产品，即 8 点 DC、16 点 DC 和 8 点 AC。

② 输出扩展模块 EM222：有 5 种产品，即 8 点 DC、4 点 DC（5A）、8 点 AC、8 点继电器和 4 点继电器（10 A）。

③ 输入/输出扩展模块 EM223：有 6 种产品，其中 DC 输入/DC 输出的有 3 种，DC 输入/继电器输出的有 3 种，其对应的输入/输出点数分别为 4 点（I4 /O4）、8 点（I8 /O8）和 16 点（I16/O16）。

④ 模拟量输入扩展模块 EM231：共有 3 种产品，4 路 AI、2 路热电阻输入和 4 路热电偶输入。其中，前者是普通的模拟量输入模块，可以用来接标准的电压、电流信号；后两种是专门为特定的物理量输入到 PLC 而设计的模块。

⑤ 模拟量输出扩展模块 EM232：只有一种 2 路模拟量输出的扩展模块产品。

⑥ 模拟量输入/输出扩展模块 EM235：只有一种 4 路 AI、1 路 AQ（占用 2 路输出地址）的产品。

(2) 特殊功能模块　当需要 PLC 完成特殊功能任务时，CPU 主机可以通过连接特殊功能扩展模块来实现。常见的特殊功能模块如下。

① 定位模块 EM235。用于运动控制系统中实现高精度的定位控制，控制范围从微型步进电动机到智能伺服系统。集成的脉冲接口能产生高达 200kHz 的脉冲信号，并指定位置、速度和方向。

② 调制解调器模块 EM241。用于代替连接于 CPU 通信口的外部 MODEM 功能。在与使用该模块的系统进行通信时，只需在安装有 STEP7-Micro/WIN 编程软件的计算机上连接一个外置 MODEM 即可。

③ ProfiBus-DP 模块 EM277。通过该模块可以将 S7-200 PLC 与 DP 网络连接起来，传输速度达到 12Mb/s。

④ 以太网模块 GP234。通过该模块可以把 PLC 连接到工业以太网中。

(3) 最大 I/O 配置的预算　最大 I/O 配置预算需要考虑的问题如下。

① I/O 点数数量。

② 电流提供。

③ 模块电流。

④ 电流预算规则。

(4) 扩展 I/O 模块的编址　每种主机上集成的 I/O 点，其地址是固定的。进行扩展时，可以在 CPU 右边连接多个扩展模块，每个扩展模块的组态地址编号取决于各模块的类型和该模块在 I/O 链中所处的位置。S7-200 系统扩展对输入/输出的地址空间分配规则如下。

① 同类型输入/输出点的模块进行顺序编址。

② 对于数字量，输入/输出映像寄存器的单位长度为 8bit（1B）。本模块高位实际位数

未满 8bit 的，未用位不可分配给 I/O 链的后续模块，后续同类地址编排须重新从一个新的连续的字节开始。

③ 对于模拟量，输入/输出以 2 点或 2 个通道（2 个字）递增方式来分配空间。本模块中未使用的通道地址不能被后续同类模块继续使用，后续同类地址编排须重新从新的 2 个字以后的地址开始。

（二）认识 S7-200 的编程元件及其寻址方式

1. PLC 的数据存储

（1）数据存储的分配　为了有效地进行编程及对 PLC 的存储器进行管理，将存储器中的数据按照功能或用途分类存放，形成了若干个特定的存储区域。每一个特定的区域，就构成了 PLC 的内部编程元件。例如，I 表示输入映像寄存器；Q 表示输出映像寄存器；M 表示内部标志位存储器等。存储器的常用单位有位、字节、字、双字等。一位二进制数称为 1 个位（bit），每一位即一个存储单元。每个区域的存储单元按字节（Byte，B）编址，每个字节由 8 个位组成。比字节大的单位为字（Word）和双字（Double Word），这几种常用单位的换算关系是：（1DW＝2W＝4B＝32bit）。

（2）数据类型

① 数据类型及范围。SIMATIC S7-200 系列 PLC 数据类型可以是布尔型、整型和实型（浮点数）。实数采用 32 位单精度数来表示，其数值有较大的表示范围：正数为＋1.175495E－38～＋3.402823E＋38；负数为－1.175495E－38～－3.402823E＋38。不同长度的整数所表示的数值范围如表 1-6 所示。

表 1-6　不同长度的整数所表示的数值范围

整数长度	无符号整数表示范围		有符号整数表示范围	
	十进制表示	十六进制表示	十进制表示	十六进制表示
字节 B(8bit)	0～255	0～FF	－128～127	80～7F
字 W(16bit)	0～65 535	0～FFFF	－32 768～32 767	8 000～7F FF
双字 D(32bit)	0～4 294 967 295	0～FFFFFFFF	－2 147 483 648～2 147 483 647	80 000 000～7FFFF FFF

② 常数。在编程中经常会使用常数。常数数据长度可为字节、字和双字，机器内部的数据都以二进制形式存储，但常数的书写可以有二进制、十进制、十六进制、ASCII 码或浮点数（实数）等多种形式。几种常数形式如表 1-7 所示。

表 1-7　几种常数形式

进制	书写格式	举例
十进制	十进制数值	1 289
十六进制	16＃ 十六进制值	16＃1A5F
二进制	2＃ 二进制值	2＃ 1010011011101111
ASCII 码	ASCII 码文本	'Show terminals'
浮点数(实数)	ANSI/IEEE 754—1985 标准	(正数)－1.175495E－38～－3.402823E＋38 (负数)－1.175495E－38～－3.402823E＋38

2. PLC 的内部编程元件

CPU 22X 系列 PLC 内部元件有很多，它们在功能上是相互独立的。为了有效地进行编程及对 PLC 的存储器进行管理，将存储器中的数据按照功能或用途分类存放，形成了若干个特定的存储区域。每一个特定的区域，就构成了 PLC 的一种内部编程元件（软继电器）。每一种编程元件用一组字母表示，字母加数字表示数据的存储地址。例如，I 表示输入映像寄存器（输入继电器）；Q 表示输出映像寄存器（输出继电器）；M 表示内部标志位存储器（辅助继电器）；SM 表示特殊标志位存储器（专用辅助继电器）；S 表示顺序控制继电器；V 表示变量存储器；T 表示定时器；C 表示计数器；AI 表示模拟量输入映像寄存器；AQ 表示模拟量输出映像寄存器；AC 表示累加器；HC 表示高速计数器等。

（1）输入/输出映像寄存器

① 输入映像寄存器 I。输入映像寄存器又称为输入继电器，其外部有一对物理输入端子与之对应。该端子用于接收外部输入信号。所以，输入继电器线圈只能由外部输入信号驱动，不能用程序指令驱动，动合触点和动断触点供用户编程使用。

输入映像寄存器是以字节为单位的寄存器，每个字节中的每一位对应一个数字量输入点。该寄存器可按位、字节、字和双字等寻址方式存取数据。地址编号范围 IB0～IB15。

② 输出映像寄存器 Q。输出映像寄存器又称为输出继电器。输出继电器是用来将 PLC 的输出信号传递给负载，只能用程序指令驱动。它也提供动断触点和动合触点供用户编程使用。

输出映像寄存器也是以字节为单位的寄存器，每个字节中的每一位对应一个数字量输出点。实际未用的输出映像寄存器可以作其他编程元件使用。该寄存器可以按位、字节、字和双字等寻址方式存取数据。地址编号范围 QB0～QB15。

（2）变量存储器 V　变量存储器（存储区）用来存储变量，可以用 V 存储器存储程序执行过程中控制逻辑操作的中间结果，也可以用它来保存与工序或任务相关的其他数据。该寄存器可以按位、字节、字和双字等寻址方式存取数据。地址编号范围 VB0～VB5119（CPU224/226 型）。

（3）内部标志位存储区 M　内部标志位存储器又可称为辅助继电器，所起作用类似于继电接触器控制系统中的中间继电器。它没有外部输入/输出端子与之对应，所以不能反映输入设备的状态，也不能驱动负载。它可用来存储中间操作状态和控制信息。该寄存器可以按位、字节、字和双字等寻址方式存取数据。地址编号范围 M0.0～M31.7。

（4）定时器 T　定时器需提前输入时间预设值，当定时器的始能输入条件满足时，当前值从 0 开始对 PLC 内部时基脉冲加 1 计数从而实现延时，当定时器的当前值达到预设值时，延时结束，定时器动作，利用定时器的触点或当前值可实现相应的控制。精度等级包括 3 种：1ms 时基、10ms 时基和 100ms 时基。它的寻址形式有以下两种。

① 当前值：16 位整数，存储定时器当前所累计的时间。

② 定时器位：若当前值和预设值的比较结果相等，则该位被置为“1”。

两种形式的寻址格式是相同的，表达方式如 T37。指令中所存取的是当前值还是定时器的位，取决于所用指令。带位操作的指令存取的是定时器的位，带字操作的指令存取的是定时器的当前值。地址编号范围 T0～T255。

（5）计数器 C　计数器对外部输入的脉冲计数，它具有设定值寄存器和当前值寄存器，当始能输入端脉冲上升沿到来时，计数器当前值加 1 计数一次，当计数器计数达到预定值时，计数器动作，利用计数器的触点或当前值可实现相应的控制。计数器类型有 3 种：增计数（CTU）、减计数（CTD）和增/减计数（CTUD）。它的寻址形式有以下两种。

① 当前值：16 位整数，存储累计值。

② 计数器位：当前值和预设值的比较结果相等，该位被置“1”。

两种形式的寻址格式是相同的，表达方式如 C1。指令中所存取的是当前值还是计数器的位，取决于所用指令。带位操作的指令存取的是计数器的位，带字操作的指令存取的是计数器的当前值。地址编号范围 C0～C255。

(6) 高速计数器 HC 高速计数器用来累计比主机扫描速率更快的高速脉冲。高速计数器的当前值是一个双字长 32 位的整数。要存取高速计数器中的值，则应给出高速计数器的地址，即存储器类型（HC）和计数器号，如 HC0。

(7) 累加器 AC 累加器是用来暂时存放数据的寄存器。S7-200 PLC 提供了 4 个 32 位累加器：AC0、AC1、AC2、AC3。存取形式有字节、字和双字。被操作数的长度取决于访问累加器时所使用的指令。

(8) 特殊标志位存储器 SM SM（专用辅助继电器）用来存储系统的状态变量和有关的控制参数和信息。可以通过特殊标志位来沟通 PLC 与被控对象之间的信息，也可通过直接设置某些特殊标志继电器位来使设备实现某种功能。该寄存器可以按位、字节、字和双字等寻址方式存取数据。SM 按存取方式不同可分为只读型 SM 和可写型 SM。

① 只读型：如 SM0.1，首次扫描为 1，以后为 0，常用来对子程序进行初始化。

② 可写型：如 SM36.5，用于 HSC0 当前计数方向控制，置位时为递增计数。

(9) 模拟量输入映像寄存器 AI 模拟量输入电路用来实现模拟量到数字量（A/D）的转换。该映像寄存器只能进行读取操作。S7-200 将模拟量值转换成 1 个字长（16 位）数据。可以用区域标志符（AI）、数据长度（W）及字节的起始地址来存取这些值。模拟量输入值为只读数据。模拟量转换的实际精度是 12 位。注意：因为模拟量输入为 1 个字长，所以必须用偶数字节地址（如 AIW0、AIW2、AIW4）来存取这些值。

(10) 模拟量输出映像寄存器 AQ PLC 内部只处理数字量，而模拟量输出电路用来实现数字量到模拟量（D/A）的转换，该映像寄存器只能进行写入操作。S7-200 将 1 个字长（16 位）数字值按比例转换为电流或电压。可以用区域标志符（AQ）、数据长度（W）及字节的起始地址来输出。模拟量输出值为只写数据。模拟量转换的实际精度是 12 位。注意：因为模拟量为 1 个字长，所以必须用偶数字节地址（如 AQW0、AQW2、AQW4）来输出。

(11) 顺序控制继电器 S 该寄存器适用于顺序控制和步进控制等场合。可以按位、字节、字和双字等寻址方式存取数据。地址编号范围 S0.0～S31.7。

3. PLC 的寻址方式

S7-200 将信息存于不同的存储单元，每个单元有一个唯一的地址，系统允许用户以字节、字、双字为单位存取信息。提供参与操作的数据地址的方法，称为寻址方式。S7-200 数据寻址方式有立即寻址、直接寻址和间接寻址 3 大类。立即寻址的数据在指令中以常数形式出现。直接寻址又包括位、字节、字和双字 4 种寻址格式。

(1) 直接寻址 直接寻址方式是指：在指令中明确指出了存取数据的存储器地址，允许用户程序直接存取信息。数据的直接地址包括内存区域标志符、数据大小及该字节的地址或字、双字的起始地址及位分隔符和位。直接访问字节（8bit）、字（16bit）、双字（32bit）数据时，必须指明数据存储区域、数据长度及起始地址。当数据长度为字或双字时，最高有效字节为起始地址字节。如图 1-71 所示，其中有些参数可以省略，详见图中说明。

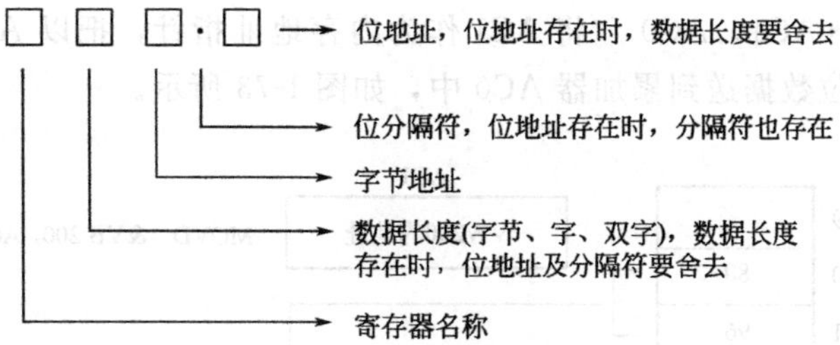

图 1-71　寻址方式示意图

① 按位寻址。按位寻址的格式为：Ax. y，使用时必须指明元件名称、字节地址和位号。如 I5.2，表示要访问的是输入寄存器区第 5 字节的第 2 位，如图 1-72 所示。可以按位寻址的编程元件有输入映像寄存器（I）、输出映像寄存器（Q）、内部标志位存储器（M）、特殊标志位存储器（SM）、局部变量存储器（L）、变量存储器（V）和顺序控制继电器（S）等。

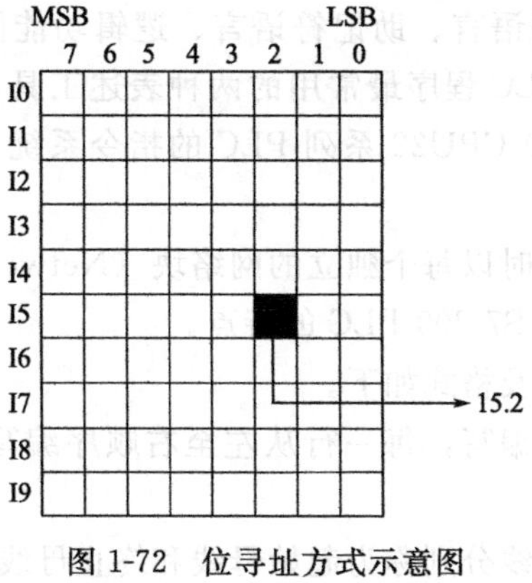

图 1-72　位寻址方式示意图

② 按字节、字和双字寻址。采用字节、字或双字寻址的方式存储数据时，需要指明编程元件名称、数据长度和首字节地址编号。应当注意：在按字或双字寻址时，首地址字节为最高有效字节。

(2) 间接寻址方式　间接寻址是指使用地址指针来存取存储器中的数据。使用前，首先将数据所在单元的内存地址放入地址指针寄存器中，然后根据此地址指针存取数据。S7-200 CPU 中允许使用指针进行间接寻址的存储区域有 I、Q、V、M、S、T、C。使用间接寻址的步骤如下。

① 建立地址指针。建立内存地址的指针为双字长度（32 位），故可以使用 V、L、AC 作为地址指针。必须采用双字传送指令（MOVD）将内存的某个地址移入到指针当中，以生成地址指针。指令中的操作数（内存地址）必须使用“&”符号表示内存某一位置的地址(32 位)。

例如，MOVD　&VB200，AC1 //将 VB200 这个 32 位地址值送 AC1。注意：装入 AC1 中的是地址，而不是要访问的数据。

② 用指针来存取数据。VB200 是直接地址编号，& 为地址符号，将本指令中 &VB200 改为 &VW200 或 VD200，指令功能不变。但 STEP7-Micro/WIN 软件编译时会自动修正为

&VB200。用指针存取数据的过程是：在使用指针存取数据的指令中，操作数前加有“*”表示该操作数为地址指针。

例如，MOVW *AC1，AC0 //将 AC1 作为内存地址指针，把以 AC1 中内容为起始地址的内存单元的 16 位数据送到累加器 AC0 中，如图 1-73 所示。

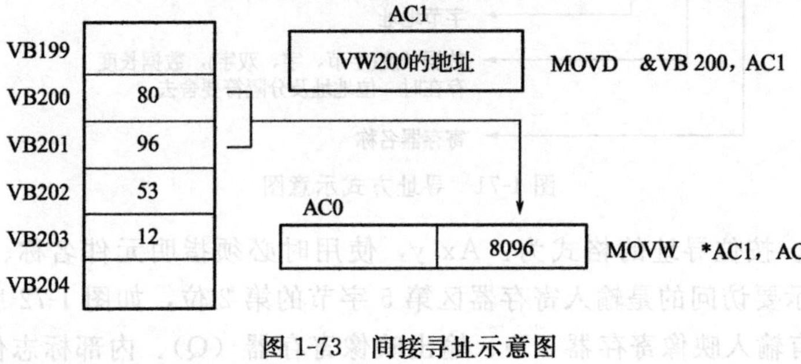

图 1-73 间接寻址示意图

四、PLC 的基本指令及应用

（一）梯形图语言编程特点

PLC 的编程语言有梯形图语言、助记符语言、逻辑功能图语言和某些高级语言。其中梯形图语言与助记符语言是 PLC 程序最常用的两种表述工具，它们之间有着密切的对应关系，要求掌握。本节以 S7-200 CPU22 系列 PLC 的指令系统为对象，用举例的形式来说明 PLC 的基本指令系统。

S7-200 PLC 用 LAD 编程时以每个独立的网络块（Network）为单位，所有的网络块组合在一起就是梯形图，这也是 S7-200 PLC 的特点。

梯形图语言编程主要特点及格式如下。

（1）梯形图按行从上至下编写，每一行从左至右顺序编写，即 PLC 程序执行顺序与梯形图的编写顺序一致。

（2）梯形图左、右边垂直线分别称为起始母线和终止母线。每一逻辑行必须从起始母线开始画起（终止母线常可以省略）。

（3）梯形图中的触点有两种，即常开触点和常闭触点，这些触点可以是 PLC 的输入触点或输出继电器触点，也可以是内部继电器、定时器/计数器的状态。与传统的继电器控制图一样，每一触点都有自己的特殊标记（编号），以示区别。同一标记的触点可以反复使用，次数不限。这是因为每一触点的状态存入 PLC 内的存储单元中，可以反复读写。传统继电器控制中的每个开关均对应一个物理实体，故使用次数有限。这是 PLC 优于传统控制的一点。

（4）梯形图最右侧必须接输出元素，PLC 的输出元素用括号表示，并标出输出变量的代号。同一标号输出变量只能使用一次。

（5）梯形图中的触点可以任意串、并联，而输出线圈只能并联，不能串联。每行最多触点数因 PLC 型号的不同而不同。

（6）内部继电器、计数器、移位寄存器等均不能直接控制外部负载，只能作中间结果供 PLC 内部使用。

总之，梯形图结构沿用继电器控制原理图的形式，采用了常开触点、常闭触点、线圈等图形语言，对于同一控制电路，继电控制原理与梯形图输入、输出信号基本相同，控制过程等效。例如图 1-74 所示，左侧电路为接触器线圈 KM 的自锁控制，右侧为其对应的梯形图程序。

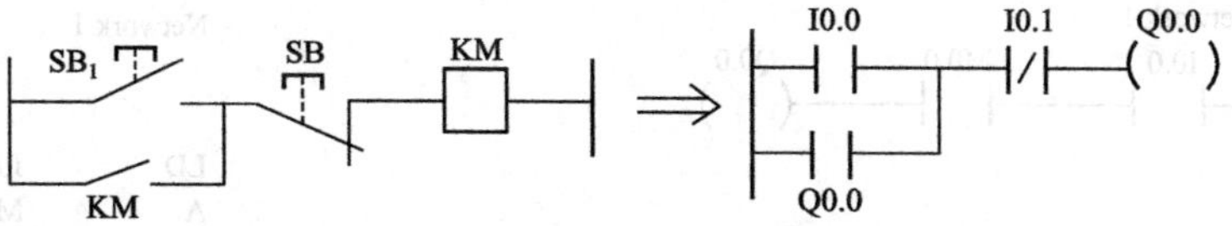

图 1-74　自锁电路的继电控制与梯形图控制对比

（二）西门子 S7-200 基本逻辑指令

1. 逻辑取及线圈驱动指令

逻辑取及线圈驱动指令为 LD、LDN 和＝，如图 1-75 所示。

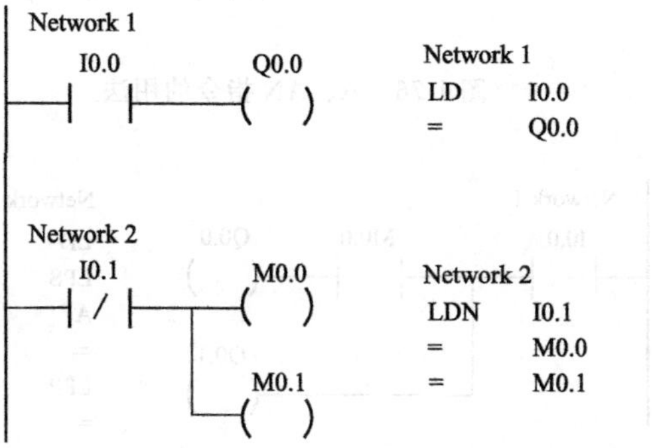

图 1-75　LD、LDN、＝指令的梯形图与指令表应用

LD（Load）：取指令。用于网络块逻辑运算开始的常开触点与母线的连接。

LDN（Load Not）：取反指令。用于网络块逻辑运算开始的常闭触点与母线的连接。

＝(Out)：线圈驱动指令。

使用说明：

① LD、LDN 指令不仅用于网络块逻辑计算开始时与母线相连的常开和常闭触点，在分支电路块的开始也要使用 LD、LDN 指令；

② 并联的“＝”指令可连续使用任意次；

③ 在同一程序中不能使用双线圈输出，即同一元器件在同一程序中只使用一次“＝”指令；

④“＝”指令不能用于驱动输入继电器线圈。

⑤ LD、LDN、＝指令的操作数为：I、Q、M、SM、T、C、V、S、L。T、C 也作为输出线圈，但在 S7-200 PLC 中输出时不是以“＝”指令形式出现。

2. 触点串联指令

触点串联指令为 A、AN。

A（And）：与指令。用于单个常开触点的串联连接。

AN（And Not）：与反指令。用于单个常闭触点的串联连接。

使用说明：

① A、AN 是单个触点串联连接指令，可连续使用，但在用梯形图编程时会受到打印宽度和屏幕显示的限制，S7-200 的编程软件中规定的串联触点数最多为 11 个；

② 图 1-76 中所示连续输出电路，可以反复使用“＝”指令，但次序必须正确，不然就

不能连续使用“=”指令编程了，见1-77图；

③ A、AN 指令的操作数为：I、Q、M、SM、T、C、V、S 和 L。

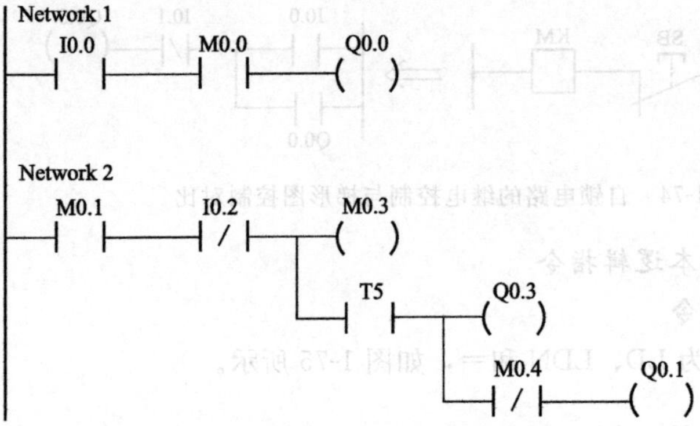

Network 1

LD	I0.0
A	M0.0
=	Q0.0

Network 2

LD	M0.1
AN	I0.2
=	M0.3
A	T5
=	Q0.3
AN	M0.4
=	Q0.1

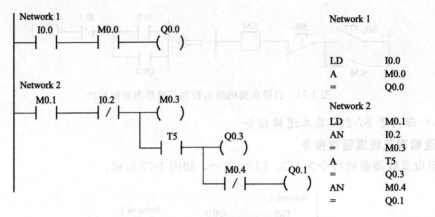

图 1-76　A、AN 指令的用法

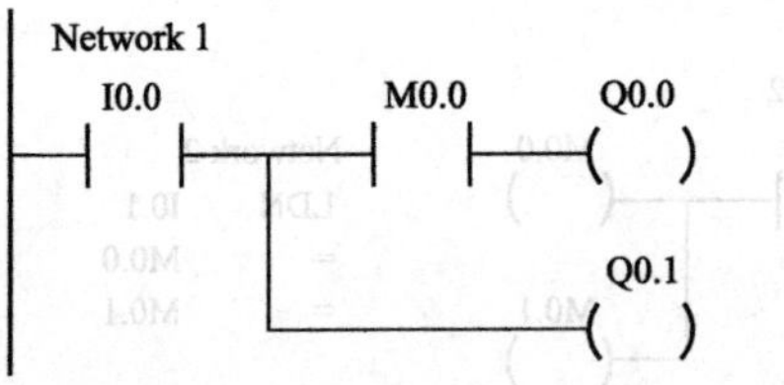

Network 1

LD	I0.0
LPS	
A	M0.0
=	Q0.0
LPP	
=	Q0.1

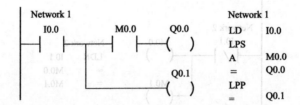

图 1-77　不可连续使用“=”指令的电路

3. 触点并联指令

触点并联指令为：O、ON。如图 1-78 所示。

O（Or）：或指令。用于单个常开触点的并联连接。

ON（Or Not）：或反指令。用于单个常闭触点的并联连接。

使用说明：

① 单个触点的 O、ON 指令可连续使用；

② O、ON 指令的操作数同前。

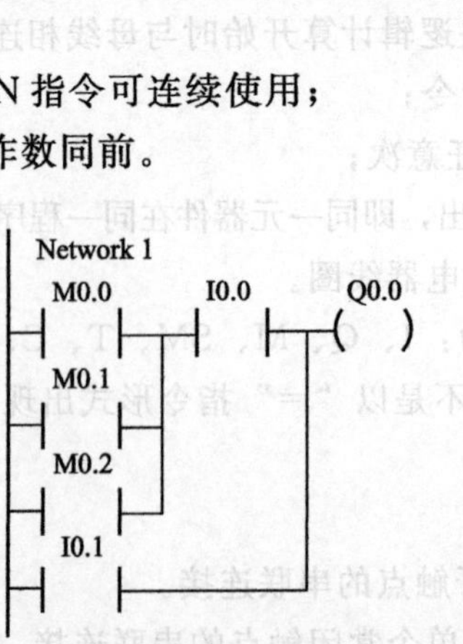

Network 1

LD	M0.0
O	M0.1
O	M0.2
A	I0.0
O	I0.1
=	Q0.0

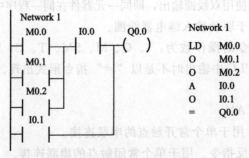

图 1-78　O、ON 指令的用法

4. 串联电路块的并联连接指令

两个以上触点串联形成的支路叫串联电路块。

OLD（Or Load）：或块指令。用于串联电路块的并联连接。如图 1-79 所示。

使用说明：

① 在块电路的开始也要使用 LD、LDN 指令；

② 每完成一次块电路的并联时要写上 OLD 指令；

③ OLD 指令无操作数。

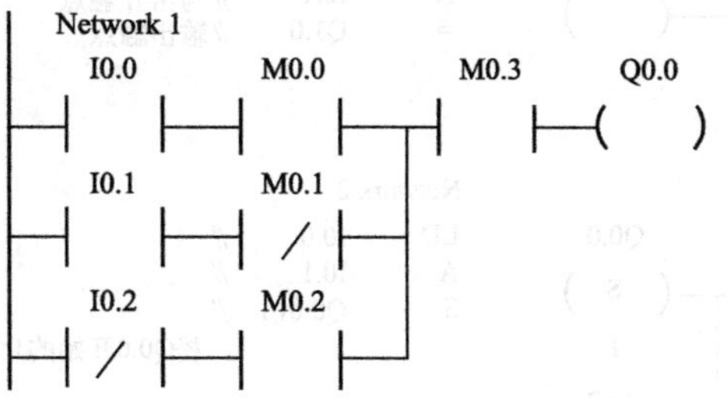


```
Network 1
LD    I0.0
A     M0.0
LD    I0.1
AN    M0.1
OLD
LDN   I0.2
A     M0.2
OLD
A     M0.3
=     Q0.0
```

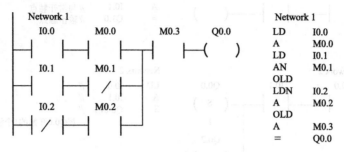

图 1-79 OLD 指令的用法

5. 并联电路块的串联连接指令

两条以上支路并联形成的电路叫并联电路块。

ALD（And Load）：与块指令。用于并联电路块的串联连接。如图 1-80 所示。

使用说明：

① 在块电路开始时要使用 LD、LDN 指令；

② 在每完成一次块电路的串联连接后要写上 ALD 指令；

③ ALD 指令无操作数。

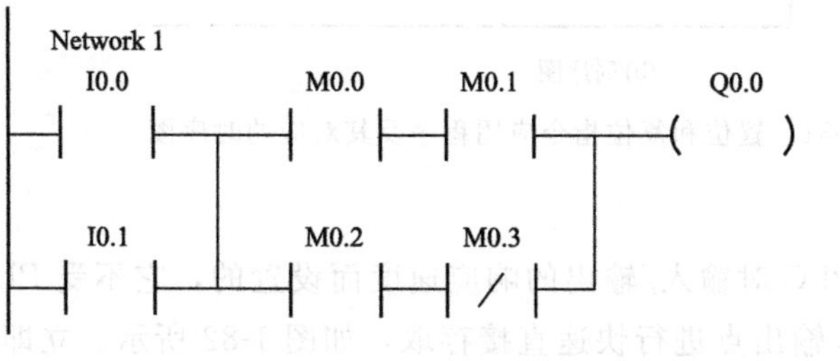


```
Network 1
LD    I0.0
O     I0.1
LD    M0.0
A     M0.1
LD    M0.2
AN    M0.3
OLD
ALD
=     Q0.0
```

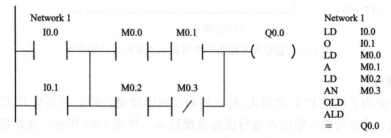

图 1-80 ALD 指令的用法

6. 置位和复位指令

S（Set）：置位指令、R（Reset）：复位指令。置位即置 1，复位即置 0。置位和复位指令可以将位存储区的某一位开始的一个或多个（最多可达 255 个）同类存储器位置 1 或置 0。

这两条指令在使用时需指明三点：操作性质、开始位和位的数量。如图 1-81 所示为置位和复位指令应用程序及其对应的时序图。

（1）S，置位指令。将位存储区的指定位（位 bit）开始的 N 个同类存储器位置位。

用法：　S　bit，　N

例：　S　Q0.0，1

（2）R，复位指令。将位存储区的指定位（位 bit）开始的 N 个同类存储器位复位。当用复位指令时，如果是对定时器 T 位或计数器 C 位进行复位，则定时器位或计数器位被复位，同时，定时器或计数器的当前值被清零。

用法： R bit， N

例： R Q0.2，3

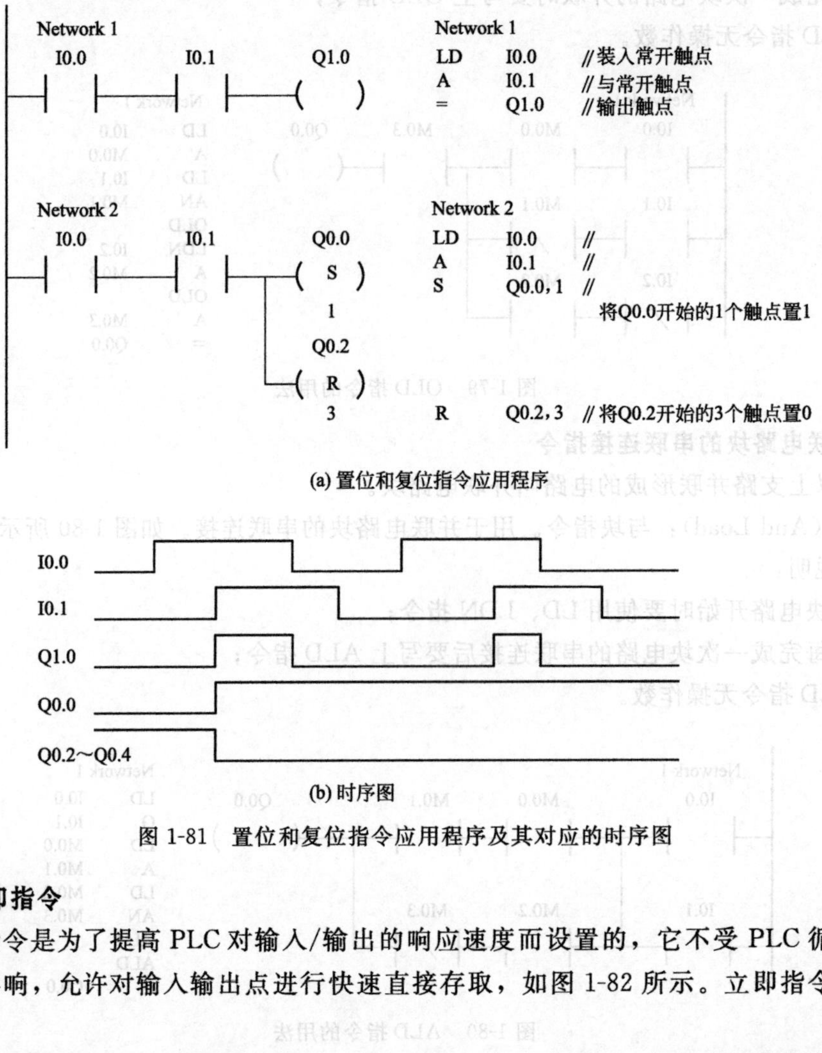

(a) 置位和复位指令应用程序

(b) 时序图

图 1-81 置位和复位指令应用程序及其对应的时序图

7. 立即指令

立即指令是为了提高 PLC 对输入/输出的响应速度而设置的，它不受 PLC 循环扫描工作方式的影响，允许对输入输出点进行快速直接存取，如图 1-82 所示。立即指令的名称和类型如下。

（1）立即触点指令（立即取、取反、或、或反、与、与反） 在每个标准触点指令的后面加“I”。指令执行时，立即读取物理输入点的值，但是不刷新对应映像寄存器的值。

这类指令包括：LDI、LDNI、AI、ANI、OI 和 ONI。

用法：LDIbit

例：LDII0.2

注意：bit 只能是 I 类型。

（2）＝I，立即输出指令 用立即指令访问输出点时，把栈顶值立即复制到指令所指出的物理输出点，同时，相应的输出映像寄存器的内容也被刷新。

用法：＝I bit

例： ＝I Q0.2

注意：bit 只能是 Q 类型。

（3）SI，立即置位指令 用立即置位指令访问输出点时，从指令所指出的位（bit）开

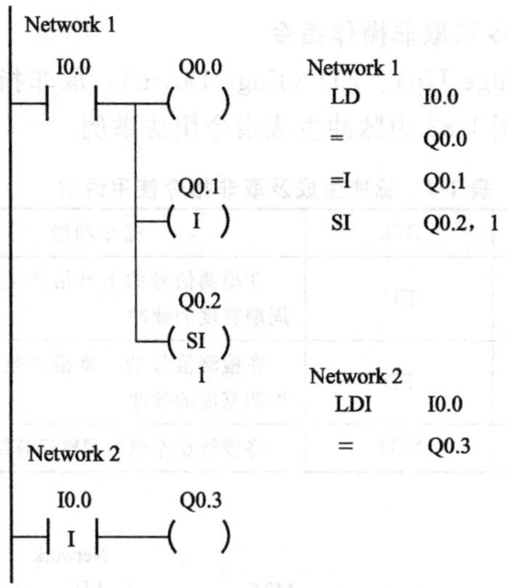

(a) 立即指令的用法举例

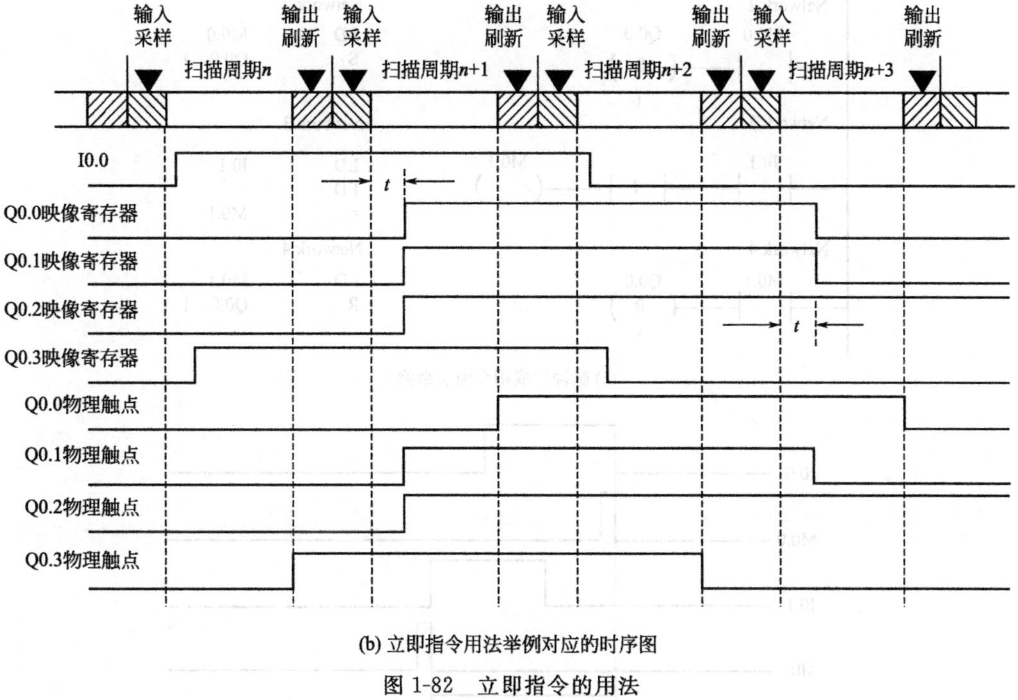

(b) 立即指令用法举例对应的时序图

图 1-82　立即指令的用法

始的 N 个（最多为 128 个）物理输出点被立即置位，同时，相应的输出映像寄存器的内容也被刷新。

用法：SI　bit，　N

例：　SI　Q0.0，2

(4) RI，立即复位指令　用立即复位指令访问输出点时，从指令所指出的位（bit）开始的 N 个（最多为 128 个）物理输出点被立即复位，同时，相应的输出映像寄存器的内容也被刷新。

用法：RI　bit，　N

例： RI Q0.0，1

8. 边沿触发脉冲生成指令和取非操作指令

脉冲生成指令为 EU（Edge Up）、ED（Edge Down），取非指令 NOT 。表 1-8 为脉冲生成和取非指令使用说明，图 1-83 为脉冲生成指令用法举例。

表 1-8 脉冲生成及取非指令使用说明

指令名称	LAD	STL	指令功能	寻址范围
上升沿脉冲（Edge Up）	┤P├	EU	在检测信号的上升沿产生一个扫描周期宽度的脉冲	
下降沿脉冲（Edge Down）	┤N├	ED	在检测信号的下降沿产生一个扫描周期宽度的脉冲	无操作数
取非指令	┤NOT├	NOT	将该触点左侧的逻辑运算结果取反	

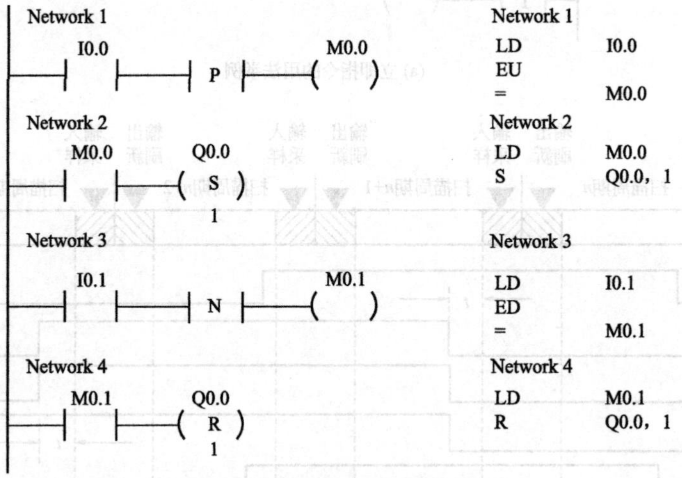

(a) 脉冲生成指令用法举例

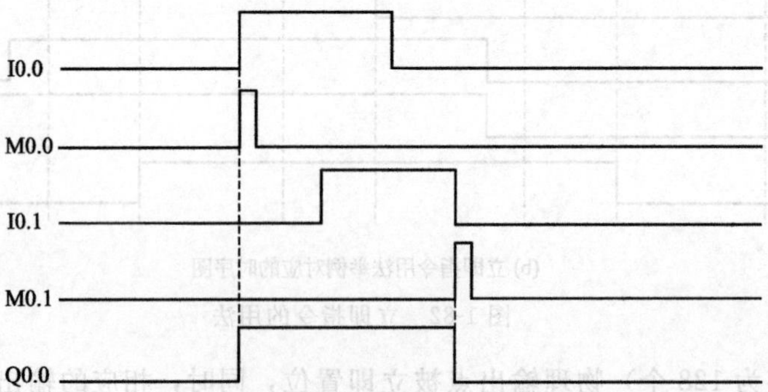

(b) 脉冲生成指令用法举例对应的时序图

图 1-83 脉冲生成指令用法

EU 指令对其之前的逻辑运算结果的上升沿产生一个宽度为一个扫描周期的脉冲，如图 1-83 中的 M0.0；ED 指令对其逻辑运算结果的下降沿产生一个宽度为一个扫描周期的脉冲，如图 1-83 中的 M0.1。脉冲指令常用于启动及关断条件的判定以及配合功能指令完成一些逻辑控制任务。

9. 逻辑堆栈操作指令

S7-200 系列 PLC 使用一个 9 层堆栈来处理所有逻辑操作。堆栈是一组能够存储和取出数据的暂存单元，其特点是“先进后出”。每一次进行入栈操作，新值放入栈顶，栈底值丢失；每一次进行出栈操作，栈顶值弹出，栈底值补进随机数。逻辑堆栈指令主要用来完成对触点进行的复杂连接。图 1-84 为逻辑堆栈指令用法举例。

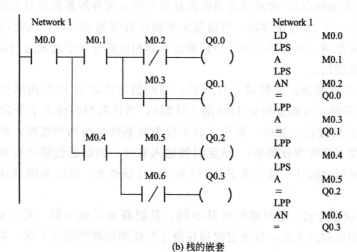

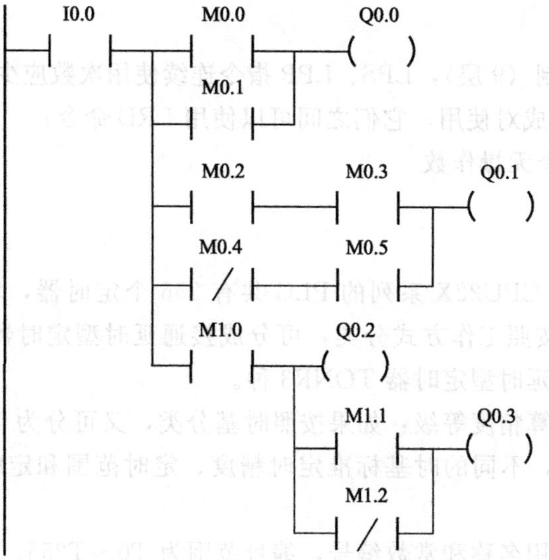


```
Network 1
LD     I0.0
LPS
LD     M0.0
O      M0.1
ALD
=      Q0.0
LRD
LD     M0.2
A      M0.3
LDN    M0.4
A      M0.5
OLD
ALD
=      Q0.1
LPP
A      M1.0
=      Q0.2
LD     M1.1
ON     M1.2
ALD
=      Q0.3
```

(a) 一层栈

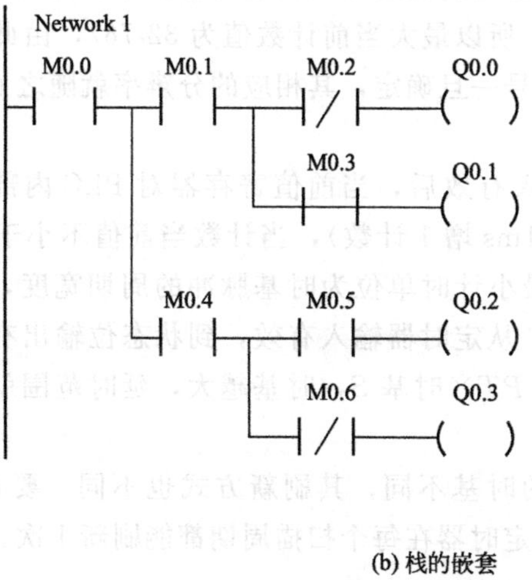


```
Network 1
LD     M0.0
LPS
A      M0.1
LPS
AN     M0.2
=      Q0.0
LPP
A      M0.3
=      Q0.1
LPP
A      M0.4
LPS
A      M0.5
=      Q0.2
LPP
AN     M0.6
=      Q0.3
```

(b) 栈的嵌套

图 1-84　逻辑堆栈指令用法举例

S7-200 中把 ALD、OLD、LPS、LRD、LPP 指令都归纳为栈操作指令。

(1) ALD，栈装载与指令（与块）。在梯形图中用于将并联电路块进行串联连接。

(2) OLD，栈装载或指令（或块）。在梯形图中用于将串联电路块进行并联连接。

(3) LPS，逻辑推入栈指令（分支或主控指令）。在梯形图中的分支结构中，用于生成一条新的母线，左侧为主控逻辑块，完整的从逻辑块从此处开始。

注意：使用 LPS 指令时，本指令为分支的开始，以后必须有分支结束指令 LPP。即

LPS与LPP指令必须成对出现。

(4) LPP，逻辑弹出栈指令（分支结束或主控复位指令）。在梯形图中的分支结构中，用于将LPS指令生成的一条新的母线进行恢复。

注意：使用LPP指令时，必须出现在LPS的后面，与LPS成对出现。

(5) LRD，逻辑读栈指令。在梯形图中的分支结构中，当左侧为主控逻辑块时，开始更多从逻辑块的编程。

使用说明：

(1) 由于受堆栈空间的限制（9层），LPS、LPP指令连续使用次数应少于9次；

(2) LPS和LPP指令必须成对使用，它们之间可以使用LRD命令；

(3) LPS、LRD、LPP指令无操作数。

10. 定时器指令

(1) 基本概念

① 定时器种类：S7-200的CPU22X系列的PLC共有256个定时器，均为增量型定时器，用于实现时间控制，如果按照工作方式分类，可分成接通延时型定时器TON、断开延时型定时器TOF、有记忆接通延时型定时器TONR3种。

② 分辨率与定时时间的计算精度等级：如果按照时基分类，又可分为1ms时基、10ms时基和100ms时基3种定时器，不同的时基标准定时精度、定时范围和定时器刷新的方式不同。

③ 定时器的编号：定时器用名称和常数编号，编号范围为T0～T255。

编号包含两方面信息，即定时器状态位和定时器当前值。定时器状态位即定时器的触点（包括常开触点和常闭触点）。定时器的当前值是指当前值寄存器累积的时基脉冲的个数。因为当前值寄存器为一个16位寄存器，所以最大当前计数值为32 767，由此可推算不同分辨率的定时器的延时范围。定时器的编号一旦确定，其相应的分辨率就随之而定，且同一个定时器编号不能重复使用。

④ 定时器的工作原理：使能输入有效后，当前值寄存器对PLC内部的时基脉冲增1计数（如1ms时基的定时器是每隔1ms增1计数），当计数当前值不小于定时器的设定值时，定时器的状态位置位。其中，最小计时单位为时基脉冲的周期宽度，所以时基代表着定时器的定时精度（又称为分辨率）。从定时器输入有效，到状态位输出有效，经过的时间称为延时时间。延时时间T=设定值PT×时基S，时基越大，延时范围就越大，但精度也就越低。

⑤ 定时器的刷新方式。定时器的时基不同，其刷新方式也不同。要正确使用定时器，首先要知道定时器的刷新方式，保证定时器在每个扫描周期都能刷新1次，并能执行1次定时器指令。

a. 1ms定时器的刷新方式。1ms定时器采用中断刷新的方式，系统每隔1ms刷新1次，与扫描周期及程序处理无关。但扫描周期较长时，1ms定时器在1个扫描周期内将多次被刷新，其当前值在每个扫描周期内可能不一致。

b. 10ms定时器的刷新方式。10ms定时器是由系统在每个扫描周期的开始时自动刷新。由于每个扫描周期的开始刷新，所以在一个扫描周期内定时器的状态位和当前值保持不变。

c. 100ms定时器的刷新方式。100ms定时器是在该定时器指令执行时被刷新的。

定时器指令的类型、定时精度及编号详见表 1-9。

表 1-9　定时器的类型、定时精度及编号

定时器类型	精度等级/ms	最大当前值/s	定时器编号
TON/TOF	1	32.767	T32,T96
	10	327.67	T33～T36,T97～T100
	100	3276.7	T37～T63,T101～T255
TONR	1	32.767	T0,T64
	10	327.67	T1～T4,T65～T68
	100	3276.7	T5～T31,T69～T95

(2) 定时器指令使用说明

① 接通延时定时器 TON。接通延时定时器指令用于单一间隔的定时。上电周期或首次扫描，定时器位 OFF，当前值为 0。使能输入接通时，定时器位为 OFF，当前值从 0 开始计数时间，当前值达到预设值时，定时器为 ON，当前值连续计数到 32767。使能输入断开，定时器自动复位，即定时器位 OFF，当前值为 0。

指令格式：TON　T×××，PT

例：　　　TON　T120，8

② 有记忆接通延时定时器 TONR。有记忆接通延时定时器指令用于对许多间隔的累计定时。上电周期或首次扫描，定时器位 OFF，当前值保持。使能输入接通时，定时器位为 OFF，当前值从 0 开始计数时间。使能输入断开，定时器位和当前值保持最后状态。使能输入再次接通时，当前值从上次的保持值继续计数，当累计当前值达到预设值时，定时器为 ON，当前值连续计数到 32767。TONR 定时器只能用复位指令进行复位操作。

指令格式：TONR　T×××，PT

例：　　　TONR　T20，63

③ 断开延时定时器 TOF。断开延时定时器指令用于断开后的单一间隔定时。上电周期或首次扫描，定时器位 OFF，当前值为 0。使能输入接通时，定时器位为 ON，当前值为 0。当使能输入由接通到断开时，定时器开始计数，当前值达到预设值时，定时器为 OFF，当前值等于预设值，停止计数。TOF 复位后，如果使能输入再有从 ON 到 OFF 的负跳变，则可实现再次启动。

指令格式：TOF　T×××，PT

例：　　　TOF　T35，6

定时器指令格式及功能见表 1-10，定时器指令应用举例见图 1-85。

表 1-10　定时器指令格式及功能

类型	梯形图 LAD	语句表 STL	指令功能
接通延时定时器 (On-Delay Timer)	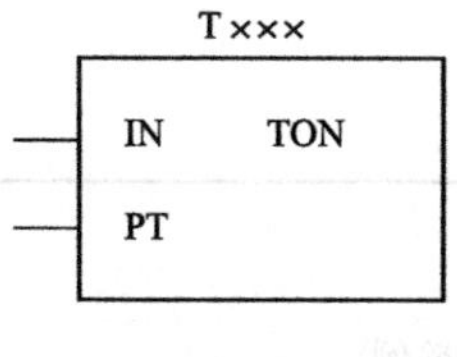	TON T×××,PT	使能输入端接通，当前值从 0 开始 +1 计时，当前值等于设定值时，定时器状态为 ON，当前值连续计数到 32 767。使能输入断开，定时器自动复位，即定时器状态位为 OFF，当前值为 0

续表

类型	梯形图 LAD	语句表 STL	指令功能
有记忆接通延时定时器（Retentive On-Delay Timer）	T××× IN TONR PT	TONR T×××,PT	使能输入端接通时，当前值从 0 开始＋1 计时。使能输入断开，定时器位和当前值保持不变。使能输入再次接通时，当前值从上次的保持值继续计数，当累计当前值达到设定值时，定时器状态为 ON，当前值连续计数到 32 767
断开延时定时器（Off-Delay Timer）	T××× IN TOF PT	TOF T×××,PT	使能输入端接通时，定时器状态位为 ON，当前值清 0。当使能输入断开时，定时器当前值从 0 开始＋1 计数，当前值等于设定值时，定时器状态位为 OFF，停止计数，当前值保持不变

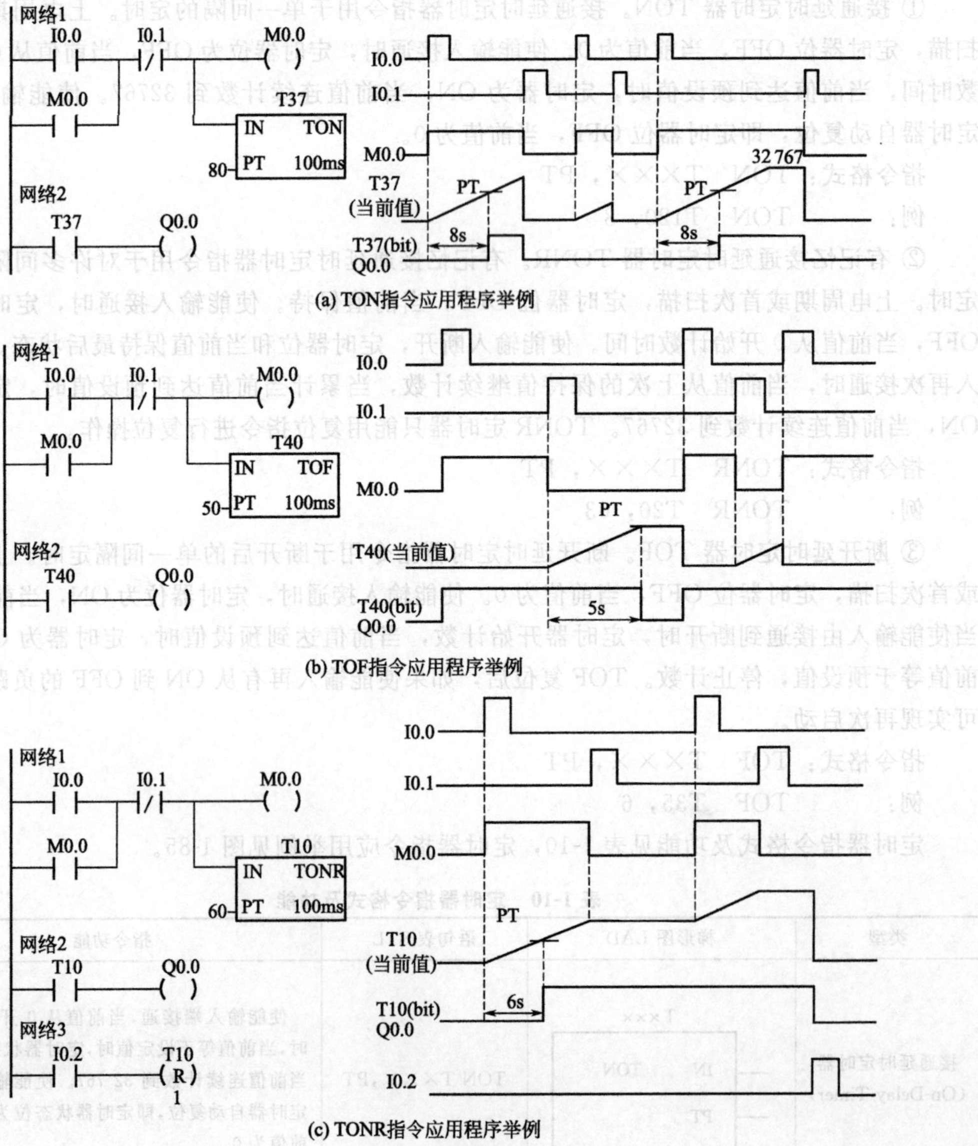

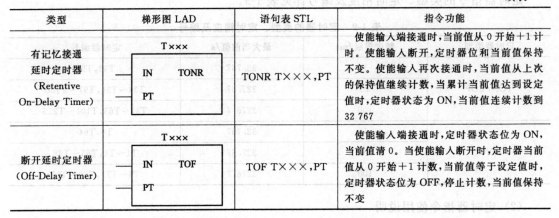

(a) TON指令应用程序举例

(b) TOF指令应用程序举例

(c) TONR指令应用程序举例

图 1-85 定时器指令应用举例

（3）定时器的使用

① 正确使用定时器。在 PLC 的应用中，经常使用定时器的自复位功能，即利用定时器自己的动断触点使定时器复位。这里需要注意，要使用定时器的自复位功能，必须考虑定时器的刷新方式。一般情况下，100ms 时基的定时器常采用自复位逻辑，而 1ms 和 10ms 时基的定时器不可采用自复位逻辑。如图 1-86 所示为正确使用定时器的例子，它用来在定时器计时时间到时产生一个宽度为一个扫描周期的脉冲。

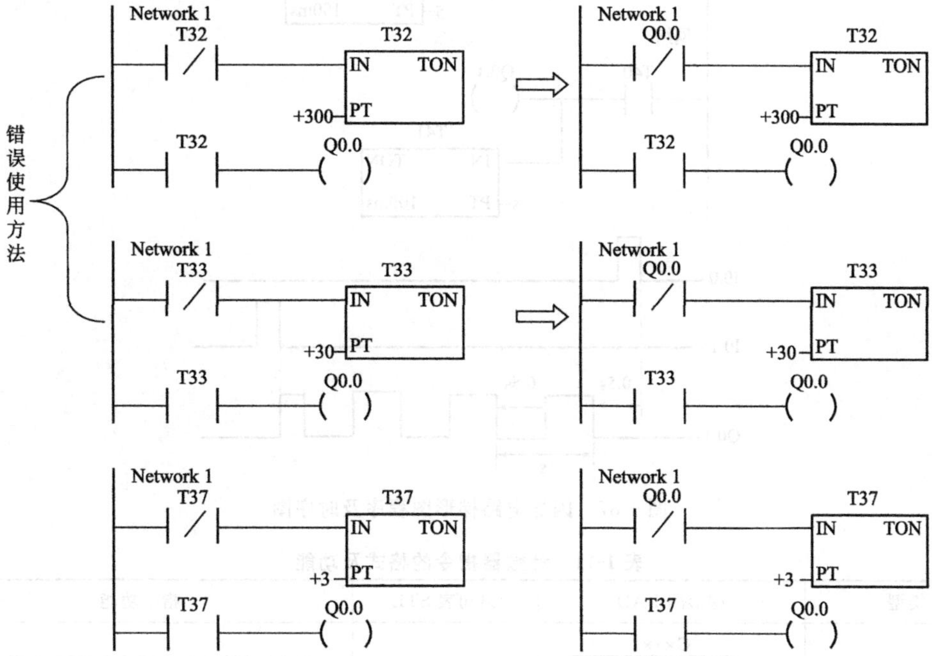

图 1-86　正确使用定时器的例子

② 应用举例。定时器除了能完成一定的延时任务以外，还可构成闪烁电路。使用两个定时器构成一个指示灯闪烁电路。这个电路也可以看成是一个秒脉冲生成器，它可以产生周期为 1s，占空比为 50%的脉冲信号，如图 1-87 所示。此电路的工作原理，读者可自行分析。

11. 计数器指令

（1）计数器指令的格式及功能　计数器用来累计输入脉冲的次数，在实际应用中用来对产品进行计数或完成复杂的逻辑控制任务。S7-200 的普通计数器有 3 种：递增计数器 CTU、递减计数器 CTD 和增减计数器 CTUD，共计 256 个，可根据实际编程的需要，选择不同类型的计数器指令。这些计数器指令的编号范围是 C0～C255，每个计数器编号只能使用一次。计数器指令的格式及功能如表 1-11 所示。

（2）计数器指令使用说明

① 增计数器 CTU。首次扫描，计数器位 OFF，当前值为 0。脉冲输入 CU 的每个上升沿，计数器计数 1 次，当前值增加 1 个单位，当前值达到预设值时，计数器位 ON，当前值继续计数到 32767 停止计数。复位输入有效或执行复位指令，计数器自动复位，即计数器位 OFF，当前值为 0。

指令格式：CTU　C×××，PV

例：　CTU　C20，3

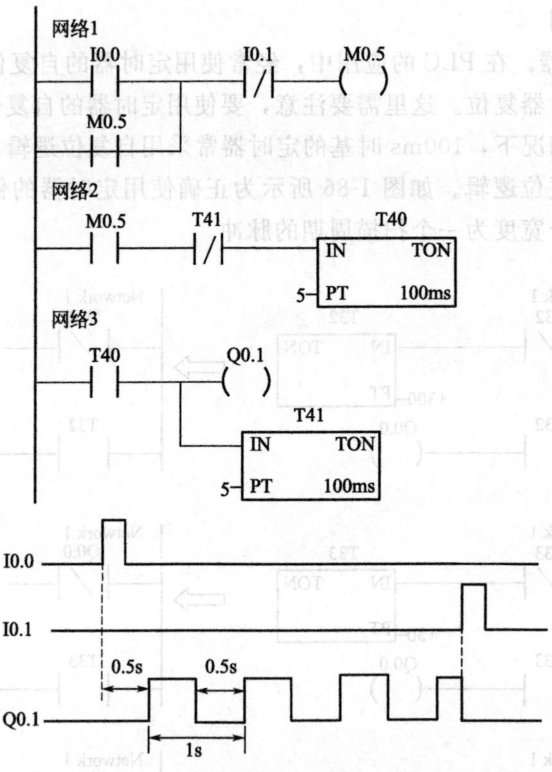

图 1-87 闪烁电路梯形图程序及时序图

表 1-11 计数器指令的格式及功能

类型	梯形图 LAD	语句表 STL	指令功能
递增计数器 CTU (Counter UP)	C××× CU CTU R PV	CTU C×××,PV	在 CU 端输入每个脉冲上升沿，计数器当前值从 0 开始增 1 计数。当前值不小于设定值(PV)时，计数器状态位置 1，当前值累加的最大值为 32767。复位输入(R)有效时，计数器状态复位(置 0)，当前计数器清零
递减计数器 CTD (Counter Down)	C××× CU CTD LD PV	CTD C×××,PV	在 CD 端输入每个脉冲上升沿时，计数器当前值从设定值开始减 1 计数，当前值减到 0 时，计数器状态位置 1，复位输入有效或执行复位指令时，计数器自动复位，即计数器状态位为 OFF，当前值装载为预设值，而不是 0
增减计数器 CTUD (Counter UP/Down)	C××× CU CTUD CD R PV	CTUD C×××,PV	增减计数器指令有两个脉冲输入端，其中 CU 端用于递增计数，CD 端用于递减计数。执行增/减计数指令时，只要当前值不小于设定值(PV)时，计数状态置位 1，否则置 0。复位输入有效或执行复位指令时，计数器自动复位且当前值清零。达到当前值最大值 32767 后，下一个 CU 输入上升沿将使计数值变为最小值(−32768)。同样达到最小值(−32768)后，下一个 CD 输入上升沿将使计数值变为最大值 32767

图 1-88 为增计数器的程序片断和时序图。

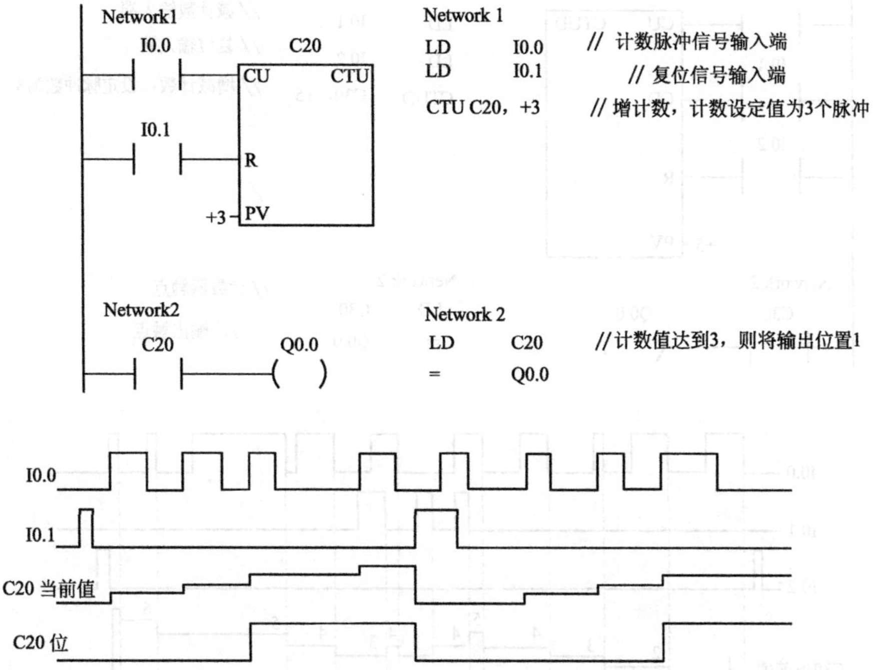

图 1-88　增计数器的程序片断和时序图

② 增减计数器 CTUD。增减计数器指令有两个脉冲输入端：CU 输入端用于递增计数，CD 输入端用于递减计数。

指令格式：CTUD　C×××，PV

例：　　　CTUD　C30，5

图 1-89 为增减计数器的程序片断和时序图。

③ 减计数器 CTD。脉冲输入端 CD 用于递减计数。首次扫描，计数器位 OFF，当前值等于预设值 PV。计数器检测到 CD 输入的每个上升沿时，计数器当前值减小 1 个单位，当前值减到 0 时，计数器位 ON。复位输入有效或执行复位指令，计数器自动复位，即计数器位 OFF，当前值复位为预设值，而不是 0。

指令格式：CTD　C×××，PV

例：　　　CTD　C40，4

图 1-90 为减计数器的程序片断和时序图。

(3) 应用举例　如图 1-91 所示，为用计数器和定时器配合增加延时时间。请读者分析以下程序中实际延时为多长时间。

12. 程序控制指令

程序控制类指令使程序结构灵活，合理使用该类指令可以优化程序结构，增强程序功能。这类指令主要包括：结束、暂停、看门狗、跳转、子程序、循环和顺序控制等指令，这里只做部分介绍。

(1) 结束指令 END、MEND　结束指令分为有条件结束指令 END 和无条件结束指令 MEND。两条指令在梯形图中以线圈形式编程。指令不含操作数。执行完结束指令后，系统结束主程序，返回到主程序起点。

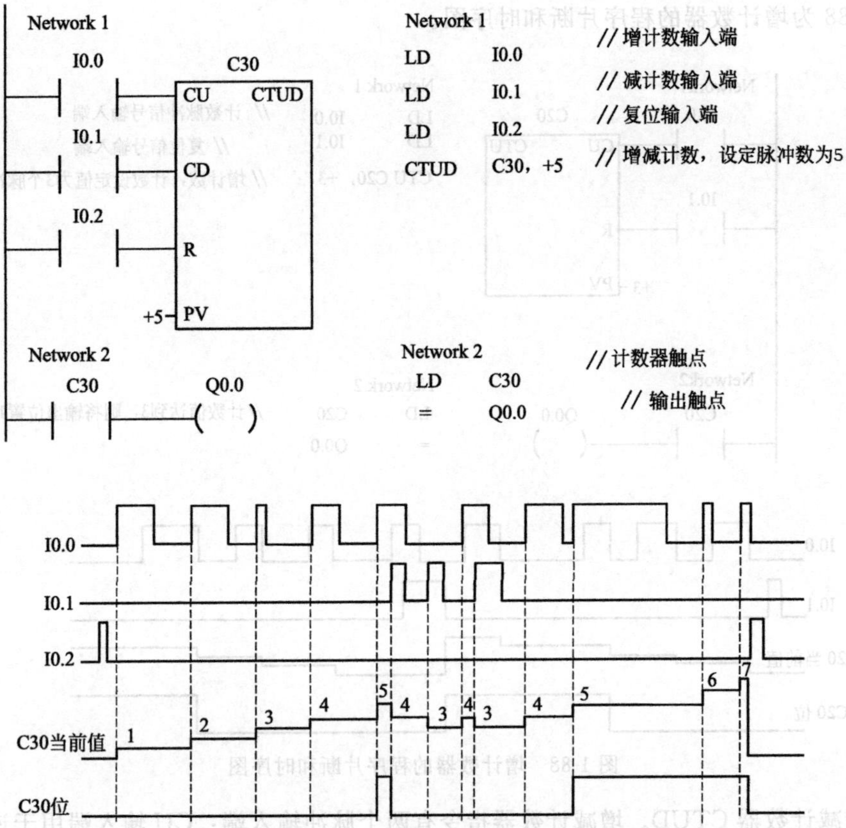

图 1-89 增减计数器的程序片断和时序图

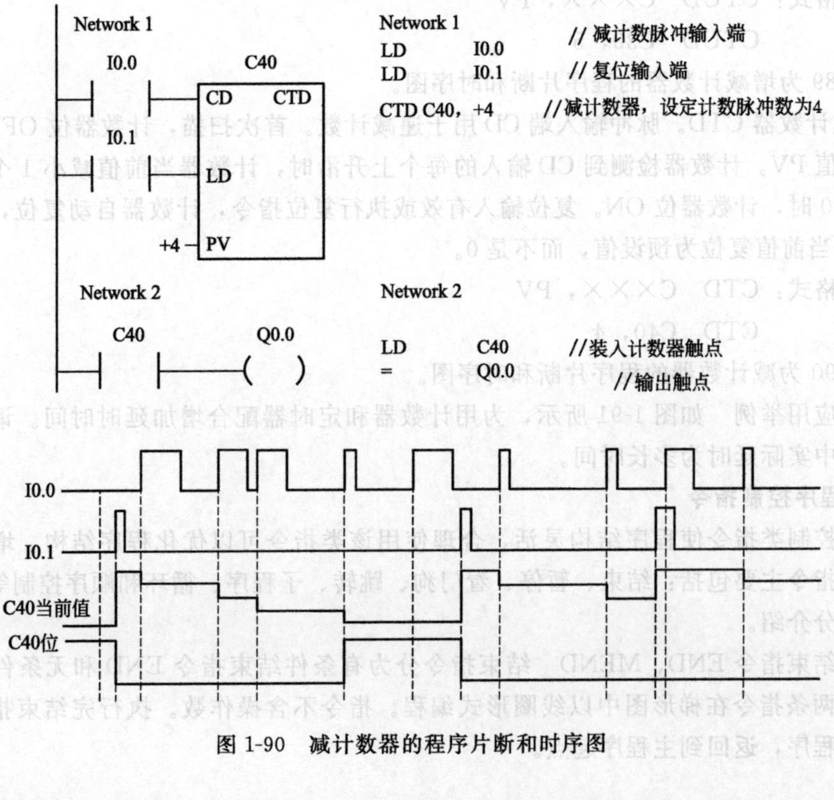

图 1-90 减计数器的程序片断和时序图

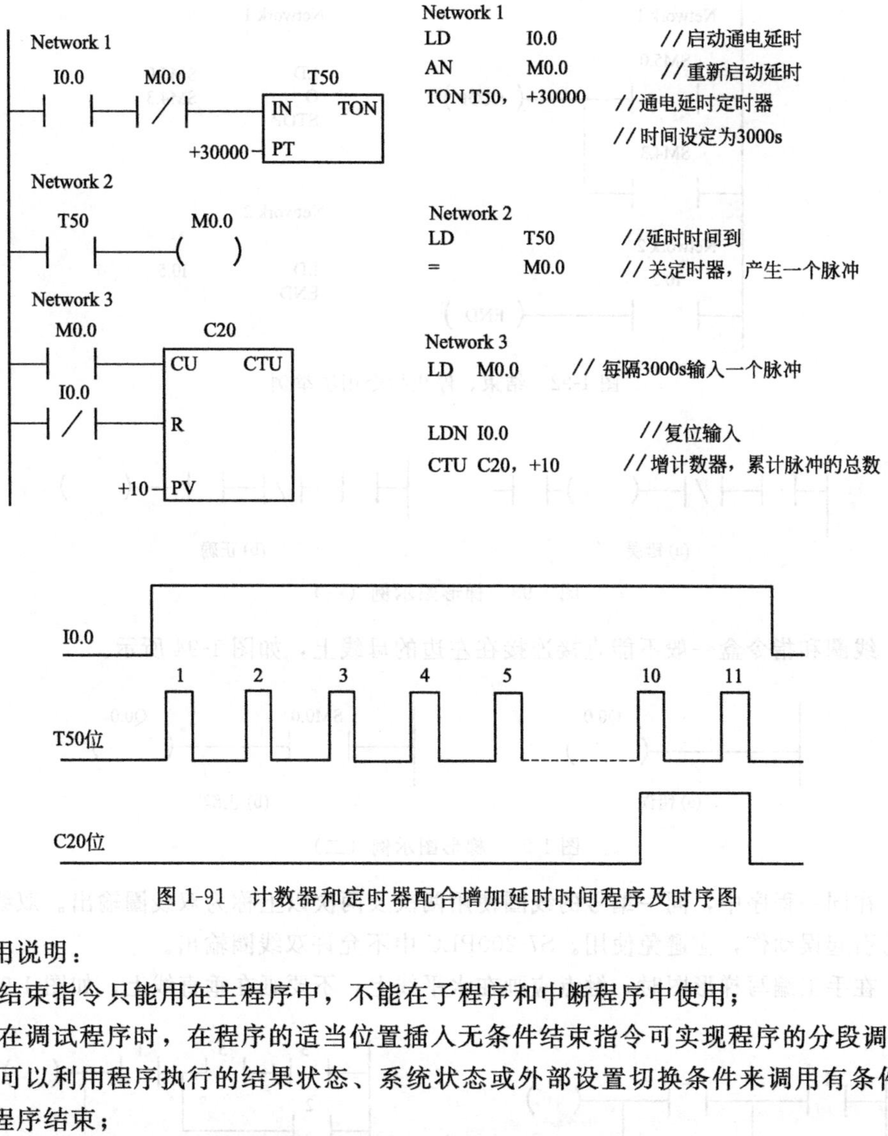

图 1-91　计数器和定时器配合增加延时时间程序及时序图

使用说明：

① 结束指令只能用在主程序中，不能在子程序和中断程序中使用；

② 在调试程序时，在程序的适当位置插入无条件结束指令可实现程序的分段调试；

③ 可以利用程序执行的结果状态、系统状态或外部设置切换条件来调用有条件结束指令，使程序结束；

④ 使用 Micro/Win32 编程时，不需手工输入无条件结束指令，该软件自动在内部加上一条无条件结束指令到主程序的结尾。

(2) 停止指令 STOP　STOP 指令有效时，可以使主机 CPU 的工作方式由 RUN 切换到 STOP，从而立即中止用户程序的执行。STOP 指令在梯形图中以线圈形式编程。指令不含操作数。STOP 指令可以用在主程序、子程序和中断程序中。

STOP 和 END 指令通常在程序中用来对突发紧急事件进行处理，以避免实际生产中的重大损失。用法见图 1-92 所示。

(三) PLC 初步编程指导

1. 梯形图编程的基本规则

(1) PLC 内部元器件触点的使用次数是无限制的。

(2) 梯形图的每一行都是从左边母线开始，然后是各种触点的逻辑连接，最后以线圈或指令盒结束。触点不能放在线圈的右边，如图 1-93 所示。

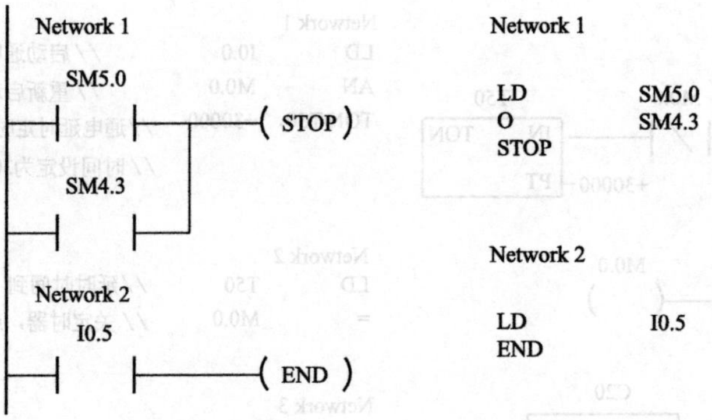

图 1-92 结束、停止指令用法举例

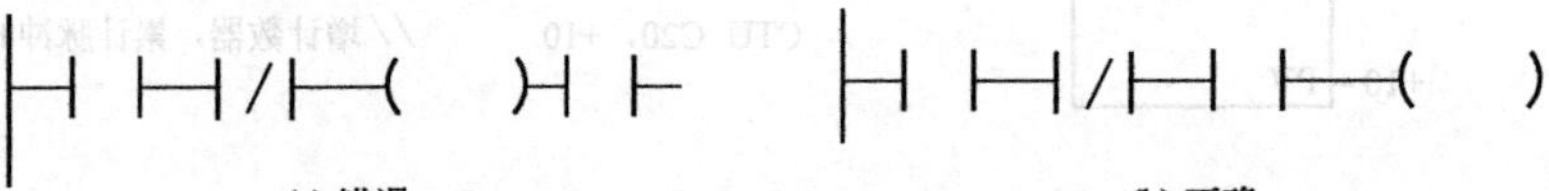

(a) 错误 (b) 正确

图 1-93 梯形图示例（一）

(3) 线圈和指令盒一般不能直接连接在左边的母线上，如图 1-94 所示。

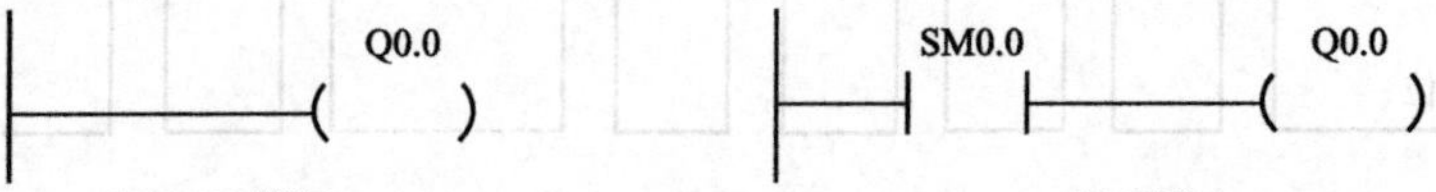

(a) 错误 (b) 正确

图 1-94 梯形图示例（二）

(4) 在同一程序中，同一编号的线圈使用两次及两次以上称为双线圈输出。双线圈输出非常容易引起误动作，应避免使用。S7-200PLC 中不允许双线圈输出。

(5) 在手工编写梯形图时，触点应画在水平线上，不要画在垂直线上，如图 1-95 所示。

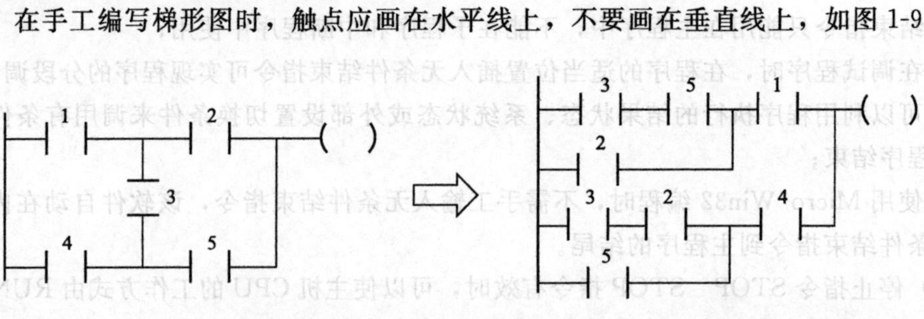

图 1-95 梯形图示例（三）

(6) 应把串联多的电路块尽量放在最上边，把并联多的电路块尽量放在最左边，可节省指令，如图 1-96 所示。

(7) 不包含触点的分支线条应放在垂直方向，不要放在水平方向，便于读图直观，如图 1-97 所示。

2. LAD 和 STL 编程形式的关系

利用梯形图编程时，可以把整个梯形图程序看成由许多网络块组成，每个网络块均起始于母线，所有的网络块组合在一起就是梯形图程序。

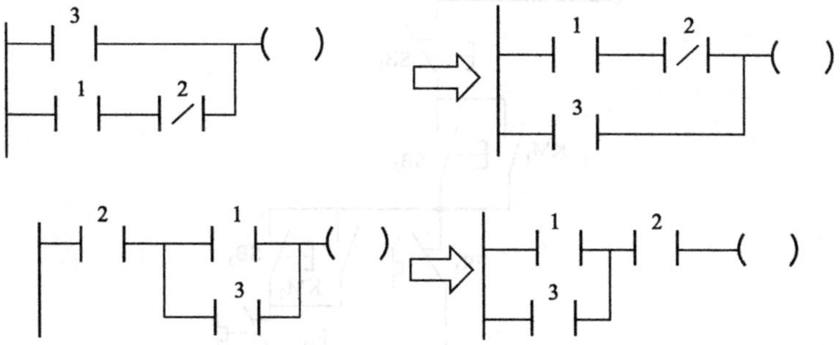

图 1-96　梯形图示例（四）

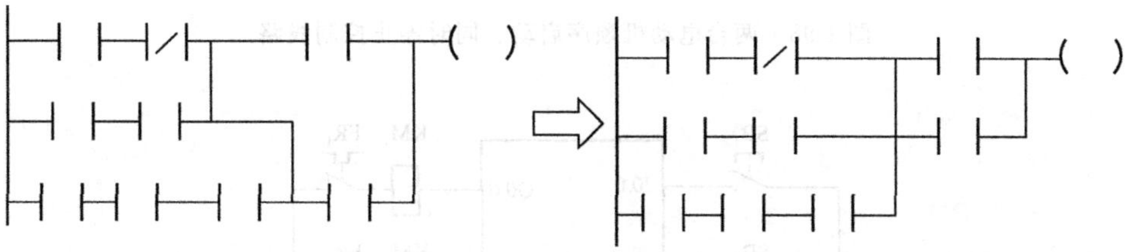

图 1-97　梯形图示例（五）

LAD 程序可以通过编程软件直接转换为 STL 形式。S7-200PLC 用 STL 编程时，如果也以每个独立的网络块为单位，则 STL 程序和 LAD 程序基本上是一一对应的，且两者可通过编程软件相互转换；如果不以每个独立的网络块为单位编程，而是连续编写，则 STL 程序和 LAD 程序不能通过编程软件相互转换。

PLC 编程软件的使用这里不加说明，读者可根据自己的需要查阅相关软件的说明书，例如 STEP7-Micro/WIN32 编辑软件的应用说明。

能力体现

很多的工业设备上装有多台电机，各电机的工作时序往往不一样。例如，通用机床一般要求主轴电机启动后进给电机再启动，而带有液压系统的机床一般需要先启动液压泵电动机后，才能启动其他的电动机等。换句话说，一台电机的启动是另外一台电机启动的条件。多台电机的停止也同样有顺序的要求。在对多台电机进行控制时，各电机的启动或停止是有顺序的，这种控制方式称为顺序启停控制。

一、电动机顺序启动同时停止控制

1. 控制功能要求

电动机 1 启动后，电动机 2 才能启动；若电动机 1 不启动，电动机 2 无法启动；按下停止按钮后，两台电动机同时停止。

2. 主电路及电器接口图

实现该电动机控制的主电路如图 1-98 所示，PLC 接线图如图 1-99 所示。图 1-98 中 KM_1、KM_2 为接触器，用于控制电机；SB_1、SB_2、SB_3 为按钮开关，分别于 PLC 的输入端相连；FU 为熔断器防止线路短路；FR_1、FR_2 为热继电器，对电动机过载保护。

3. I/O 地址分配表

PLC 控制同时两台电动机顺序启动、同时停止运行的 I/O 接口地址安排如表 1-12 所示。

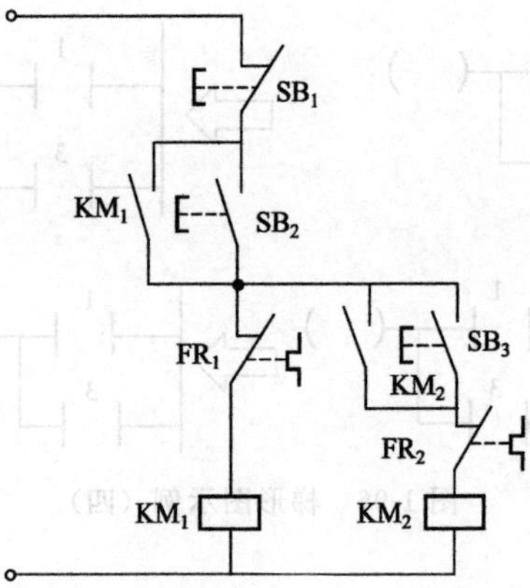

图 1-98　两台电动机顺序启动、同时停止控制线路

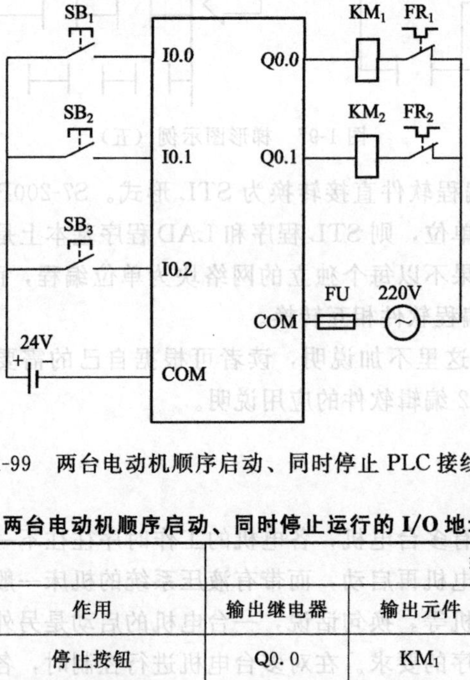

图 1-99　两台电动机顺序启动、同时停止 PLC 接线图

表 1-12　两台电动机顺序启动、同时停止运行的 I/O 地址分配表

输入			输出		
输入继电器	输入元件	作用	输出继电器	输出元件	作用
I0.0	SB$_1$	停止按钮	Q0.0	KM$_1$	电机 1 运行用交流接触器
I0.1	SB$_2$	电机 1 启动按钮	Q0.1	KM$_2$	电机 2 运行用交流接触器
I0.2	SB$_3$	电机 2 启动按钮	I0.2		

PLC 控制同时两台电动机顺序启动、同时停止运行的梯形图如图 1-100 所示。

4. 设计中注意事项、出现的问题与解决方法

（1）程序语句表的编辑注意事项

① 利用 PLC 基本指令对梯形图编程时，必须按梯形图节点从左到右，自上而下的原则进行。

② 在处理复杂的触点结构时，指令表的表达顺序为：先写出参与因素的内容，再表达参与因素间的关系。

（2）可编程控制器设计接线的注意事项

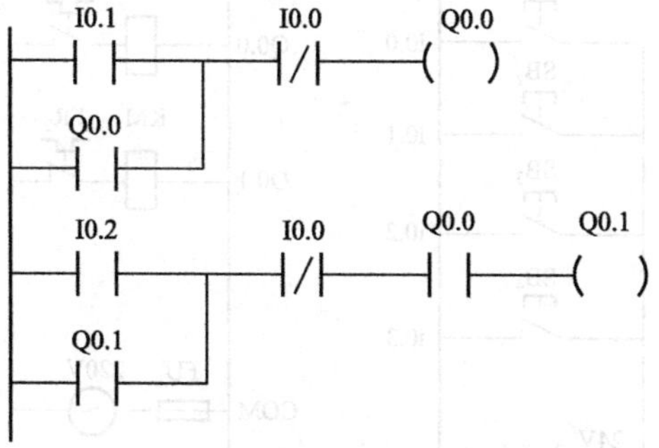

图 1-100　两台电动机顺序启动、同时停止运行的梯形图

① 安排、配线等作业时，务必在切断全部电源后进行。在安排、配线作业等完成之后再通电。运转时，一定要取下产品附带的端子罩，以防电震。

② 在可编外部设置安全线路，以便但凡外部电源出现异常、可编程控制器发生故障时，全系统也能安全运行。

③ 可编程控制器不可以在有灰尘、油烟、导电性尘埃、腐蚀性气体、可燃性气体的场所，高温、结露、风吹雨淋的场合，有振动、冲击的场所使用。

二、电动机的顺序启动、顺序停止

1. 控制功能要求

电动机 1 启动后，电动机 2 才能启动；若电动机 1 不启动，电动机 2 无法启动。电动机 1 停止后，电动机 2 才能停止；若电动机 1 不停止，则电动机 2 无法停止。

2. 主电路及电器接口图

实现该电动机控制的主电路如图 1-101 所示，PLC 接线图如图 1-102 所示。图 101 中 KM_1、KM_2 为接触器，用于控制电机；SB_1、SB_2、SB_3、SB_4 为按钮开关，分别于 PLC 的输入端相连；FU 为熔断器防止线路短路；FR_1、FR_2 为热继电器，对电动机过载保护。

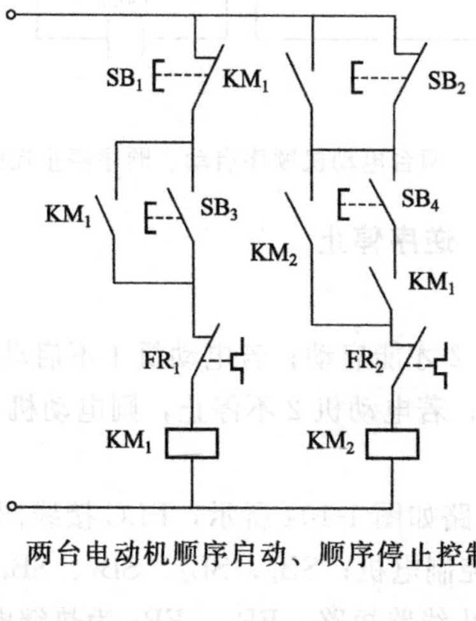

图 1-101　两台电动机顺序启动、顺序停止控制的电路

3. I/O 地址分配表

PLC 控制同时两台电动机顺序运行的 I/O 接口地址安排如表 1-13 所示。

PLC 控制同时两台电动机顺序启动、顺序停止控制的梯形图如图 1-103 所示。

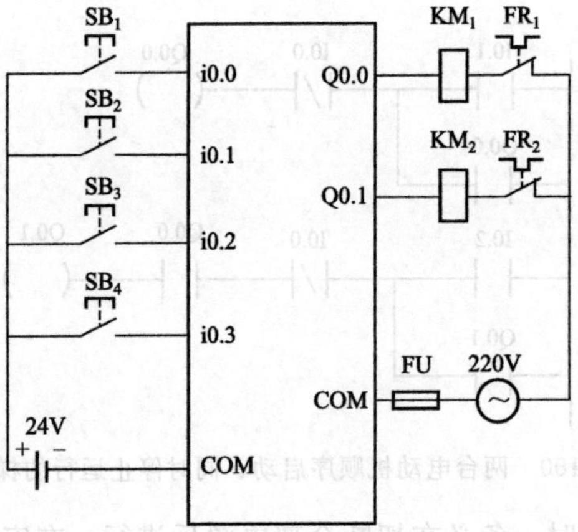

图 1-102 两台电动机顺序启动、顺序停止控制 PLC 接线图

表 1-13 两台电动机两台电动机顺序启动、顺序停止控制 I/O 地址分配表

输入			输出		
输入继电器	输入元件	作用	输出继电器	输出元件	作用
I0.0	SB_1	电机 1 停止按钮	Q0.0	KM_1	电机 1 运行用交流接触器
I0.1	SB_2	电机 2 停止按钮	Q0.1	KM_2	电机 2 运行用交流接触器
I0.2	SB_3	电机 1 启动按钮			
I0.3	SB_4	电机 2 启动按钮			

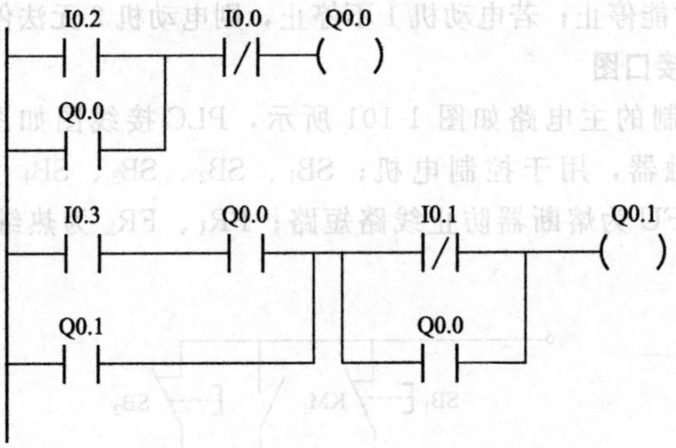

图 1-103 两台电动机顺序启动、顺序停止控制梯形图

三、电动机的顺序启动、逆序停止

1. 控制功能要求

电动机 1 启动后，电动机 2 才能启动；若电动机 1 不启动，电动机 2 无法启动。电动机 2 停止后，电动机 1 才能停止；若电动机 2 不停止，则电动机 1 无法停止。

2. 主电路及电器接口图

实现该电动机控制的主电路如图 1-104 所示，PLC 接线图如图 1-105 所示。图 1-104 中 KM_1、KM_2 为接触器，用于控制电机；SB_1、SB_2、SB_3、SB_4 为按钮开关，分别于 PLC 的输入端相连；FU 为熔断器防止线路短路；FR_1、FR_2 为热继电器，对电动机过载保护。

3. I/O 地址分配表

PLC 控制同时两台电动机顺序启动、逆序停止运行的 I/O 接口地址安排如表 1-14 所示。

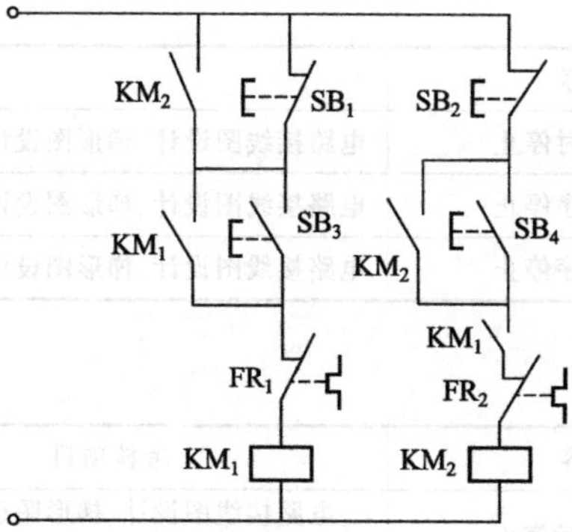

图 1-104　两台电动机顺序启动、逆序停止控制线路

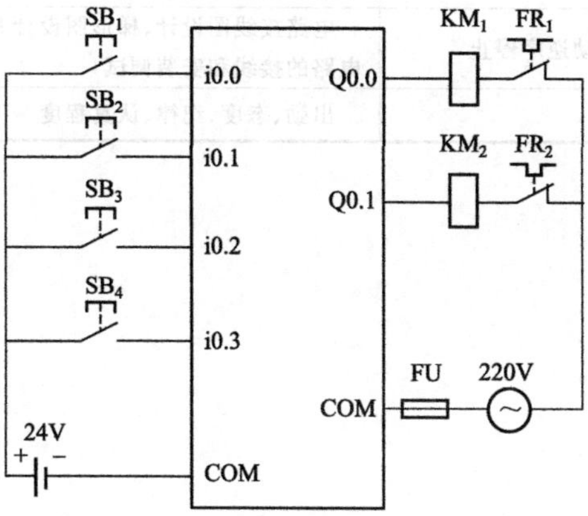

图 1-105　两台电动机顺序启动、逆序停止 PLC 接线图

表 1-14　两台电动机顺序启动、逆序停止控制 I/O 地址分配表

输入			输出		
输入继电器	输入元件	作用	输出继电器	输出元件	作用
I0.0	SB_1	电机 1 停止按钮	Q0.0	KM_1	电机 1 运行用交流接触器
I0.1	SB_2	电机 2 停止按钮	Q0.1	KM_2	电机 2 运行用交流接触器
I0.2	SB_3	电机 1 启动按钮			
I0.3	SB_4	电机 2 启动按钮			

PLC 控制同时两台电动机顺序启动、逆序停止运行的梯形图如图 1-106 所示。

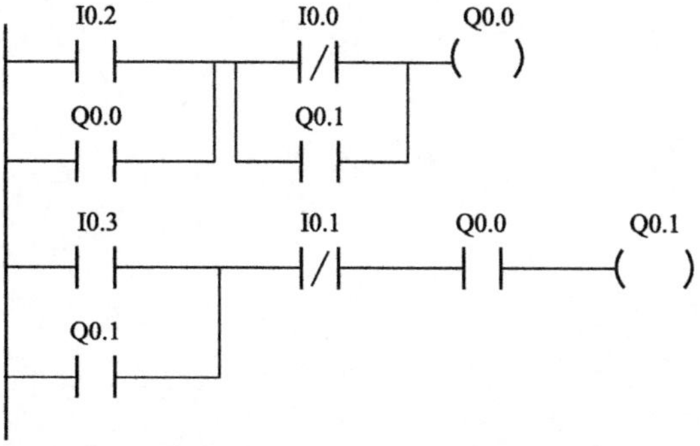

图 1-106　两台电动机顺序启动、逆序停止梯形图

【操作训练】

序 号	训练内容	训练要点
1	电动机顺序启动同时停止	电路接线图设计、梯形图设计和PLC电路的接线和安装调试
2	电动机顺序启动顺序停止	电路接线图设计、梯形图设计和PLC电路的接线和安装调试
3	电动机顺序启动逆序停止	电路接线图设计、梯形图设计和PLC电路的接线和安装调试

【任务评价】

序 号	考核内容	考核项目	配 分	得 分
1	电动机顺序启动同时停止	电路接线图设计、梯形图设计和PLC电路的接线和安装调试	20	
2	电动机顺序启动顺序停止	电路接线图设计、梯形图设计和PLC电路的接线和安装调试	30	
3	电动机顺序启动逆序停止	电路接线图设计、梯形图设计和PLC电路的接线和安装调试	30	
4	遵守纪律	出勤、态度、纪律、认真程度	20	

任务二　采煤机电气控制系统

机械化采煤可以达到高产量、高效率、低消耗的目的，机械化采煤工艺包括落煤、装煤、运煤、支护顶板、处理采空区，采煤机完成其中落煤和装煤的工序。

采煤机按其牵引方式可分为机械牵引采煤机、液压牵引采煤机和电牵引采煤机。机械牵引采煤机现在已很少使用。液压牵引采煤机的牵引部分采用液压传动装置，可方便地实现无级调速，并且易于实现换向、停止、过载等各项保护，还可实现负载功率的自动调节，其操作简单，因而曾经获得了广泛的应用，但也有较大的缺点，即液压和控制系统复杂，油液容易污染，致使零部件容易损坏，使用寿命短，而且由于存在电气液压转换，大大降低了传动效率，液压牵引效率仅为 0.65～0.7。电牵引采煤机是目前最先进的采煤机，它直接采用电动机完成采煤机的牵引，具有很高的传动效率，同时也省去了复杂的液压传动系统，并且有良好的调速性能，是目前国内外致力发展的新一代采煤机。

电牵引采煤机以其优良的性能和广泛的适用性已成为采煤机的主流，目前生产的电牵引采煤机型号虽多，但基本电气结构相似，下面以 6LS5 直流电牵引采煤机和 MGTY400/900-3.3D 型采煤机为例分析电牵引采煤机的电气系统。

分任务一　6LS5 直流电牵引采煤机的电气控制

知识要点

6LS5 电牵引采煤机电气控制系统组成、功能、控制原理。

技能目标

6LS5 电牵引采煤机操作方法。

任务描述

通过本节内容学习，掌握 6LS5 直流电牵引采煤机的电气控制系统结构、功能、工作原理、操作方法等知识和技能。

6LS5 直流电牵引采煤机适用于中厚煤层及厚煤层长壁工作面中的硬煤层开采，目前国内用户普遍反映其性能优良。其技术特征如下。

(1) 主要技术参数

① 型号：6LS5。

② 采高范围：2.2～6.0m。

③ 截深：0.865m。

④ 截割岩石硬度：$f=14$（布氏硬度 HBS）。

⑤ 供电电压：3300V。

⑥ 频率：50Hz。

⑦ 总装机功率：1530kW。

⑧ 牵引速度：0～18m/min。

⑨ 最大牵引力：617kN。

(2) 截割电动机

① 型号：JOY24EB500J，隔爆型。

② 额定电压：3300V，三相交流，50Hz。

③ 额定功率：2×610kW。

④ 转速：1490r/min。

⑤ 接线方式：Y—2。

⑥ 冷却方式：定子水冷。

(3) 破碎机电动机

① 型号：JOY15DC440J，隔爆型。

② 额定电压：3300V，三相交流，50Hz。

③ 额定功率：110kW。

④ 转速：990r/min。

⑤ 接线方式：Y—1。

⑥ 冷却方式：定子水冷。

(4) 牵引电动机

① 型号：JOY51J15。

② 额定电压：250V，直流。

③ 额定功率：2×65kW。

④ 转速：1625r/min。

⑤ 冷却方式：定子水冷。

(5) 油泵电动机

① 额定电压：480V，三相，50Hz。

② 额定功率：70kW。

一、6LS5 直流电牵引采煤机电气控制系统结构及功能

6LS5 采煤机电控箱位于采煤机中部，在两个牵引部之间是采煤机机体的组成部分。其作用是对采煤机进行配电、控制、检测及保护。工作面高压拖曳电缆由电缆引入装置进入电控箱，在电控箱中经真空接触器分配到截割电动机、泵电动机、牵引系统等。牵引系统中的主变压器、变流器及控制单元均安装在电控箱内。

（一）电控箱的总体结构

电控箱为一长方形隔爆箱体，采空区侧开有三个口，箱中的电器由这三个开口装入或拆出。每个开口上装有一个盖板，用螺栓固定在箱体上。箱体左侧盖板上装有拖曳电缆引入装置、高压隔离开关操作手柄；中间盖板上设有各种显示装置的观察窗；右侧盖板上布置了各种操作开关；在中间盖板与右侧盖板之间还装有牵引断路器操作手柄；去掉盖板后，通过三个开口可以看到电控箱中各部件的安装位置，左侧为 3300V 高压隔离开关，是采煤机的总开关，手动操作的断路器不具备自动断电功能；中间部分装有 HOST（液压控制及晶闸管触发控制）组件、故障诊断显示盘、用图形方式显示各种参数的图形显示屏等；右侧装有晶

闸管组件、电源组件等。

电控箱内装设的器件较多，除了上面介绍的组件外，还装有动力变压器、控制变压器、真空接触器组件、熔断器、过载保护继电器、隔离模块、隔离栅、温度保护器、漏电变压器、电流互感器、继电器组件、漏电闭锁组件、风扇等。

电控箱底部有水套，用水冷却动力变压器。

（二）主要组件

(1) 控制开关组　右盖板上安装有8个旋转开关手柄，即遥控状态选择开关（Station Selevtor）、液压泵电动机控制开关（Pump Swith）、截割电动机选择开关（Cutter Selector）、截割电动机控制开关（Cutter Switch）、信息页转换开关（Page Turner Switch）、检测接地故障选择开关（Ground Fault Selector Switch）、接地故障检测开关（Ground Fault Test Switch）、破碎机构电动机控制开关（Lump Breaker Switch）。

(2) 漏电保护组件　包括油泵电动机无载漏电保护组件3EL3、牵引回路无载漏电保护组件4EL3、截割电动机和破碎电动机无载漏电保护组件EL5、泵/牵引变压器二次侧有载漏电保护GFR。

(3) 真空接触器组件　真空接触器组件安装在电控箱中部，其上有四台高压真空接触器，分别控制左右截割电动机、破碎机和主变压器。三个三相电抗器用来在漏电保护中隔离高压电。三个三相密封电容器用来吸收过电压。

(4) 继电器组件　继电器组件位于电控箱中部，组件上安装有四个普通继电器和六个时间继电器，还有两个分别为470Ω、200W和2.5kΩ、50W的电阻器。

(5) HOST组件　HOST组件位于电控箱前部中盖板里面。HOST组件上安装有采煤机电气系统控制核心的HOST单元，右部有HOST的扩展电路PLC，上部是图形显示屏，用来显示采煤机运行的状态和参数。显示屏的右侧用三个氖灯显示三相高压电源线是否有电。

(6) 牵引断路器组件　断路器安装在侧板上，由电控箱体外的手柄操作。在断路器安装板的另一侧安装有漏电检测用的三相电抗器。

(7) 晶闸管组件　组件中共有十只平板型晶闸管元件，其中六只组成三相桥式整流器，用来调节采煤机的牵引速度，另外四只组成换向开关，用来改变牵引电动机电枢电压极性，从而改变牵引方向。晶闸管的旁边是十只晶闸管的脉冲变压器。晶闸管安装在铝质基座上，紧固在电控箱底板上，晶闸管的铝质基座与底板上的冷却水套相贴，以改善晶闸管的冷却条件。

（三）指示灯

在电控箱中盖板内安装有一系列绿色和红色的指示灯，这些指示灯指示电源和控制电路的工作情况为检修时提供依据。当绿色指示灯点亮时表示工作正常，如果不亮就可能不正常；当红色指示灯点亮时，表示有故障。各种指示灯代表的状态见表2-1。

表2-1 指示灯状态

指示灯序号	显示功能
1	120V(AC)控制电源正常
2	28V(AC)电压正常
3	HOST内的ESR接点闭合

续表

指示灯序号	显　示　功　能
5	油泵电动机温度正常
6	左牵引电动机温度正常
7	右牵引电动机温度正常
8	左控制器温度正常
9	右控制器温度正常
10	油泵电动机回路无漏电，继电器 ELR_1 不吸合，常闭接点闭合
11	牵引电动机回路无漏电，ELR_2 不动作
12	主变压器无漏电，GFR 接点闭合
13	左截割机电动机回路无漏电，漏电继电器 EL5 常开接点闭合
14	右截割机电动机回路无漏电，漏电继电器 EL5 常开接点闭合
17	左截割电动机启动前冷却水流正常
18	右截割电动机启动前冷却水流正常
19	冷却水流量/压力正常，继电器 SR_1 动作
20	牵引(4EL3)和油泵(3EL3)检漏环节完好
21	破碎机电动机温度正常
22	破碎机电动机回路无漏电，检漏继电器 EL5 动作，其常开接点闭合
23	油位和温度正常，漏电试验结果正常，油泵继电器 PR 有电
24	PR 闭锁接点闭合，液压泵开关 START 有电压
25	液压泵开关运行位置正常
26	牵引断路器在接通位置
27	泵开关启动位置正常，泵/牵引接触器 CC 有电压，接触器 CC 闭合
29	冷却水流量/压力正常，流量/压力继电器 SR_1 闭锁接点闭合，截割启动开关的电压
30	截割运行电路中油泵闭锁接点 CC 闭合，截割运行有电压
31	截割启动开关位置正常，时间继电器 TDR_1 有电压
32	TDR_1 闭锁接点闭合，时间继电器 TDR_2 有电压
33	截割回路中的 TDR_2 和左截割 AC 闭锁接点闭合(参见注)
34	截割选择开关在左或双位置
35	左截割漏电 LEL_1 闭锁接点闭合，左截割接触器 AC 有电压
36	截割选择开关在右或双位置
37	右截割漏电 REL_1 闭锁接点闭合，右截割接触器 BC 有电压
38	遥控器选择开关 SEL 在左位置
39	遥控器选择开关 SEL 在右位置
40	破碎机开关在启动位置正常，时间继电器 TDR_3 有电压
41	TDR_3 闭锁接点闭合
42	$LBEL_1$ 闭锁接点闭合，GCOL(VSR)有电压
43	液压箱油位过低或温度过高，LOR 动作，红色指示灯亮
46	主变压器副边接地故障，继电器 GFR 释放，红色指示灯亮

续表

指示灯序号	显 示 功 能
47	泵回路漏电继电器 ELR_1 动作，红色指示灯亮
48	牵引回路漏电继电器 ELR_2 动作，红色指示灯亮
49	左截割漏电继电器 LEL_1 动作，红色指示灯亮
50	右截割漏电继电器 REL_1 动作，红色指示灯亮
51	破碎机漏电继电器 $LBEL_1$ 动作，红色指示灯亮
54	破碎机未过载，继电器 VSR 不动作，破碎机接触器 GC 有电压
55	破碎机开关在启动位置正常
57	HOST 24VDC 电源正常
58	挡煤板 1 号线圈有电
60	升左摇臂电磁阀有电
61	降左摇臂电磁阀有电
62	升破碎机电磁阀有电
63	降破碎机电磁阀有电
66	转换继电器有电
69	截割开关运行位置正常（参看注）
72	挡煤板 2 号线圈有电
74	升右摇臂电磁阀有电
75	降右摇臂电磁阀有电
78	滚筒供水线圈有电
83	截割回路中的右截割 BC 闭锁节点闭合（参看注）
99	从漏电变压器 CT_2 向 EL5 单元供电正常
100	从漏电变压器 CT_2 向 EL5 单元供电正常
101	从漏电变压器 CT_1 向 3EL3 供电正常
102	从漏电变压器 CT_1 向 4EL3 供电正常
105	SIRSA 向左
106	SIRSA 向右
107	SIRSA 复位

注：发光二极管 LED 33、69 和 83 根据截割开关和截割选择开关的位置不同和电路的各种组合而点亮。如果这些发光二极管有不亮的，在查找故障时首先利用以上的功能说明来分析原因。

（四）遥控系统

（1）遥控器采煤机电气系统中包含有一套无线电遥控系统、两台遥控器。无线遥控比有线遥控使采煤机司机有更大的活动自由度，在工作中能更好地观察机器工况和躲避煤尘。遥控系统工作时，数据以异步串行方式连续不断地从遥控发射器传送到采煤机上的接收器。

通过遥控器选择开关 EL 经 HOST 上的两个端子 A_{16}、A_{15}，向 HOST 单元供 120V（AC）控制电压。其目的是告诉 HOST 单元目前选用的是哪台遥控器。如果 SEL 在“双”遥控位置，HOST 就收不到从 SEL 来的控制电压，它就从两台遥控器接收信号；如果 SEL 选择开关转到“左遥控器”位置，控制电压送到 HOST 单元的连接器 J_1 的 A_{16}上，表示此时只选中了左遥控器，HOST 单元此时不接收从右遥控器来的所有数据；同样的，如果 SEL 选择“右遥控器”位置，控制电压送到了 HOST 单元连接器 J_1 的 A_{15} 端子上，HOST 此时不接收左遥控器来的所有数据。

遥控器的有效范围大约 15m，如果超出这个范围，HOST 单元将测到信号丢失，并使 ESR 动作，切断电动机电源。采煤机在运行过程中，如果司机企图改变选择开关 SEL 的位置，HOST 单元将检测到信号丢失，经过 1s 后使急停继电器 ESR 动作，全部电动机停止。

司机可在采煤机重新启动之前，把选择开关 SEL 旋转到不同的位置，再启动采煤机。

(2) 数据耦合器。数据耦合器作为 HOST 单元与左、右接收器之间的本质安全电路的隔离组件。数据耦合器经本质安全电路变压器 ISCT，连接到控制变压器的 120V AC 输出上。这个电源不受 ESR 控制，所以只要遥控器开启，HOST 单元就能与它们保持联系。数据耦合器给接收器提供 5.5V DC 电源，而公共线在数据耦合器和接收器之间既是电源线又是数据线。由连接器 J_6 和 J_7 把数据耦合器与 HOST 单元经光耦器 OC1 和接收器连接起来。

二、采煤机电气系统工作原理

(一) 采煤机电气系统主回路

6LS5 采煤机的供电电压为 3300V，总装机容量为 1530kW。其中两台截割电动机各为 610kW，两台直流牵引电动机各为 65kW，一台液压泵电动机 70kW，一台破碎机电动机为 110kW。

3300V 高压交流电源由电控箱左盖板上的电缆连接器引入电控箱，电源进入电控箱后接到高压隔离开关的进线端子上，高压隔离开关的出线接有四路动力负载和两路控制电路。四路动力负载分别如下。

① 经左截割高压真空接触器 AC 接到左截割电动机。其接触器的出线侧接有吸收过电压的电容器组 LCC、漏电检测用的三相电抗器 INDA、保护用的电流变换器 CSA。

② 经右截割高压真空接触器 BC 到右截割电动机。其接触器出线端接有吸收过电压的电容器组 RCC、三相电抗器 INDB、电流变换器 CSB。

③ 经破碎机高压真空接触器 GC 接到破碎机电动机。接触器出线侧接有吸收过电压的电容器组 LBC、三相电抗器 INDG、电流变换器 VSR。

④ 经过泵/牵引高压真空接触器 CC 到主变压器 HT，3300V/480V，经牵引断路器 2CB 到泵电动机和晶闸管组件 SCR。在断路器输出线上接有漏电检测用的三相电抗器 INDC，在泵支路上装有电流变换器 CSC，在晶闸管组件上装有三个电流互感器。

(1) 高压隔离开关　高压隔离开关 WHVIS 是采煤机的主隔离开关，WHVIS 的主触头和辅助接点分别通、断动力回路、先导回路、漏电检测电路等。在采煤机启动之前，可通过高压隔离开关进行高压试验。高压隔离开关的操作手柄，当开关在断开位置时可以取下，使其固定在断开状态下，在机器故障时或检修中防止误合闸。

高压试验操作：要试验动力电缆和采煤机主回路时，将高压隔离开关 WHVIS 转到“高压试验 1”位置。要单独试验拖曳电缆和高压隔离开关电源侧的高压线路时，将高压隔离开关转到“高压试验 2”位置。隔离开关在任意高压试验位置时，其辅助接点使先导电路断开，机器不能正常启动。P_1 线与 P_3 线接通，经电阻 (30Ω 6W)、二极管 (阳极) 接地。

负荷中心产生并输出 3300V 直流电压，此直流电压用来试验拖曳电缆和采煤机中的高压线路。高压隔离开关连接线如图 2-1 所示。

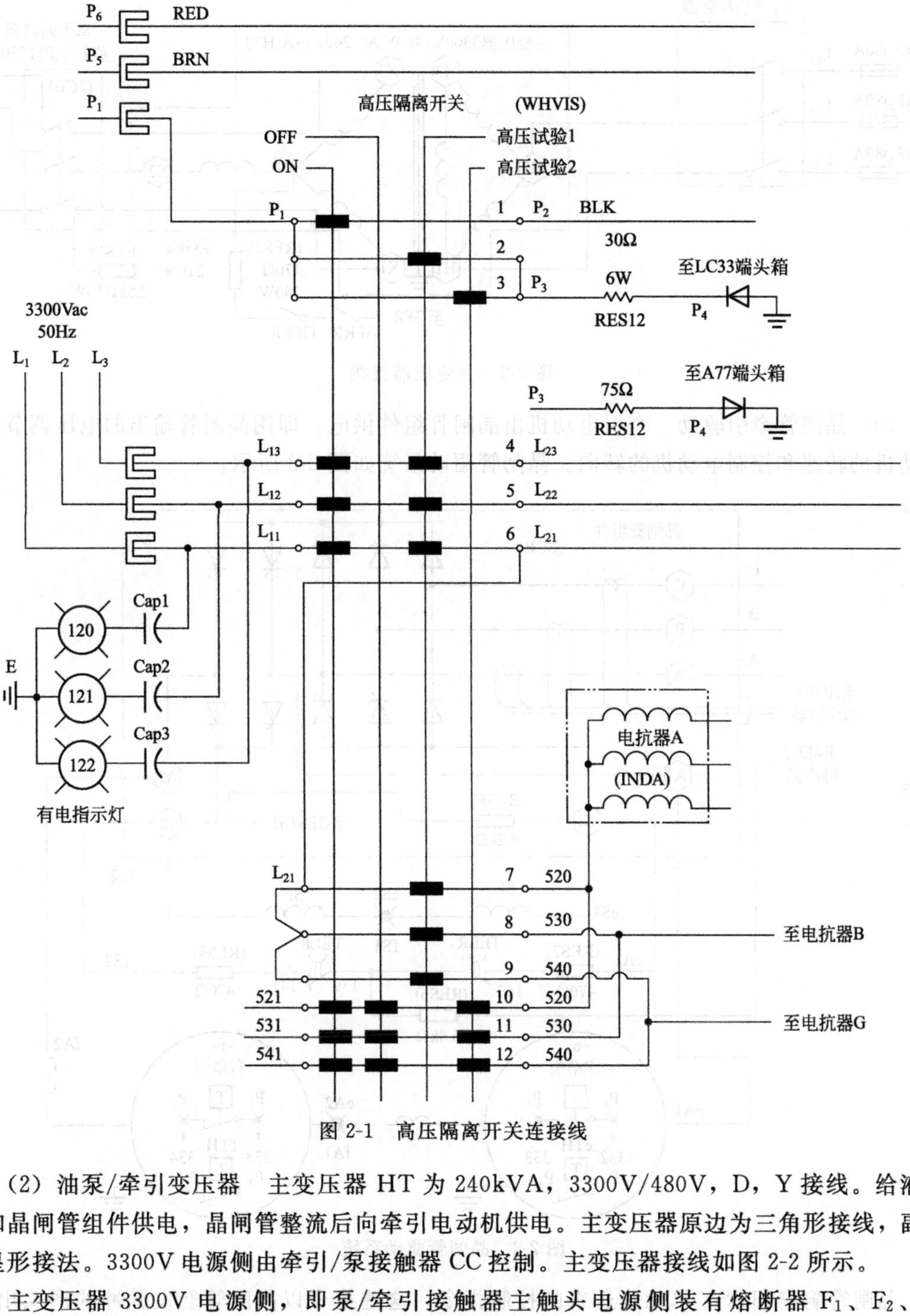

图 2-1　高压隔离开关连接线

(2) 油泵/牵引变压器　主变压器 HT 为 240kVA，3300V/480V，D，Y 接线。给液压泵和晶闸管组件供电，晶闸管整流后向牵引电动机供电。主变压器原边为三角形接线，副边为星形接法。3300V 电源侧由牵引/泵接触器 CC 控制。主变压器接线如图 2-2 所示。

主变压器 3300V 电源侧，即泵/牵引接触器主触头电源侧装有熔断器 F_1、F_2、F_3 (80A) 保护变压器。在主变压器副边有牵引断路器进行短路保护，其跳闸电流整定值为 1550A。

副绕组的公共点 X0 通过 470Ω，200W 的接地限流电阻 RES2，延时继电器接点 GFRR 和整流桥 R2 连接到接地故障继电器 GFR 上。继电器 GFR 在变压器带负载后，检测变压器二次侧所有供电系统对地绝缘情况。

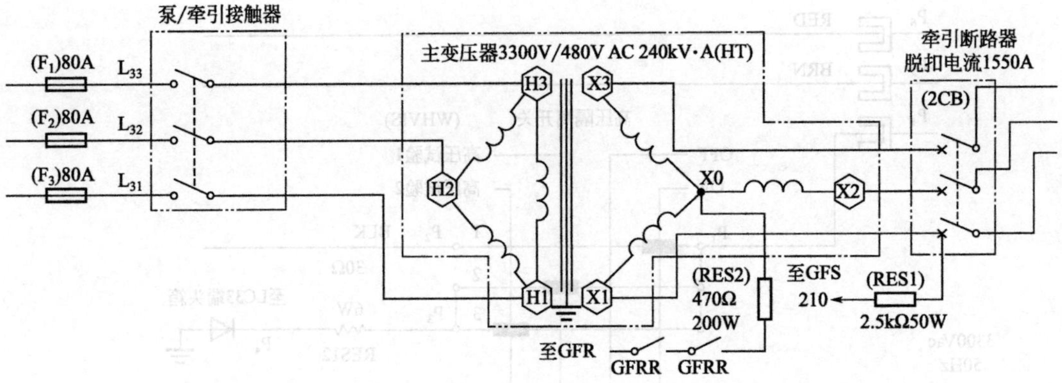

图 2-2 主变压器接线

(3) 晶闸管牵引驱动 牵引电动机由晶闸管组件供电，即用晶闸管输出的电压调节直流电动机的转速和控制电动机的转向。晶闸管驱动系统如图 2-3 所示。

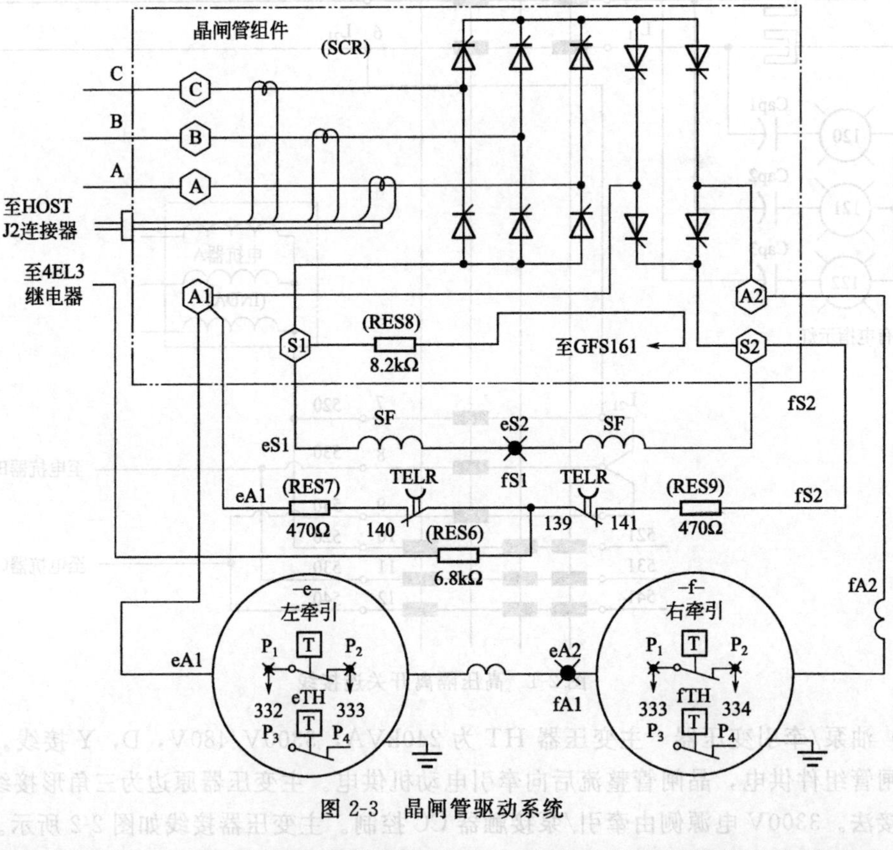

图 2-3 晶闸管驱动系统

晶闸管响应 HOST 单元传送来的控制指令，这些指令以晶闸管触发脉冲的形式出现，触发脉冲用来触发某一时刻应导通的特定的晶闸管。晶闸管组件中有十只晶闸管元件，这些元件在组件中是成对安装的，一对元件做成一个模块。晶闸管模块安装在铝质基座上，铝质基座用螺栓直接固定在电控箱的水冷底板上。十只晶闸管间用母线相连，其中六只晶闸管接成三相整流桥作调速用；另外四只接成无触点开关，用来控制牵引电动机的转向。

整流器的工作原理：晶闸管的触发顺序由 HOST 单元控制，HOST 单元给每只晶闸管输出一组触发脉冲信号。HOST 单元对晶闸管的相位控制进行计算，当计算出某只晶闸管的触发相位角时，适时给该只晶闸管的控制极发出触发脉冲使其导通，直到其上的电压降为零或变为负值。

相控晶闸管按一定的触发顺序触发导通，得到所需要的直流电压输出。晶闸管的触发时间还必须与三相交流线电压保持精确的同步，这一同步是利用两个过零信号来实现。利用过零信号，HOST 单元检测到交流线电压在一个周期的过零点。过零信号由安装在晶闸管组件内的两个过零模块检测产生，每个过零模块跨接在两根电源线上，只要一相对下一相的电压过零（无论哪个方向），就向 HOST 输出 0～10V（DC）信号，经过 HOST 单元的控制，晶闸管单元就产生一连串的直流脉动电压。由于电动机电枢的转动惯量作用，输出电压的脉动性不会引起电动机转速的脉动。所以采煤机向前牵引时还是平稳和连续的。

通常情况下，晶闸管组件由两台遥控器或其中的一台遥控器控制。在接收到遥控器发出的牵引信号后，HOST 单元运行内部检查程序使适当的晶闸管导通，开始牵引。HOST 单元计算出给定的牵引速度所需的电压，当机器开始牵引时把电压升到所需值。一般情况下，采煤机的牵引速度始终在司机的控制之下，只有当牵引电流限制或截割功率反馈起作用时，牵引速度才由 HOST 单元控制，而与司机给定速度不同（低于司机给定速度）。

晶闸管单元中由 4 只晶闸管来选择牵引电动机电枢电压的极性来改变牵引方向，而流过主磁极电流方向不变。

电控箱中设有牵引电流限制功能。当牵引电流达到参数模块 TAG 的限制值，HOST 单元重新计算晶闸管的触发时刻，来决定新的调速晶闸管触发相位角，降低晶闸管的输出电压。这样便可降低采煤机的牵引速度和牵引电动机的负载，防止牵引电流超过它的限制值。一旦大负载情况过去，HOST 单元使晶闸管的输出电压回到原来的值，使速度回到司机给定值，并使采煤机回到完全由司机控制的状态。

采煤机控制电路中设有截割电动机电流反馈功能。当截割电流反馈信号达到参数模块 TAG 中的截割电流设定值时，HOST 单元将降低牵引速度，避免截割电流达到最大限制值。HOST 将一直限制牵引速度，一直到通过每台截割电动机电流都小于参数模块 TAG 中截割反馈值为止。如果在截割电流达到 TAG 的截割反馈设定值之前，截割电动机温度达到参数模块 TAG 的温度限制设定值，HOST 单元将降低截割电流反馈限制值。

（二）采煤机电气系统控制回路

采煤机的控制分两部分，一部分在机身上控制，另一部分是通过遥控器控制。

（1）机身上控制　采煤机机身上的操作装置主要安装在电控箱上。电控箱左盖上的高压隔离开关有 4 个位置，即“通—断—高压试验 1—高压试验 2”。“通—断”位置为接通、断开采煤机的电源；“高压试验 2”位置可对拖曳电缆和隔离开关电源侧进行高压直流试验；“高压试验 1”位置可对拖曳电缆、采煤机内部高压电缆进行直流高压试验。

在电控箱中盖与右盖之间设有牵引断路器的操作手柄，用它可接通和断开牵引断路器。

在电控箱右盖上设有 8 个控制开关，分别为：

① 遥控器的选择开关 SEL；

② 截割电动机的选择开关 CS；

③ 截割电动机的启动/运行/停止开关 C；

④ 牵引/泵的启动/停止开关 HP；

⑤ 破碎机电动机启动/运行/停止开关 LB；

⑥ 漏电试验选择开关 GFS；

⑦ 漏电试验复位开关 GFT；

⑧ 显示屏翻页开关 PT。

(2) 遥控器控制 6LS5 采煤机电气系统包含有线和无线两种遥控器，两种遥控器功能相同。使用无线遥控器采煤机司机能自由走动，便于观察机器的工作情况。遥控器连续不断地向接收器发送数据，这些数据以异步串行方式传送，接收器收到发射器发来的信号后，指令采煤机改变相应的工作状况。遥控发射器用一个 4.5V 的矿灯电池供电。

（三）采煤机电气系统启动控制回路

1. 先导控制

先导控制电路又叫遥控启动电路，它是工作面负荷控制中心漏电检测电路的一部分，先导电路只有一部分在采煤机中。操作时，必须把采煤机与巷道负荷控制中心连接起来，此负荷控制中心必须具有漏电监视和高压试验能力。先导控制电路如图 2-4 所示。

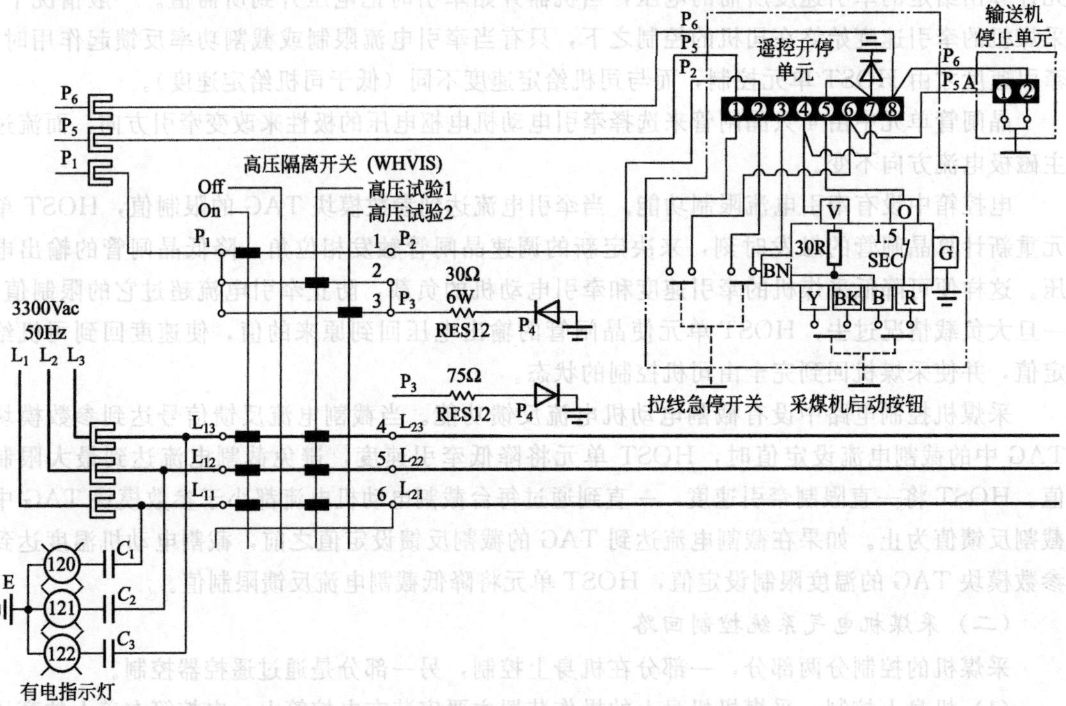

图 2-4 先导控制电路

先导控制电路通过高压隔离开关 WHVIS 辅助接点连接。当高压隔离开关转到“接通”位置时，其先导通路为：负荷控制中心内额定值为 13V 先导电压→动力电缆先导芯线 P_1→高压隔离开关辅助接点→P_2 线→遥控启/停单元中的拉线急停开关 PULL→WIRESTOP 的常闭接点→BN 端子→B 端子→采煤机启动按钮→R 端子→时间继电器延时 1.5s 断开的常闭接点→O 端子→远方整流二极管→参考点→动力电缆控制线→巷道开关先导回路。

当按下采煤机上的启动按钮时，先导电路中的电流流过 1.5s 延时断开接点、整流二极管到地，负荷控制中心接地检测电路监测到这个电流，启动按钮按下后要在 1.5s 内释放，巷道负荷控制中心启动，3300V 交流电送到采煤机上，3 个氖灯亮，显示电源接通。

如果采煤机上的启动按钮被卡住或按住启动按钮的时间超过 1.5s，延时断开接点打开，切断先导电路，从而断开拖曳电缆上的3300V交流电源。

在拖曳电缆接通动力电源后，负荷控制中心一直监视电路的漏电情况。

在采煤机主回路接通时，先导电路一直是导通的。为了降低先导电路的持续功耗，当采煤机送电后，在遥控启/停单元中串入30Ω降耗电阻。

2. 在采煤机上停止工作面刮板输送机

在采煤机上还设有停止工作面刮板输送机的拉线开关PULL-WIRESTOP，当拉动该开关或拉动采煤机的停止开关，在控制输送机启动器控制回路内的P_5、P_6线断开，控制输送机的启动器跳闸。

3. 油泵电动机启动控制

合上高压隔离开关WHVIS以及泵/牵引断路器2CB，按下先导控制回路中的启动按钮，采煤机就送上了电，漏电试验一切正常；冷却水流量/压力正常，预启动报警继电器RS1吸合，其常开接点RS1（105，105A）闭合，为截割电动机启动准备。

按下遥控器上“SIDE”按钮，急停继电器ESR吸合，120V（AC）电压经一连串的闭锁接点接通泵继电器PR线圈回路使其吸合，其常开接点PR（1，1A）闭合，为油泵电动机启动准备。同时24号指示灯点亮，表示控制电源送到泵启动开关处。

转动油泵开关HP到启动位置时，泵/牵引接触器CC得电吸合。同时，时间继电器3ELR、GFRR、TELR延时吸合。

① 泵/牵引接触器CC吸合→CC主触头闭合→主变压器得电→油泵电动机启动。同时，晶闸管盘得电；辅助接点CC（102，101）闭合→自保；辅助接点CC（106，1A）闭合→为截割电动机的接触器自保准备。

油泵电动机启动后，松开开关HP手把，HP自动由启动位START弹回运行位RUN，这时，HP开关1—2端子断开，7—8端子接通，3—4端子断开。

② 时间继电器3ELR吸合→常闭接点3ELR（250，251）瞬时打开→解除油泵回路漏电闭锁。即3EL3退出运行。当接触器CC断电，3ELR断电，其常闭接点延时1s闭合，接入漏电闭锁检测。

③ 时间继电器GFRR吸合→常开接点GFRR、GFRR（907A，907）延时1s闭合→主变压器HT低压侧有载漏电保护继电器GFR投入漏电检测。

④ 时间继电器TELR吸合→常闭接点TELR（140，139）、TELR（139，141）瞬时打开→解除牵引回路漏电闭锁，即4EL3退出运行。当接触器CC断电释放，TELR断电，其常闭接点TELR（140，139）、TELR（139，141）延时3s闭合，漏电闭锁投入测试。

4. 截割电动机启动控制

根据需要，将截割电动机选择开关CS旋转到“左—右—双”的任一位置。以CS开关位于“双”为例说明。只有油泵电动机启动后，才能启动截割电动机。

① 同时操作油泵电动机启动开关HP和截割电动机启动开关C到启动位置START→时间继电器TDR1吸合→常开接点TDR1延时5s闭合→截割电动机启动之前发出左摇臂要喷水的警报，同时警报器将发出截割电动机即将启动的警报→5s后TDR1（107，108）闭合→接触器AC吸合；时间继电器TDR2吸合。

接触器AC吸合，主触头AC闭合→左截割电动机启动；

辅助触头AC（115，109）闭合→为右截割电动机的接触器BC自保准备。

时间继电器TDR2吸合→常开接点TDR2（108，109）延时1s闭合→右截割电动机的接触器BC吸合。右截割电动机延时启动的目的是躲开两台截割电动机启动时的尖峰电流，以减少对电网的冲击。

接触器BC吸合，主触头闭合→右截割电动机启动。同时，计数器BH得电开始计时；辅助触头BC（114，115）闭合→BC自保。

② 两台截割电动机启动后，同时松开泵启动开关HP和截割电动机启动开关C，两开关自动弹回运行RUN位置。

③ 如果只需要开左截割电动机，将截割选择开关CS转到左位置，CS（1，2）、CS（5，6）断开，接触器BC不能通电；如果只需要开动右截割电动机，CS旋转到右位置，CS（3，4）、CS（7，8）断开，接触器AC不能通电。

5. 破碎机电动机启动控制

当泵电动机启动后，才能启动破碎机电动机。同时操作油泵电动机启动开关HP和破碎机启动开关LB到启动START位置，时间继电器TDR3吸合，其常开接点TDR3延时5s吸合，整流桥得电，破碎机接触器GC吸合：主触头GC闭合→破碎机电动机启动；辅助接点GC（124，121）闭合→GC自保。

破碎机启动后，松开HP和LB手把→HP和LB开关弹回运行RUN位置。

6. 电磁阀控制

在6LS5采煤机上的液压系统由各个电磁阀控制，这些电磁阀安装在采煤机的各个部位。电磁阀用直流24V电源，24V直流电源由控制变压器的交流28V经桥式整流器R1变为直流电源，然后接到HOST单元的连接器J_1的端子A_{13}和A_{12}上。发光二极管LED2显示供给整流桥R1的交流电压，LED57显示供给HOST的直流电压。

在HOST单元内部，直流电压接到液压控制电磁阀的控制接点上。控制电磁阀的继电器由HOST逻辑控制并从HOST供电，继电器吸合时，安装在各处的电磁阀便动作，完成相应的功能。电磁阀控制电路如图2-5所示。

每个液压功能的完成都要求两个阀线圈正确配合。一个线圈通电打开实现所需功能的液压通道时，第2个线圈通电，使相应的泄油阀关闭。

在第2个线圈通电之前，泄油阀使液压油直接流回到油箱，功能阀不动作。在不需要满压之前，保持功能阀没有压力。当泄油阀的阀芯移动时，通往油箱的通路被阻断，系统压力完全加到功能阀的输入口上。当功能阀的阀芯移动时，系统压力马上作用实现所需的功能。

DUMP1：挡煤板1号电磁阀。

DUMP2：挡煤板2号电磁阀。

LUMP UP：升破碎机电磁阀。

LUMP DN：降破碎机电磁阀。

SHIFT：转换继电器，控制滚筒喷水电磁阀的开闭。

WATER SPRAY/ON：滚筒喷水电磁阀有电，开始喷水。

WATER SPRAY/OFF：滚筒喷水电磁阀有电，停止喷水。

LEFT UP：左摇臂升电磁阀。

LEFT DN：左摇臂降电磁阀。

RIGHT UP：右摇臂升电磁阀。

RIGHT DN：右摇臂降电磁阀。

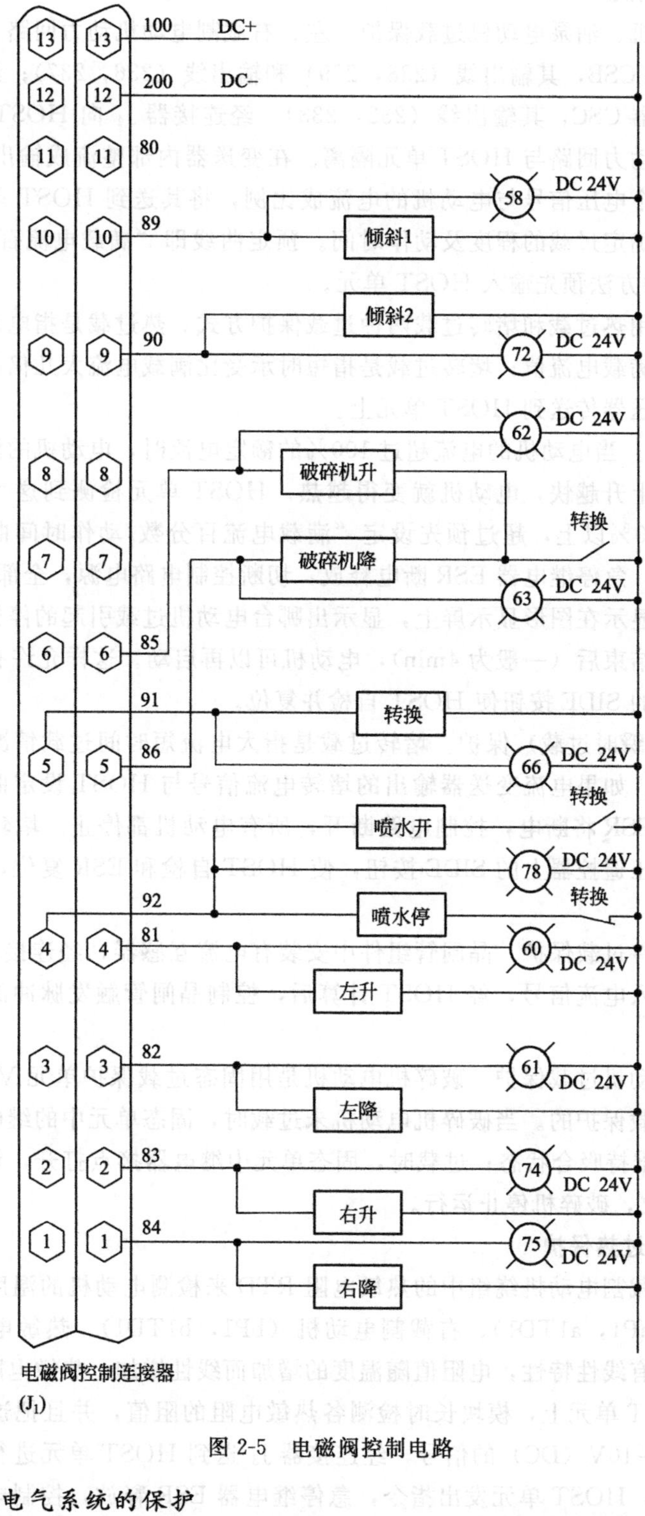

图 2-5 电磁阀控制电路

（四）采煤机电气系统的保护

采煤机的电动机上装有过载保护、过热保护。过载保护用电流变换器取电流信号，过热保护用热敏电阻取温度信号。截割电动机回路、油泵电动机回路、牵引电动机回路、破碎机电动机回路装有无载漏电保护，即漏电闭锁保护；牵引变压器二次侧装设有载漏电保护。

1. 采煤机过载保护

(1) 截割电动机、油泵电动机过载保护 左、右截割电动机动力回路上分别安装有三相电流变送器CSA和CSB，其输出线（238，239）和输出线（236，237）；油泵电动机动力回路上装有电流变送器CSC，其输出线（232，233）。经连接器J_4向HOST单元提供电动机的电流信号，并使动力回路与HOST单元隔离。在变送器内部整流成输出电压为0～5V的直流电压信号，这个电压信号与电动机的电流成比例，将其送到HOST单元与预先定义的曲线进行比较，来确定过载的程度及动作时间。预定曲线即“满载电流百分数/动作时间曲线”，是采用编程的方法预先输入HOST单元。

电动机一般采用热过载和堵转过载两种过载保护方式。热过载是指电动机连续承受超过电动机允许的长时满载电流值；堵转过载是指短时承受比满载电流大几倍的电流。两种电流数据都通过电流变送器传送到HOST单元上。

① 热过载保护。当电动机的电流超过100%的额定电流时，电动机的温度升高，电流的百分比越高，温度上升越快，电动机就变得越热。HOST单元检测到这个信号，如果电流保持在满载值的100%以上，超过预先设定“满载电流百分数/动作时间曲线”上相应的时间，就产生热过载，急停继电器ESR断电释放，切断控制电路电源，全部电动机均停止。

热过载状态将显示在图形显示屏上，显示出哪台电动机过载引起的停机，并在复位前进行倒计时，倒计时结束后（一般为4min)，电动机可以再启动。这样允许有足够的时间来冷却，按压遥控器上的SIDE按钮使HOST自检并复位。

② 堵转过载（瞬时过载）保护。堵转过载是指大电流短时间过载情况。堵转保护防止电动机长时间堵转。如果电流变送器输出的堵转电流信号与HOST设定曲线比较，超过了设定的过载参数，ESR将断电，控制电路断开，所有电动机都停止。堵转过载情况显示在图形显示屏上。按压遥控器上的SIDE按钮，使HOST自检和ESR复位，采煤机就可以马上启动。

(2) 晶闸管组件过载保护 晶闸管组件中安装有电流互感器，经连接器J_2向HOST单元提供晶闸管的输入电流信号，经HOST计算后，控制晶闸管触发脉冲的相位角，实现过载保护。

(3) 破碎机电动机过载保护 破碎机电动机是用固态过载保护单元VSR来检测其电动机的电流，实现过载保护的。当破碎机电动机未过载时，固态单元中的继电器常开接点是闭合的，接触器GC维持吸合状态；过载时，固态单元中继电器接点打开，切断接触器GC线圈的电源，GC释放，破碎机停止运行。

2. 截割电动机过热保护

用埋在左、右截割电动机绕组中的热敏电阻RTD来检测电动机的温度，其输出线分别为左截割电动机（aP1，a1TD1)、右截割电动机（bP1，b1TD1)。热敏电阻用铂电阻丝封装而成，铂电阻具有线性特性，电阻值随温度的增加而线性增加。热敏电阻的输出接到热敏电阻模块RTDUNIT单元上，模块长时检测各热敏电阻的阻值，并且把这些数据变换成反应电动机温度的0～10V（DC）的信号，经连接器J_3送到HOST单元进行处理。当电动机温度达到设定值时，HOST单元发出指令，急停继电器ESR释放，控制电路断开，全部电动机停止。

3. 破碎机电动机、油泵电动机、牵引电动机的过热保护

这些电动机定子绕组中装有热敏开关，这些开关串联在油泵控制继电器PR吸力线圈回路中，当某台电动机过热，对应的热敏开关打开，PR 释放，全部电动机停止。复位时间约需 4min。

4. 主变压器短路保护

主变压器副边装有牵引断路器 2CB，它是主变压器副边的短路保护装置。该断路器具有磁脱扣环节，用来打开主触头，在 12.5ms 之内切除 1550A 的故障电流。一个复位手柄安装在电控箱的前面，用来复位牵引断路器。断路器切断三次短路电流后，必须进行更换。

5. 漏电保护

采煤机的漏电保护系统分为无载漏电保护和带载漏电保护两类。

无载漏电保护是指电动机启动前，动力回路对地绝缘电阻降低到规定值及以下时，接触器不能吸合，电动机不能启动。6LS5 采煤机无载漏电保护有：油泵电动机漏电保护 3EL3 单元；牵引电动机电源回路漏电保护 4EL3 单元；左右截割电动机、破碎机电动机动力回路漏电保护 EL5 单元。

有载漏电保护是指动力回路在运行中，如果发生接地故障，则变压器中性点有接地电流流动，该电流达到一定数值时，如 90mA，保护装置动作，对应的接触器跳闸。6LS5 采煤机有载漏电保护为交流 480V 回路的 GFR 单元。

当系统工作时，3300V 线路由巷道负荷中心里的监测系统进行漏电保护。

(1) EL3 无载漏电保护工作原理　6LS5 采煤机的液压泵和牵引电动机电路，用 3EL3 和 4EL3 单元作为该系统的漏电闭锁保护。这两个单元内部结构完全相同，即为 EL3 单元。

这个系统检测所连接的动力回路对地的绝缘电阻，如果某条动力线的绝缘电阻降低到 12～14kΩ 以下时，断开串联在油泵继电器 PR 线圈回路中的继电器接点，使 PR 不能吸合，油泵电动机不能启动，其他电动机均不能启动，即为漏电闭锁。另外，当拆走 EL3 时，油泵继电器 PR 线圈回路断开，油泵不能启动。

EL3 漏电保护单元内部电路如图 2-6 所示，以 3EL3 为例说明其工作原理。

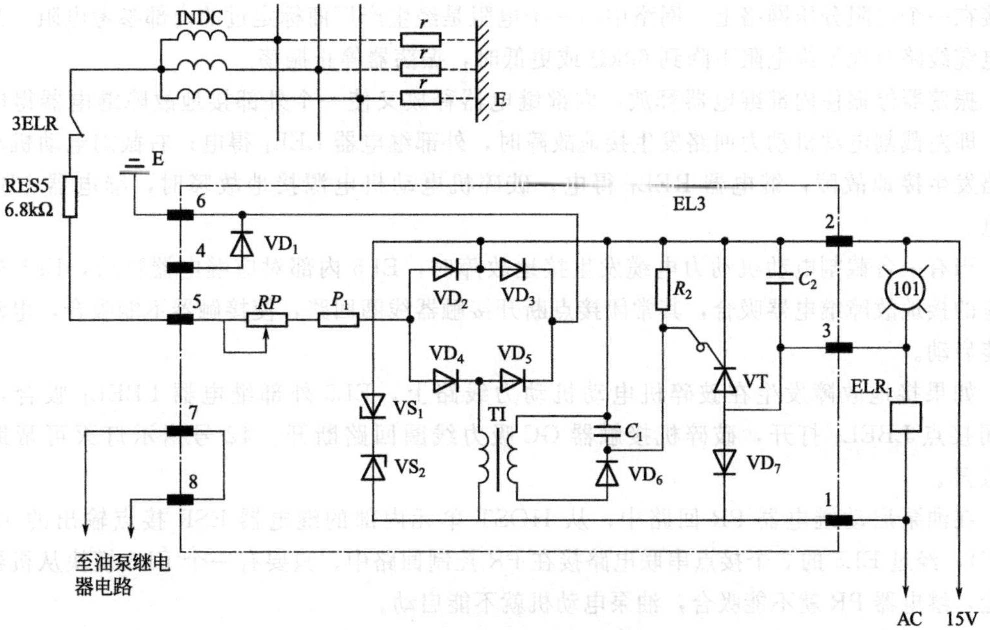

图 2-6　EL3 漏电保护单元内部电路

当采煤机接通3300V（AC）电源后，油泵接触器启动之前，漏电变压器CT_1输出的15V（AC）电压供给3EL3漏电闭锁单元，3EL3单元在端子5输出直流15V检测电压，这个电压对动力电缆对地绝缘电阻进行测试。当动力电缆未漏电时，检测电流很小，即流过脉冲变压器TI一次侧的电流很小，脉冲变压器二次侧感应电压很小，在负半波时C_1充电电压很低，晶闸管VT不导通，漏电继电器ELR_1不动作，油泵继电器PR可以启动，采煤机可以启动。

如果动力回路的某电力线绝缘电阻r降低到12～14kΩ以下，直流检测电流大大增加，在15V（AC）负半波时，脉冲变压器TI二次侧感应电压使V_6导通，C_1上的充电电压升高，晶闸管VT导通，继电器ELR吸合。15V（AC）正半波时，续流二极管V_7导通，ELR_1维持吸合。ELR_1吸合后，其常闭接点断开油泵继电器PR线圈回路，PR不能吸合，电动机不能启动，即为漏电闭锁。

（2）EL5无载漏电保护单元工作原理　EL5无载漏电保护系统，作为左右截割电动机、破碎机电动机电路的无载漏电保护装置。由漏电变压器CT_2供给15V（AC）电压。EL5单元与电路的连接如图2-7所示。

当3300V直流电压加到采煤机上试验拖曳电缆和采煤机截割电动机、破碎机电动机绕组的绝缘时，高压隔离开关的辅助接点断开，保护EL5。即当隔离开关在“高压试验1”位时，其辅助接点10、11、12断开，防止直流3300V电压进入EL5，损坏EL5单元。

EL5漏电保护系统是一个固态集成电路模块，EL5内含有三个独立的检测电路。EL5的一个检测电路插头PLUG1接到左截割电动机动力线路上；EL5的第2个电路通过插头PLUG2接到右截割电动机动力线路上；EL5的第3个电路经插头PLUG3接到破碎机动力线路上。漏变压器CT2的两个副绕组输出交流15V电压，通过每个插头的1、2、3端子供电给EL5漏电模块。交流电压在模块内部整流成稳定的±6V直流电压供EL5电路使用。

模块内部有一个振荡器，振荡器的输出使一个内部继电器保持吸合状态。振荡器的输出端接在一个电阻分压网络上，网络中的一个电阻是经生产厂商标定过的内部参考电阻。当动力电缆线路对地绝缘电阻下降到60kΩ或更低时，振荡器停止振荡。

振荡器停振使内部继电器释放，内部继电器释放又使一个外部接地故障继电器得电吸合。即左截割电动机动力回路发生接地故障时，外部继电器LEL_1得电；右截割电动机动力回路发生接地故障，继电器REL_1得电；破碎机电动机电源接地故障时，继电器$LBEL_1$得电。

当有一台截割电动机动力电缆发生接地故障时，EL5内部对应继电器释放，EL5外部相应的接地故障继电器吸合，其常闭接点断开接触器线圈回路，使接触器不能吸合，电动机不能启动。

如果接地故障发生在破碎机电动机动力线路上，EL5外部继电器$LBEL_1$吸合，其常闭接点$LBEL_1$打开，破碎机接触器GC吸力线圈回路断开。42号指示灯灭可帮助查找故障。

在油泵启动继电器PR回路中，从HOST单元内部的继电器ESR接点输出的120V（AC），经过EL5的3个接点串联电路接在PR控制回路中，只要有一个EL5模块从机器上取走，继电器PR就不能吸合，油泵电动机就不能启动。

（3）有载接地故障继电器GFR工作原理　GFR用来对液压泵、牵引电动机和主变压器

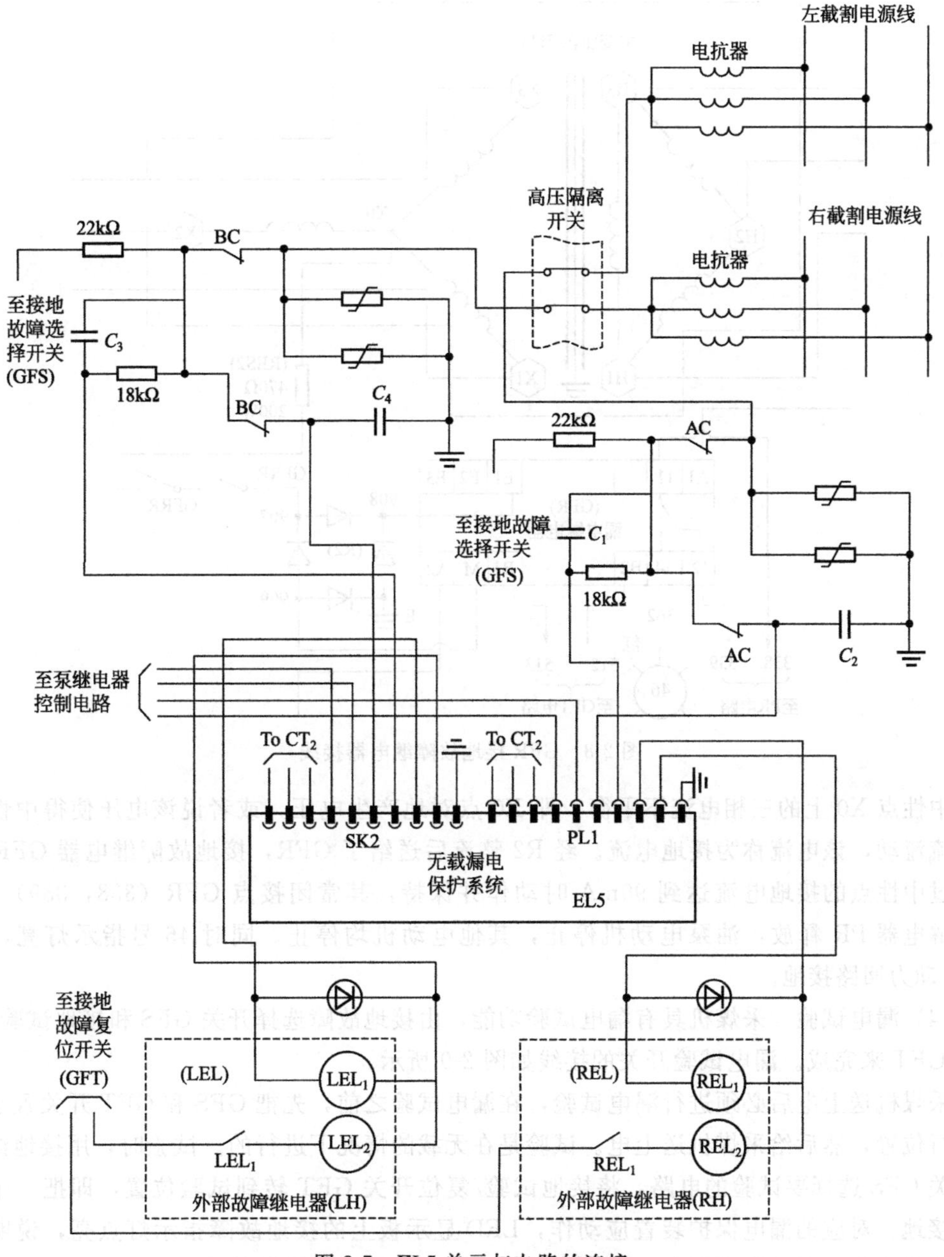

图 2-7　EL5 单元与电路的连接

副绕组进行有载接地漏电保护。其接线如图 2-8 所示。

接地故障继电器 CFR，通过一个桥式整流器 R2 和时间继电器 GFRR 的两个常开接点与主变压器副绕组中性点相连。桥式整流器在电路中的作用，是为了保证不论什么极性的接地故障都能检测到；GFRR 接点的作用是在泵/牵引接触器 CC 启动后延时 1s 闭合，GFR 投入运行，防止主变压器 HT 投入运行瞬间 GFR 误动作。

当系统正常工作时，主变压器中性点 X0 对地没有电压，桥式整流器 R2 无输出，继电器 GFR 不动作，串联在 PR 回路中的常闭接点闭合，PR 运行正常。

在运行中，主变压器二次侧 480V（AC）回路及牵引回路发生接地故障时，主变压器副

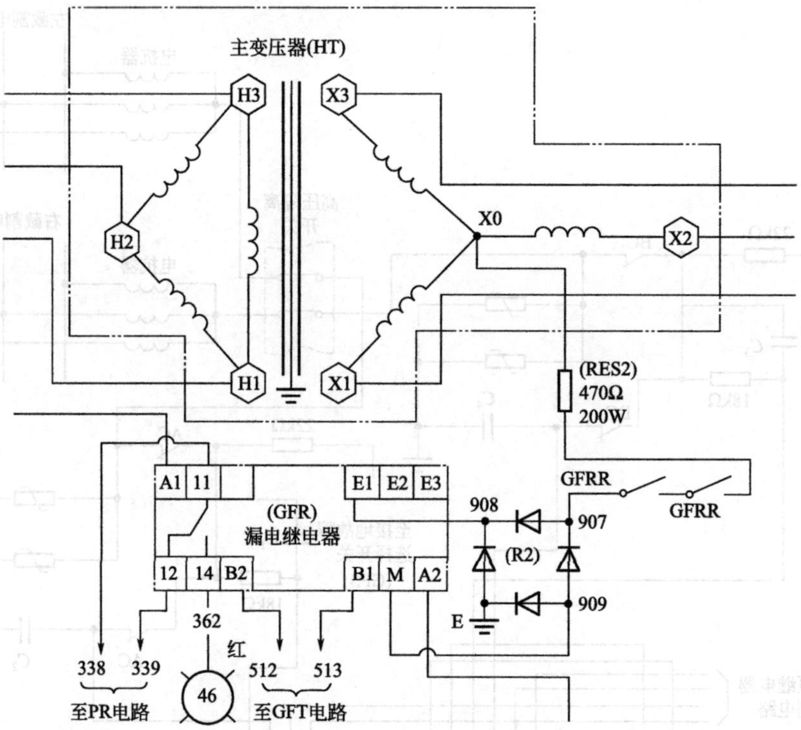

图 2-8 GFR 接地故障继电器接线

绕组中性点 X0 上的三相电流不平衡，即 X0 点对地产生电压，或者说该电压使得中性点上有电流流动，该电流称为接地电流。经 R2 整流后送给了 GFR，接地故障继电器 GFR 检测到流过中性点的接地电流达到 90mA 时动作并保持，其常闭接点 GFR（338，339）打开，油泵继电器 PR 释放，油泵电动机停止，其他电动机均停止。同时 46 号指示灯亮，显示 480V 动力回路接地。

(4) 漏电试验 采煤机具有漏电试验功能，由接地故障选择开关 GFS 和接地试验/复位开关 GFT 来完成。漏电试验开关的接线如图 2-9 所示。

采煤机送上电后必须进行漏电试验，在漏电试验之前，先把 GFS 和 GFT 开关置于各自的运行位置，然后给采煤机送上电。试验是在无载的情况下进行的。试验时，用接地试验选择开关 GFS 选择要试验的电路，将接地试验/复位开关 GFT 转到试验位置，即把一个模拟电阻接地。对应的漏电保护装置应动作，LED 显示板上的接地故障指示灯点亮，说明漏电保护装置完好。否则说明漏电保护装置自身可能有故障，应进行排除。

每一试验都要用开关 GFT 进行复位，试验结束后将开关 GFS 和 GFT 转到运行位置。

三、6LS5 型采煤机的图形显示、使用

采煤机图形显示器给司机提供有关信息，图形显示包括一帧菜单页面、十四帧显示页面和一显示状态行，不论显示哪一帧页面，状态行都显示在显示屏的顶部。图形显示器安装在采煤机的控制盘附近。HOST 单元检测采煤机的主要信息，图形显示使司机能直观地看到 HOST 单元中的数据信息，还能看到牵引速度和牵引方向等。

司机可以通过两种方式选择页面，一种方式是用其中一个遥控器选择；另一种方式是用机器上的选页开关来选择（操作方法略）。采煤机显示的信息较多，详细信息资料参见产品

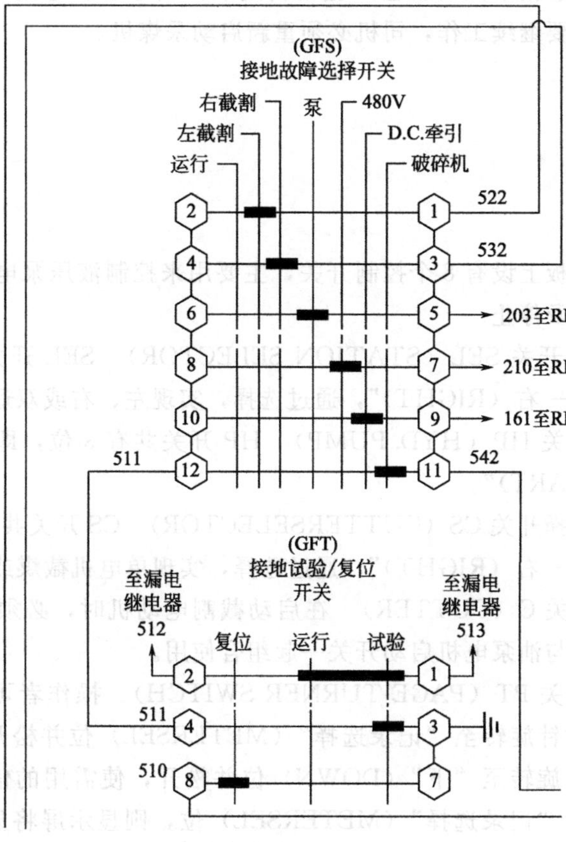

图 2-9　漏电试验开关接线

说明书。

1. 过载信息

Lcut OL 左截割电动机达到热过载

Rcut OL 右截割电动机达到热过载

Pump OL 泵电动机达到热过载

Tram OL 牵引电动机达到热过载

Lout JOL 左截割电动机达到堵转过载

Rout JOL 右截割电动机达到堵转过载

Pump JOL 泵电动机达到堵转过载

Tram JOL 牵引电动机达到堵转过载

2. 参数模块 TAG 设定界面

参数模块设定页面给司机提供各参数极限值、机器上各电动机运行要求。其页面上列出的参数和它们的功能如下：

P. Module Dash #　250（此参数为参数模块 TAG 芯片的序列号）；

Line Voltage 3300V（AC）（此参数为采煤机的工作电压）；

Bridge Voltage 480V（AC）（变压器输往整流桥的交流电压）；

Temp Limit 200℃（此参数为 HOST 允许的最高截割电动机温度）；

Cutter Pump Haulage Jam Overload：这些参数是 HOST 所允许的最大堵转电流。当碰

到障碍物使电动机电流急剧增大时就会产生堵转过载；当电动机电流上升到堵转电流 0.5s 时采煤机会自动停机。要继续工作，司机必须重新启动采煤机。

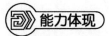

能力体现

采煤机的操作

1. 控制开关组

采煤机的控制箱面板上设有 8 个控制开关，主要用来控制液压泵电动机、截割电动机、破碎机电动机等的启动及停止。

(1) 遥控状态选择开关 SEL (STATION SELECTOR) SEL 开关共有 3 位，即"左 (LEFT)—双 (BOTH)—右 (RIGHT)"，通过选择，实现左、右或双遥控器来操纵采煤机。

(2) 液压泵电机开关 HP (HYD. PUMP) HP 开关共有 3 位，即"停止 (OFF)—运行 (RUN)—启动 (START)"。

(3) 截割电动机选择开关 CS (CUTTERSELECTOR) CS 开关共有 3 个位置，即"左 (LEFT)—双 (BOTH)—右 (RIGHT)"，通过选择，实现单电机截煤或双电机截煤。

(4) 电动机启动开关 C (CUTTER) 在启动截割电动机时，必须先启动油泵电动机，截割电机启动开关必须与油泵电机启动开关一起组合使用。

(5) 信息页转换开关 PT (PAGE TURNER SWITCH) 操作者可在图文显示屏上选择需要的信息页。逆时针旋转至"记录选择"(METERSEL) 位并松开，在显示屏上将显示主菜单，顺时针方向旋转至"下"(DOWN) 位并松开，使需用的信息页在主菜单高亮度反显；逆时针旋转至"记录选择"(METERSEL) 位，则显示屏将显示出需要的信息页内容。

(6) 检测接地故障选择开关 GFS (GROUND FAULT SELECTOR SWITCH) 其功能为：接通先导电压，测试被检测回路的接地故障。

顺时针方向旋转选择需要检测的回路，在正常工作时 GFC 位于"运行"(RUN) 位置，被检测的回路全部断开。

(7) 接地故障检测开关 GFT (GROUND FAULT TEST SWITCH) 其功能为：将先导电压接通至接地故障继电器。检测完毕，接地故障继电器复位。

顺时针旋转至"测试"(TEST) 位，检测通过 GFT 开关选择的回路；逆时针方向旋转至"复位"(RESET) 位，使接地故障继电器复位；将开关置于"运行"(RUN) 位，可开动机器。

(8) 破碎机电动机开关 LB (LUMP BREAKER SWITCH) 其功能：控制破碎机电动机。

顺时针旋转至"启动"(START) 位，开关可弹簧复位至"运行"(RUN) 位；逆时针旋转至"停止"(OFF) 位，停止破碎机电动机。

2. 遥控器

(1) 遥控器的功能 6LS5 采煤机电气系统可装设有线或无线遥控器，两种遥控器的功能相同，对于同一台采煤机只能选其中之一。一台采煤机可使用两个遥控器、两个司机进行操作。如左右摇臂的升降、左右挡煤板的调节、左右牵引速度的控制、内喷雾水通断控制、机身上防护板升降控制等。

(2) 遥控器操作优先权　两台遥控器都可以操作采煤机两端的部件，但有一个操作优先权的问题。操作者选择近边（自边）任一功能的操作控制，将优先于对边操作者所选用此边功能的操作控制，称为操作优先权。例如，右边操作者在遥控器上按下“上升”(UP) 键使右滚筒上升，而左边操作者同时按下“对边”(SIDE) 键及“下降”(DON) 键使右滚筒下降，采煤机只对收到发自右遥控器的信号作出反应，使右滚筒上升。“紧急停机”(EMER-STOP) 键的指令在任意遥控器上始终都享有优先权，使采煤机停机，而不管另一个遥控器的操作者选用了何种功能。

3. 采煤机的操作

(1) 操作采煤机之前的检查

① 采煤机上所有的液压及电控开关必须位于“断开”(OFF) 位或空位；

② 所有电控线路连接必须可靠；

③ 检查机器液压油箱及各齿轮箱油位；

④ 检查机器上供电电压是否符合要求；

⑤ 如果温度低于 18℃ (0℉) 时，请勿启动机器。若机器温度在 18～21℃ (0～700℉) 之间，在机器运行前，应操作遥控器使摇臂升降数次，以达到摇臂齿轮箱中的润滑油的油温均匀，直到油温升至 27℃ (80℉) 以上时才能开始工作；

⑥ 如果没有冷却水，电动机不能连续运转超过 15min，长时间无水运行会降低电动机的使用寿命；

⑦ 检查所有控制开关及紧急停止开关，在机器投入生产之前，应检查所有安全保护设施的功能是否正常。

(2) 6LS5 采煤机的操作与控制

① 启动程序。

a. 确保巷道内移动变电站的供电电压正常；

b. 发出机器启动的警告信号；

c. 确保停机开关、液压泵、截割及破碎机构电动机控制开关都在“断开”(OFF) 位置；

d. 将拉线停机开关闭锁复位；

e. 手动合闸主隔离开关及牵引断路器；

f. 按下先导回路启动按钮，巷道磁力启动器启动，采煤机上电；

g. 将遥控状态选择开关转到“双边”(BOTH) 位，如果采用 1 个遥控器操作机器，将遥控状态选择开关置于所对应的单边控制位；

h. 在遥控器上按下并保持“对边”(SIDE) 键，直到显示器上显示出“油泵电动机未启动”(PUMP MTR OFF)、“紧急继电器通电”(ESR ON)；

i. 转动喷雾冷却控制阀手柄到打开位置，接通水路向电动机供水；

j. 转动液压泵开关到“启动”(START) 位并保持，直至泵电动机启动，当泵开关在启动位置时，报警器发声报警，松开泵电机开关后，自动回到“运行”(RUN) 位；

k. 调整挡煤板位置，调整摇臂的位置（如果需要的话）；

l. 双手同时转动并保持截割电机开关和油泵电机开关至“启动”(START) 位，直至截割电动机启动，放开两个开关使其返回到“运行”(RUN) 位；

m. 同时转动并保持破碎机启动开关和油泵电动机启动开关至“启动”位置，当破碎机启动后，放开两个开关，使其自动返回到“运行”位置；

n. 其余的功能便可通过遥控器进行操作。

② 采煤机的位置和牵引速度调节。

a. 采煤机位置的操作。液压泵电动机启动后截割电动机启动之前，通过两个遥控器来调节采煤机的两个摇臂和破碎机构的位置、打开液控水阀等。

b. 牵引方向和牵引速度调节。牵引启动。在一个遥控器上按下“左”（LEFT）或“右”（RIGHT）键，牵引电动机启动，并使采煤机向所需的方向牵引。

速度选择：按下并保持表示与机器运行方向相同的按键，当显示屏上显示出所需要的速度时，松开按键，采煤机在该速度下运行。

加速：按下并保持与机器运行方向相同的按键，采煤机开始加速牵引，当达到所需要的速度时，松开按键。

减速：按下并保持与机器运行方向相反的按键，机器开始减速，当速度达到所需要的速度时，松开按键。

改变运行方向有两种方法：其一，在任一遥控器上按下“暂停”（HALT）键停止牵引电动机，当机器停止牵引后，利用“左”（LEFT）或“右”（RIGHT）键选择新的牵引方向；其二，按下并保持与机器现运行方向相反的按键，直至机器逐渐减速至停止运行，松开按键，利用“左”（LEFT）或“右”（RIGHT）键选择新的牵引方向。

停止牵引：可以通过两种方法使机器停止牵引，按下并保持与机器运行方向相反的按键，使机器减速直至停止牵引；按下“暂停”（HALT）按键，机器可不经过减速过程直接停止牵引。

当操作者给定采煤机所需的牵引速度后，机器的实际牵引速度是由截割电动机的负载确定的。若给定的牵引速度太大，截割电动机的负载上升到其预调值时，截割电动机的反馈回路便会起作用，并调节牵引电动机的供电电压。随着截割电动机电流的增减，牵引电动机的电压就会相应改变，牵引速度也随着降低或增加，实现了采煤机牵引速度的自动调节。

截割电动机的温度是通过电阻式热探测器测量的，当它的温度或电流上升并超过给定的极限值时，截割电动机的反馈控制回路将使采煤机的牵引速度降低至安全水平，而与操作者给定的牵引速度无关。截割电动机电流预调值及温度反馈回路的触发值，可通过参数模块分别对它们的参数进行调定。

③ 采煤机的关机程序。

a. 在遥控器上按下“暂停”（HALT）键，采煤机停止牵引；

b. 将截割电动机、破碎机电动机开关转至“断开”（OFF）位；

c. 摇臂降至底板；

d. 将泵电动机开关转至“断开”（OFF）位；

e. 按下遥控器上的二位二通水阀按键，关闭机器运输巷一侧滚筒的内喷雾水；

f. 关闭位于泵组件上的主水路控制阀；

g. 拉出设在机身上的“紧急停机”（EMERGENCY STOP）拉线开关，断开先导回路；

h. 将牵引断路器开关手柄及隔离开关手柄转至“断开”（OFF）位。

④ 紧急停机。在采煤机工作过程中，如果遇到紧急情况，有以下几种停机方法。

a. 在采煤机身上拉动拉线开关（PULL WIRESTOP）停机：断开机器先导回路，切断电源。

b. 按下遥控器上紧急停机键（EMERGENCE STOP）停机：切断电动机控制回路，使所有电动机停止，但机器上仍保持有电。

c. 转动油泵电动机开关（PUMP SWITCH）停机：停止所有的电动机，并未将电源从机器上断开。

d. 操作采煤机主隔离开关 WHVIS（HIGH VOLTAGE ISOL ATOR）切断电源。

e. 在采煤机上停止刮板输送机：拉动输送机紧急停止开关（PULL WIERSTOP），切断输送机电动机先导控制回路，使输送机停机。

【操作训练】

序号	训练内容	训练要点
1	6LS5 采煤机电气结构	认识 6LS5 采煤机电气系统组成，如电动机数量、各台电动机的作用，主电路控制开关、电气线路连接等
2	6LS5 采煤机操作	采煤机的正常操作，牵引速度确定

【任务评价】

序号	考核内容	考核项目	配分	得分
1	6LS5 采煤机电气结构	组成，各部分的主要作用	20	
2	6LS5 采煤机电气系统工作原理	采煤机主回路、控制回路、先导回路、保护回路的工作过程	40	
3	6LS5 采煤机操作	采煤机的正常操作、牵引速度确定	20	
4	遵守纪律		20	

分任务二 MGTY400/900-3.3D 采煤机的电气控制

知识要点

MGTY400/900-3.3D 采煤机电气控制系统组成、功能、工作原理。

技能目标

MGTY400/900-3.3D 电牵引采煤机操作及维护方法。

任务描述

本任务介绍 MGTY400/900-3.3D 采煤机的电气控制系统结构、功能、工作原理、操作方法和维护检修管理方法等知识和技能。

MGTY400/900-3.3D 型采煤机是一种新型的大功率双滚筒电牵引采煤机，是为了适应我国煤炭工业大型煤矿实现高产高效工作面的需要，开发的新一代双滚筒采煤机，它能适应煤矿两种不同电压等级的电源供电，即 3300V 或 1140V。电牵引采煤机总装机功率 900kW，其总体技术参数如下。

① 型号：MGTY400/900-3.3D。

② 采高范围（m）：2.2～3.5。

③ 截深（mm）：800。

④ 机面高度（mm）：1593。

⑤ 供电电压（V）：3300。

⑥ 适应煤层倾角：≤25°。

⑦ 总装机功率（kW）：900。

⑧ 摇臂回转中心距（mm）：11856。

⑨ 整机重量（t）：52。

⑩ 配套刮板输送机：SGZ880/630，SGZ960/800。

其总体结构如图 2-10 所示，左右摇臂 2 安装在主机架 10 的两端，左右截割电动机横向布置在左右摇臂的端部，功率为 2×400kW，通过摇臂内部减速器将动力传给滚筒 1 进行割煤。左右牵引传动箱 5 固定在主机架隔腔内的两端，左右牵引电动机横向布置在传动箱的采空侧端部，牵引电动机功率 2×40kW，通过牵引传动箱减速器，将动力传递给外牵引传动箱 4，经齿轮减速后将动力传递给与工作面输送机上链子相啮合的驱动齿轮，牵引采煤机行走。液压泵站 6 由 20kW 电动机拖动，高压电气控制箱 8、牵引控制箱 9、水路系统等部件安装在主机架的中部隔腔内，调高油缸 11 安装在主机架的煤壁侧。

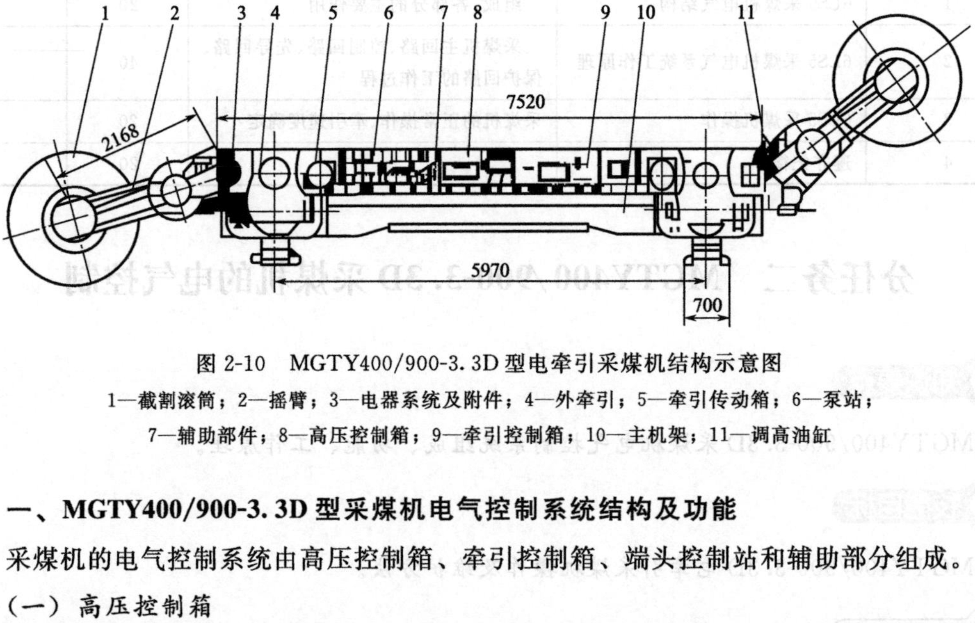

图 2-10 MGTY400/900-3.3D 型电牵引采煤机结构示意图

1—截割滚筒；2—摇臂；3—电器系统及附件；4—外牵引；5—牵引传动箱；6—泵站；7—辅助部件；8—高压控制箱；9—牵引控制箱；10—主机架；11—调高油缸

一、MGTY400/900-3.3D 型采煤机电气控制系统结构及功能

采煤机的电气控制系统由高压控制箱、牵引控制箱、端头控制站和辅助部分组成。

（一）高压控制箱

高压控制箱内装有高压隔离开关、电控盒及其辅件、接线盒等。高压控制箱实现电源的输入、分配，整机的控制、监测、显示等功能，如图 2-11 所示。

(1) 图中高压隔离开关 12 为采煤机电源开关。触点装有消弧装置，在检修时用来隔离电源；当采煤机或巷道开关发生故障不能切断电源时，可以操作高压隔离开关切断电源。

(2) 电控盒及其辅件的作用是完成采煤机的整机控制、监测监控、功率自动控制、故障诊断记忆、显示等功能。它由 CPU 控制中心、检测监控中心、本安电源、信号输入隔板、信号输出继电器板、控制板、显示器及面板组成。面板上有隔离开关操作手柄，单动、联动选择开关，设置、＋、－、主机运行/停止、牵引送电/断电、牵引停止、牵引方向、牵引增

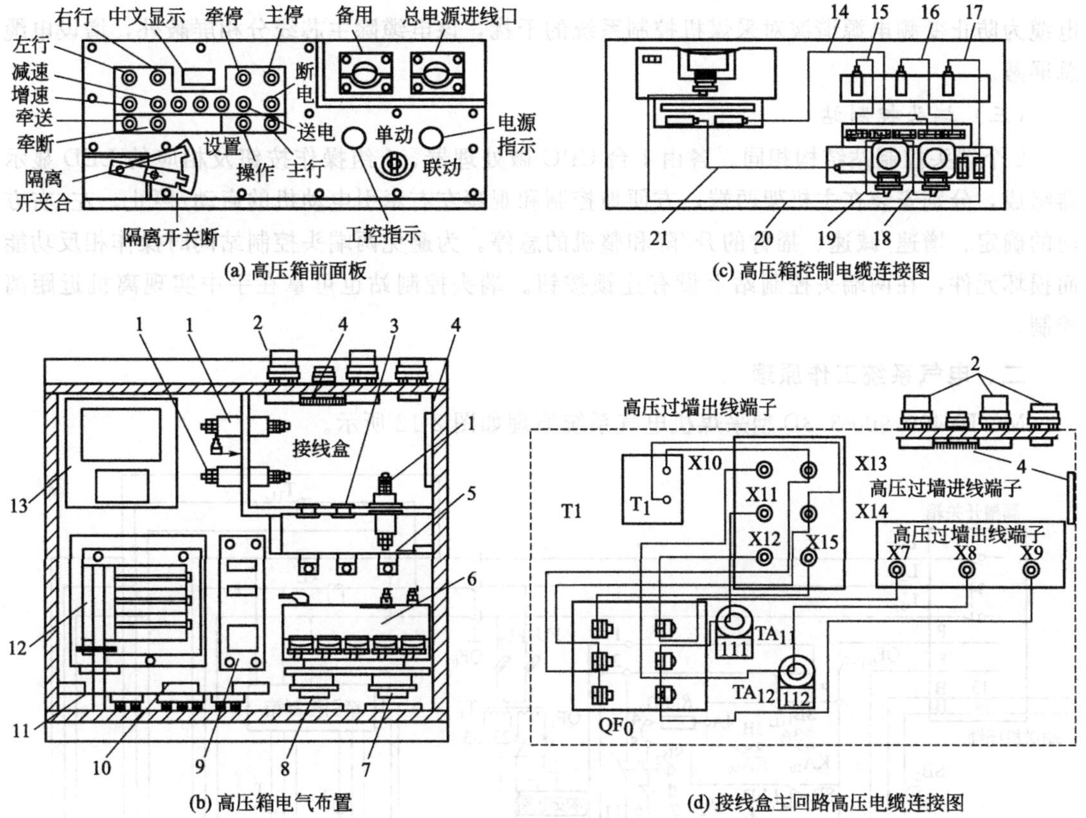

图 2-11　高压控制箱布置与接线图

1—高压接线端子；2—进出线喇叭口；3—过墙接线端子；4—辅助回路接线端子排；5—插座板组件；6—电气控制盒；7—电源指示组件；8—工控指示组件；9—控制板组件；10—中文显示组件；11—按钮板组件；12—隔离开关 QF_0；13—电源板 T1；14—按钮连接线；15—牵引控制连接线；16—控制连接线；17—本安系统连接线；18—电源指示连接线；19—工控指示连接线；20—中文显示连接线；21—电源连接线

速/减速等按钮，供操作用。还设有显示工作和故障状态的中文液晶显示器，以及电源指示、工况指示发光二极管 LED，供操作提示与故障判断用。本安电源是作为端头站的电源，其输入电压为交流 66V，输出为直流+5V、额定电流为 250mA。

(3) 接线盒为电缆进出枢纽，设有进出线喇叭口 2。来自顺槽开关（3300V 电磁启动器或组合开关）的电源进线经进线喇叭口接到 X13～X15，与高压隔离开关 QF_0 连接，QF_0 的出线端经电流互感器 TA_{11}、TA_{12}，分别接到 X10～X12、X7～X9，经 2 个出线喇叭口分左右两路，一路向 M_2 截割电动机和 M_3 油泵电动机供电；一路向牵引控制箱和 M_1 截割电动机供电。高压箱去往牵引控制箱的控制电缆为 22 芯双屏蔽电缆，接到辅助回路接线端子排上。高压控制箱去往左右端头控制站的连接电缆 W_6、W_7 为双屏蔽双护套控制电缆。

（二）牵引控制箱

牵引控制箱内装有 1 台 3300V/400V 牵引变压器，1 台变频器及其控制保护组件，实现牵引电动机的启停、换向、变频调速和恒功率自动控制等及保护。箱前面板上设有变频器和风机电源显示器、5 个检修时使用的手动牵引控制按钮。箱后面板上设有与高压控制箱连接的电源进线喇叭口和向牵引电动机供电的出线喇叭口。牵引控制箱至1号、2号牵引电动机电缆为防止变频电源谐波对采煤机控制系统的干扰，该电缆除主芯线分相屏蔽外，增设电缆总屏蔽。

（三）端头控制站

2个端头控制站结构相同，各由1台CPU微处理器、1组操作按钮及相应的LED显示器组成，分别安装在主机架两端，方便地控制和观察左右牵引电动机的启动/停止、左/右方向的确定、增速/减速、摇臂的升/降和整机的急停。为避免两端头控制站同时操作相反功能而损坏元件，在两端头控制站上设有连锁按钮。端头控制站也可拿在手中实现离机近距离控制。

二、电气系统工作原理

MGTY400/900-3.3D型采煤机电气系统原理如图2-12所示。

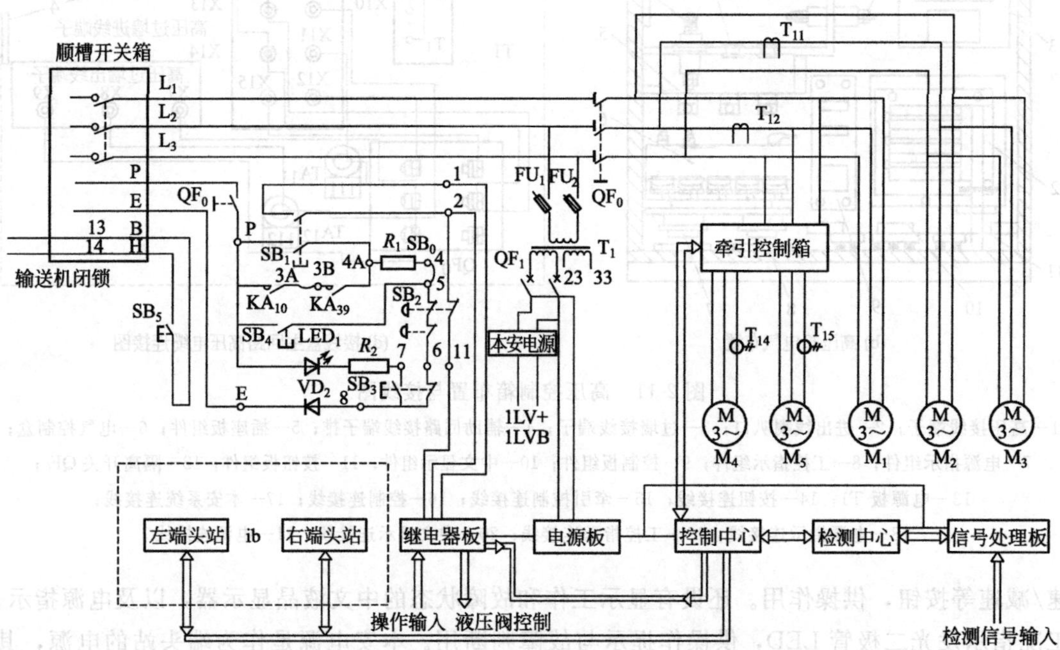

图2-12 MGTY400/900-3.3D型采煤机电气系统原理图

（一）采煤机主回路

采煤机的主电源由巷道开关箱电缆 L_1、L_2、L_3 引入，送到采煤机高压控制箱的隔离开关 QF_0 上，分出两路后，控制 M_1、M_2 截割电动机，M_3 泵站电动机和牵引控制箱。每路设置一台电流互感器，分别检测 M_1 与 M_3 电动机电流、M_2 电动机和牵引控制箱的电流。主回路采用先导回路实现启动、停止和闭锁工作面运输机。先导控制就是巷道开关箱的远方控制，巷道开关箱的控制回路P、E线经动力电缆的控制线引入到采煤机的控制按钮上，在采煤机上控制巷道开关。

1. 主回路启动

首先合上采煤机的隔离开关 QF_0，其先导回路中辅助触点 QF_0 闭合，启动时同时按下主启按钮 SB_1、操作按钮 SB_4，巷道开关的先导控制回路接通，由巷道开关控制线P隔离开关的辅助触点 QF_0 经两路：一路经 SB_1→电阻 R_1→盖板压合开关 SB_0，另一路经 SB_4→停

止按钮 SB_2→先导试验按钮 SB_3→整流二极管 VD_2→巷道开关控制线 E。然后先松开操作按钮 SB_4，电阻 R_1 串入，控制回路中电流形成一个下降沿（巷道组合开关 LC33 或 TD33 启动条件），巷道开关启动，采煤机油泵电动机和截割电动机通电运转；同时控制变压器 T_1 得电，CPU 控制中心、检测中心运行。SB_1 的复合触点（1，2）闭合，使继电器板中的自锁继电器 KA_{10}（图中未画出）吸合，其常开触点闭合，为先导控制自锁准备；CPU 检测中心对采煤机电气系统进行自诊断，如果系统无故障，继电器输出板上的故障继电器 KA_{39} 线圈（图中未画出）吸合，其常开触点闭合，先导控制回路自锁。延时 3～5s 待 CPU 自检完成后，再松开按钮 SB_1，采煤机启动成功。

2. 先导回路测试

如果松开 SB_1 后采煤机失电，启动失败，需要检测先导回路。按下先导回路试验按钮 SB_3，如果发光二极管 LED_1 不亮，则先导回路不通，应先排除故障后再启动；如果 LED_1 点亮，但是采煤机又不能启动，说明巷道开关箱有故障。

3. 主回路停止

按下停止按钮 SB_2，SB_2（5、6）断开巷道开关箱的先导控制通路，开关箱中的接触器释放，将 3300V 电源切断，采煤机停止。同时 SB_2（2、11）断开继电器板中的自锁继电器 KA_{10} 线圈电源，其常开触点打开；故障继电器 KA_{39} 随主电源的切断而释放，先导控制回路自锁电路解除，为下次启动控制做准备。

4. 闭锁运输机

在紧急情况下，采用采煤机操作开关停止工作面刮板输送机。将采煤机的闭锁开关 SB_5 经过控制电缆 B、H 串入输送机电磁启动器控制回路，需要闭锁输送机时断开 SB_5，断开输送机电磁启动器，使得工作面输送机停止。只有再次闭合 SB_5 方可解除对输送机的闭锁。

（二）采煤机控制回路

1. CPU 控制中心及检测中心

采煤机控制回路是由 CPU 及其输入输出电路组成，实现采煤机的各种控制功能。CPU 控制中心原理框图如图 2-13 所示。图中集成电路 IC1 是 CPU 微处理器，它是控制中心的大脑。CPU 控制中心接收来自输入端的高压控制箱按钮板、左右端头控制站、CPU 检测中心、先导控制回路输入的程序信号，经集成电路 IC5、IC6、IC7、IC8 将并行输入信号转化为串行输出信号给 CPU 微处理器，经 CPU 逻辑处理后，送至集成电路 IC2、IC3、IC4，将串行输入信号转化为并行输出信号，给继电器输出板，由继电器输出板输出，执行各种控制、保护、显示等功能。

采煤机控制信号输入电气原理如图 2-14 所示。控制板全部操作按钮的控制信号，经光电耦合隔离器后进入控制中心和检测中心。SB_{11}、SB_{12}、SB_{13} 是参数显示与功能设置按钮，经光电耦合器后进入检测中心；SB_{14}～SB_{21} 是采煤机的牵引控制按钮，经光电隔离器后进入 CPU 控制中心，分别实现采煤机的牵引停止、右行、左行、增速、减速、牵引送电、牵引断电控制，牵引自动/手动切换等功能。图中 LED_{21}～LED_{31} 发光二极管设置在功能显示器上，只要按下操作按钮，相应的发光二极管就点亮，表示操作按钮无故障。

CPU 检测中心是一台专用的微处理器，实现对采煤机检测监控、故障诊断等功能。它能接收采煤机的全部检测信号，即采煤机各电动机和变频器的电流、电压，定子绕组温度，液压压力，冷却水流量，采煤机的牵引速度、运行时间和当前时间等工作状态信号，以及系统故障信号。这些信号经光电隔离器进入微处理器进行逻辑处理后，根据系统的要求，分别

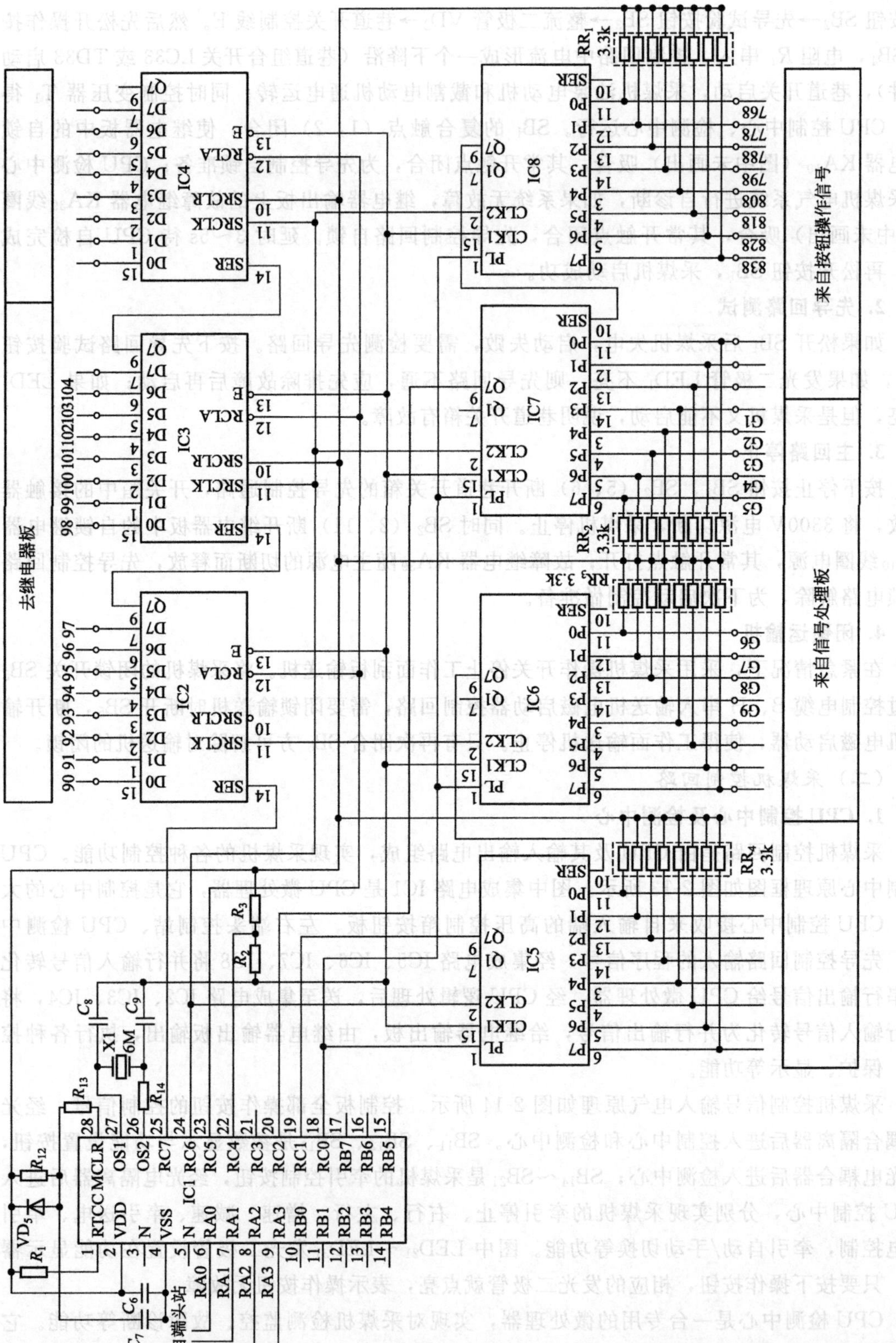

图 2-13 CPU控制中心原理框图

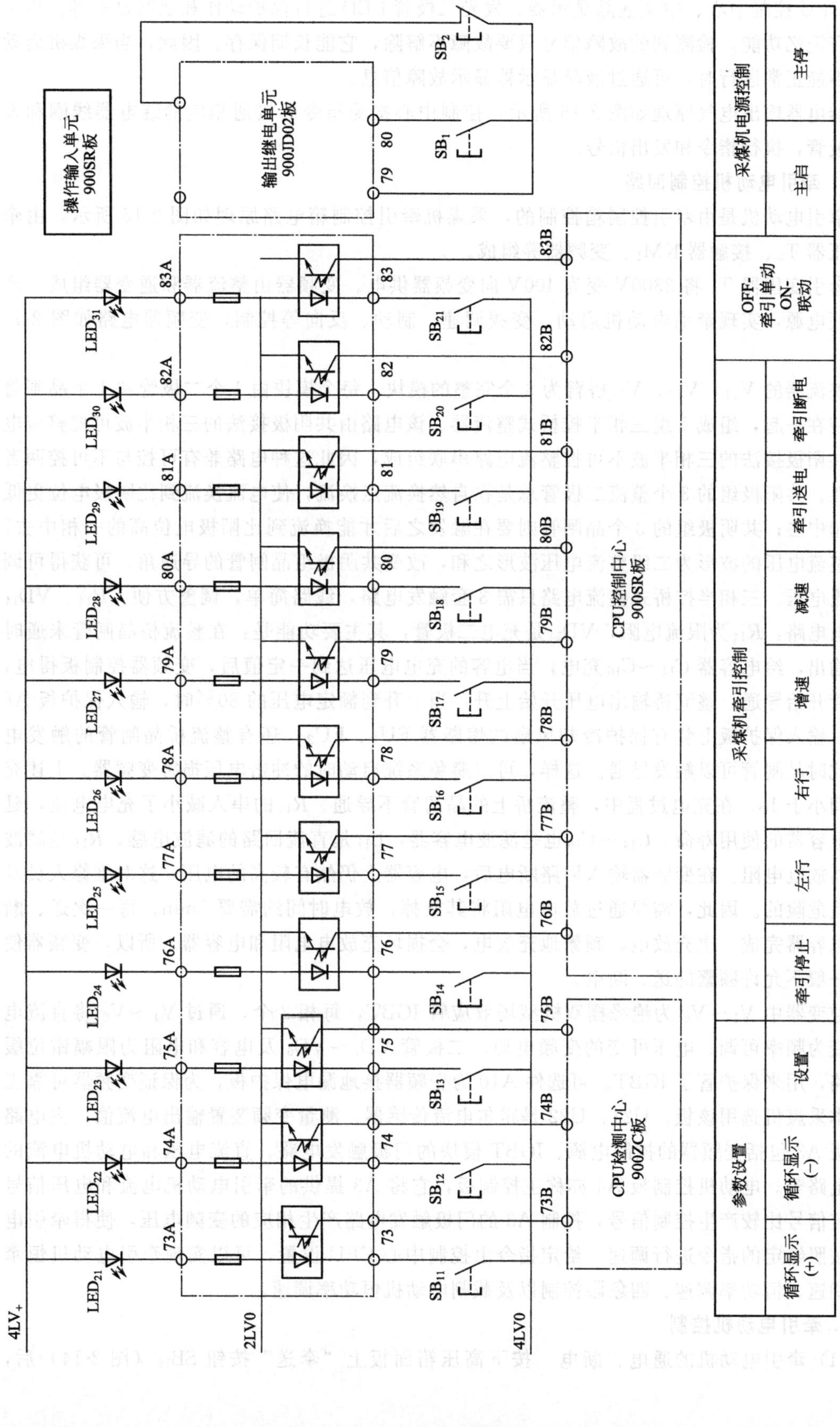

图 2-14　采煤机控制信号输入电气原理框图

送至CPU控制中心、中文液晶显示器、发光二极管LED进行保护动作和状态显示等。该中心带有记忆功能，检测到的故障信号只要故障不解除，它能长期保存。因此，当采煤机启动失败不能正常运行时，可通过液晶显示器显示故障信息。

继电器输出电气原理如图2-15所示，控制中心接受指令后接通相应的继电器线圈和发光二极管，执行指令和发出信号。

2. 牵引电动机控制回路

牵引电动机是由牵引控制箱控制的，采煤机牵引控制箱电路原理如图2-16所示，由牵引变压器T_0、接触器KM_1、变频器等组成。

牵引变压器T_0将3300V变为400V向变频器供电。变频器由整流器和逆变器组成，产生变频电源，实现牵引电动机启动、变频调速、制动、反向等控制，变频器电路如图2-17所示。

整流器的V_{11}、V_{12}、V_{13}桥臂为3个完整的模块，每个模块由1个二极管和1个晶闸管串接装在一起，组成1组三相半控桥式整流器。该电路由共阴极接法的三相半波可控整流电路和共阳极接法的三相半波不可控整流电路串联组成，因此这种电路兼有可控与不可控两者的特性。共阳极组的3个整流二极管总是在自然换流点换流，使电流换流到比阴极电位更低的一相中去；共阴极组的3个晶闸管则要在触发之后才能换流到比阳极电位高的一相中去。输出整流电压的波形为二级整流电压波形之和，改变共阴极组晶闸管的导通角，可获得可调的直流电压。三相半控桥式整流电路只需3套触发电路，线路简单，调整方便。R_{14}、VD_{14}为充电电路，R_{14}为限流电阻，VD_{14}是充电二极管，其主要功能是：在整流桥晶闸管未通时整流输出，给电容器C_{14}～C_{16}充电，当电容的充电电压达到一定值后，变频器控制板得电，晶闸管开始导通，整流桥输出电压开始上升，当上升到额定电压的80%时，输入保护板A8得电，输入保护板上装有保护冷却风扇的熔断器FU_1、FU_2，还有整流桥晶闸管的触发电路，此时晶闸管可以触发导通。这样，可以避免系统启动时的冲击电压损害变频器。上述充电时间小于1s，在充电过程中，整流桥上的晶闸管不导通。R_{14}的串入减小了充电电流，延长了电容器的使用寿命。C_{14}～C_{16}也是滤波电容器，L_{11}是直流回路的滤波电感，R_{11}是滤波电容器放电电阻。在变频器输入回路断电后，电容器上仍然有较高的电压，这对维修人员及设备是危险的。因此，需要通过放电电阻将其放掉，放电时间约需要5min。每一次送、断电，电容器完成一次充放电，频繁地充放电，会损坏充放电电阻和电容器。所以，变频器使用中一般不允许频繁的送、断电。

逆变器中V_1～V_6为绝缘栅双极型场效应管IGBT，每相2个，通过V_1～V_6将直流电压逆变为频率可调、电压可变的变频电源。二极管VD_1～VD_6及电容和电阻为限幅钳位缓冲电路，用来保护管子IGBT。可选件A10为变频器接地漏电保护板，为保证变频器可靠工作，本采煤机选用该板。U21、U22是霍尔电流传感器，测量变频装置输出电流值。主电路接口板A3包括变频器的控制电源、IGBT模块的门极触发电路、直流电压和电动机电流的测量电路等。电动机控制板A4亦称主控制板，它将A3提供的牵引电动机电流和电压信号与给定信号比较产生控制信号，控制A3的门极触发电路产生相应的变频电压，使得牵引电动机按照给定的指令进行调速。给定指令由控制中心CPU设置，可以实现牵引电动机恒牵引力调速、恒功率调速、四象限控制以及截割电动机恒功率调速。

3. 牵引电动机控制

（1）牵引电动机的通电、断电　按下高压箱面板上“牵送”按钮SB_{19}（图2-14）后，

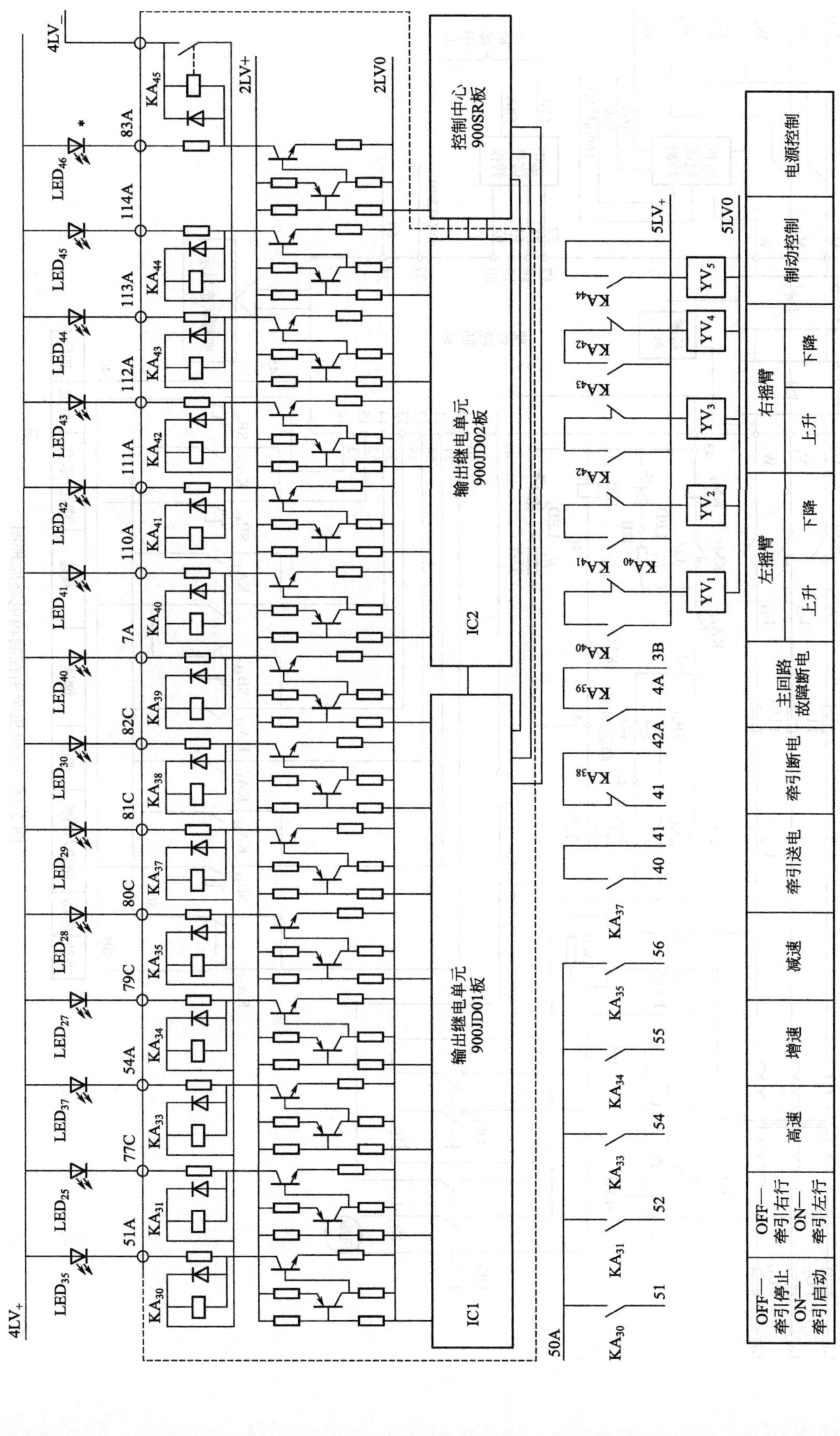

图 2-15　继电器输出电气原理图

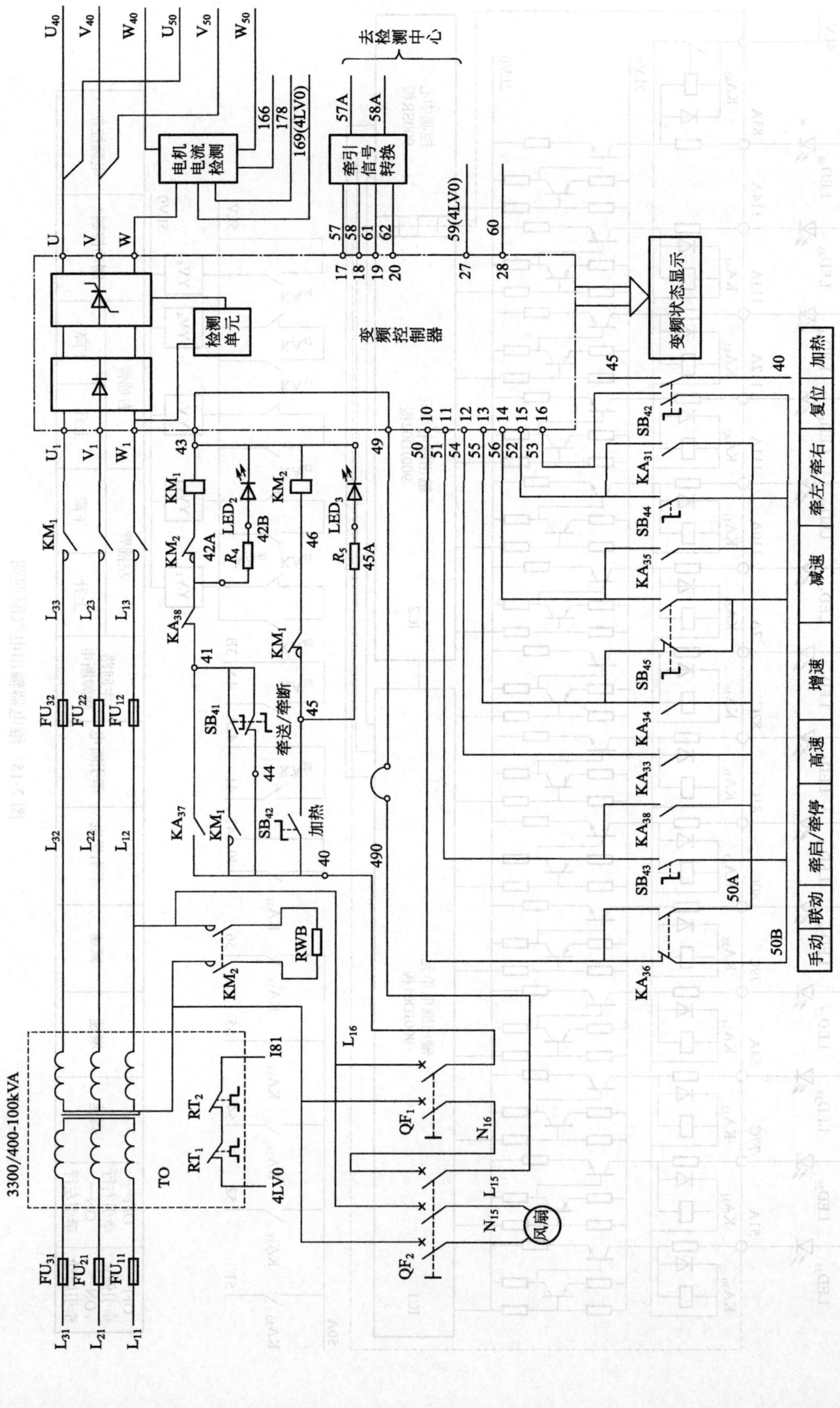

图 2-16 采煤机牵引控制箱电路原理图

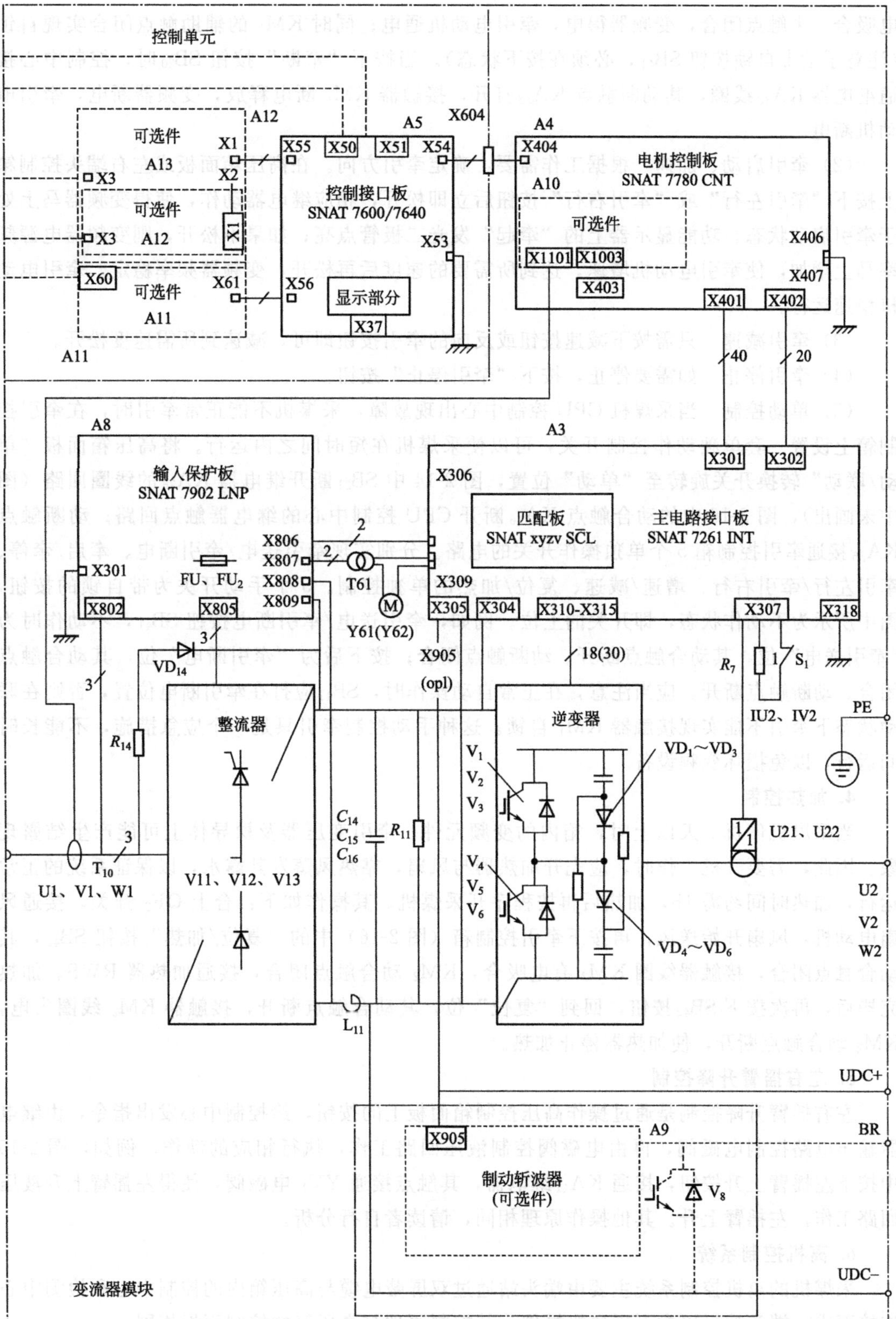

图 2-17　变频器电路原理图

控制中心接通继电器 KA_{37} 线圈（图 2-15），图 2-16 中的动合触点闭合，接触器 KM_1 线圈得电吸合，主触点闭合，变频器得电，牵引电动机通电；同时 KM_1 的辅助触点闭合实现自锁（注意手动带自锁按钮 SB_{41}，必须在按下状态）。当按下“牵断”按钮 SB_{20} 时，控制中心接通继电器 KA_{38} 线圈，其动断触点 KA_{38} 打开，接触器 KM_1 断电释放，变频器断电，牵引电动机断电。

（2）牵引启动、加速　根据工作需要，确定牵引方向。在高压箱面板或左右端头控制箱上按下“牵引左行”或“牵引右行”按钮后立即松开，相应继电器动作，使得变频器马上处于牵引启动状态，功能显示器上的“牵起”发光二极管点亮；如果不松开，则变频器电源频率马上增加，使牵引电动机增速，达到所需要的速度后再松开，变频器频率稳定，牵引电动机稳速运行。

（3）牵引减速　只需按下减速按钮或反向的牵引按钮即可，减速到所需速度松开。

（4）牵引停止　如需要停止，按下“牵引停止”按钮。

（5）单动控制　当采煤机 CPU 控制中心出现故障，采煤机不能正常牵引时，在牵引控制箱上设置一套单独动作控制开关，可以使采煤机在短时间之内运行。将高压箱面板“单动/联动”转换开关旋转至“单动”位置，图 2-14 中 SB_{21} 断开继电器 KA_{36} 的线圈回路（图中未画出），图 2-16 中的动合触点 KA_{36} 断开 CPU 控制中心的继电器触点回路；动断触点 KA_{36} 接通牵引控制箱 5 个单独操作开关的电路。分别实现牵引送电/牵引断电、牵启/牵停、牵引左行/牵引右行、增速/减速、复位/加热的单独控制。5 个手动开关为带自锁的按钮，图中所示为不动作状态，即开关的上位。例如，牵引送电/牵引断电按钮 SB_{41}，不动作时为“牵引送电”位，其动合触点断开、动断触点闭合；按下后为“牵引断电”位，其动合触点闭合、动断触点断开。应当注意，在正常自动操作时，SB_{41} 应打在牵引断电位置，否则在联动状态下牵引不能实现接触器 KM_1 自锁。这种手动控制牵引只是一个应急措施，不能长时间运行，以免损坏变频设备。

4. 加热控制

当采煤机停机 2 天以上时，箱内的变频元件、牵引变压器及裸导体上可能产生结露现象。因此，需要开机工作时，应先开加热器与风扇，靠热风蒸发其露水，以保证系统的正常运行，加热时间约需 1h，加热后再按程序开采煤机。其操作如下：合上 QF_2 开关，接通风扇电动机，风扇开始送风；再按下牵引控制箱（图 2-16）中的“复位/加热”按钮 SB_{42}，其动合触点闭合，接触器线圈 KM_2 有电吸合，KM_2 动合触点闭合，接通加热器 RWB。加热完毕后，再次按下 SB_{42} 按钮，回到“复位”位，其动合触点断开，接触器 KM_2 线圈失电，KM_2 动合触点断开，使加热器停止加热。

5. 左右摇臂升降控制

左右摇臂升降控制是通过操作高压控制箱面板上的按钮，给控制中心发出指令，由继电器输出电路控制电磁阀，再由电磁阀控制液压回路工作，执行相应的动作。例如，图 2-15 中按下左摇臂上升按钮，接通 KA_{41} 继电器，其触点接通 YV_1 电磁阀，使得左摇臂上升液压回路工作，左摇臂上升。其他操作原理相同，请读者自行分析。

6. 离机控制系统

采煤机的离机控制系统主要由端头站通过双屏蔽电缆与高压箱内的控制中心和检测中心连接而成。端头站可以拿下来离机操作，其控制原理与高压箱的控制面板相同。

端头控制站为本安型设备，由高压箱本安电源供电，端头控制站电气原理图如图 2-18

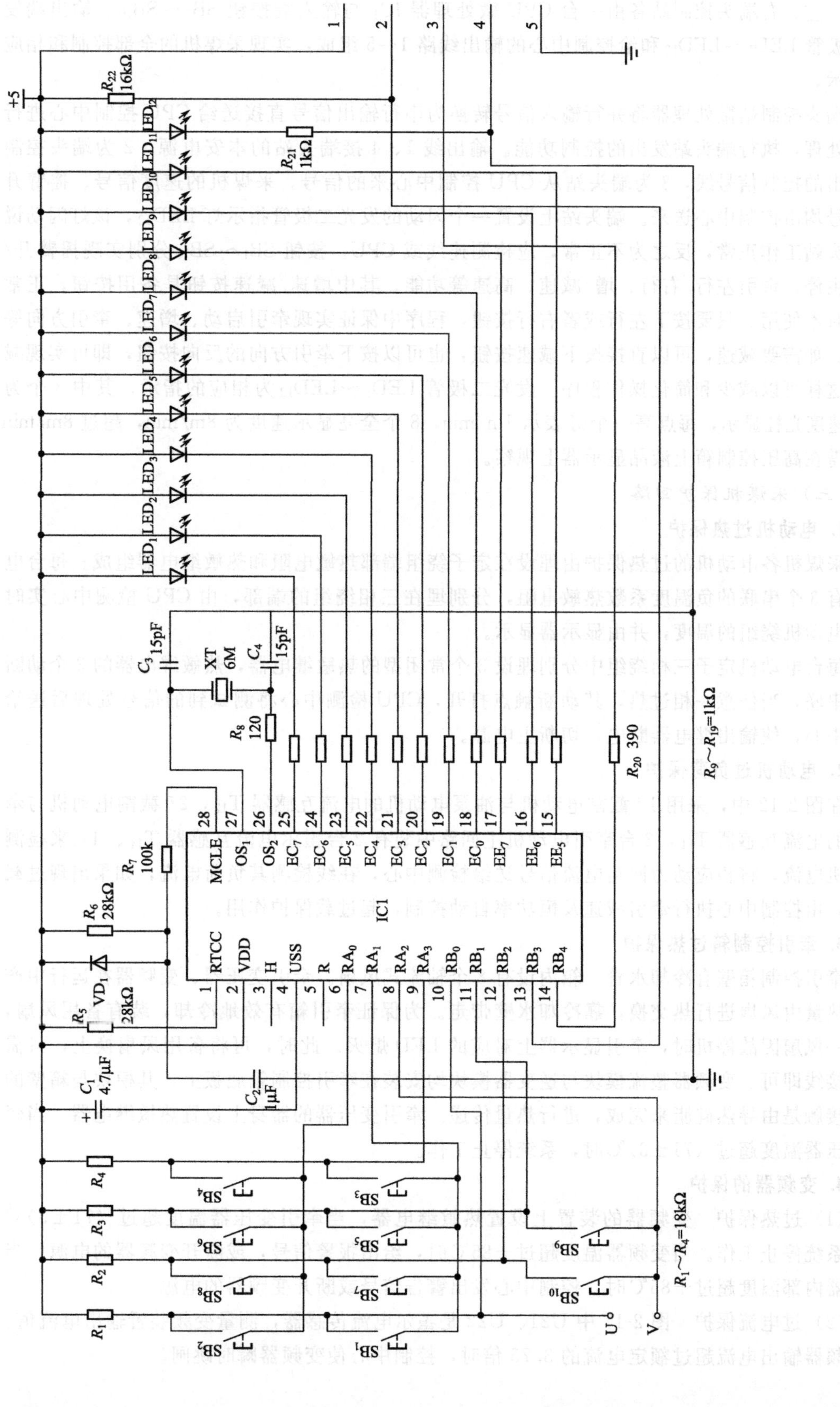

图 2-18 端头控制站电气原理图

所示。左、右端头控制站各由一台 CPU 微处理器 IC_1 与输入端按钮 SB_1～SB_{10}、输出端发光二极管 LED_1～LED_{12}和给控制中心的输出线路 1～5 组成，实现采煤机的全部控制和相应的显示。

端头控制站微处理器将并行输入信号转换为串行输出信号直接送给 CPU 控制中心进行逻辑处理，执行端头站发出的控制功能。输出线 1、4 接端头站的本安电源，2 为端头控制站输出的控制信号线，3 为端头站从 CPU 控制中心来的信号。采煤机的速度信号、摇臂升降信号均由控制中心送来。端头站上设置一个闪动的发光二极管指示灯 LED_{12}，该灯闪动说明端头站工作正常，反之为不正常，应检测连线或 CPU。按钮 SB_1～SB_{10}分别实现摇臂升/降、主停、牵引左行/右行、增/减速、高速等功能。其中增速/减速按钮是备用按钮，正常操作时不使用。只要按下左行或者右行按钮，程序中保证实现牵引启动、增速、牵引方向等功能。如需要减速，可以直接按下减速按钮，也可以按下牵引方向的反向按钮，即可实现减速。这样可以减少和简化操作程序。发光二极管 LED_1～LED_{12}为相应的指示，其中 8 个为牵引速度光柱显示，每点亮一个灯表示 1m/min，8 个全亮显示速度为 8m/min，超过 8m/min 时，需在高压控制箱上液晶显示器上观察。

（三）采煤机保护回路

1. 电动机过热保护

采煤机各电动机的过热保护由埋设在定子绕组端部热敏电阻和热敏继电器组成。每台电动机有 3 个串联的负温度系数热敏电阻，分别埋在三相绕组的端部，由 CPU 检测中心实时测试电动机绕组的温度，并由显示器显示。

每台电动机定子三相绕组中分别埋设 3 个常闭型的热敏继电器，热敏继电器的 3 个动断触点串联，当任意一相过热，其动断触点打开，CPU 检测中心将测试到的信号处理后送给控制中心，使输出继电器断电，切断主电源。

2. 电动机过负荷保护

在图 2-12 中，采用 1# 截割电动机与油泵电动机的电流互感器 T_{12}，2# 截割电动机与牵引箱的电流互感器 T_{11}，2 台牵引电动机主回路中装有 2 台霍尔电流互感器 T_{14}、T_{15}来检测电动机电流，将相应动力回路电流信号送给检测中心，在线检测其负荷电流，如果出现过载现象，由控制中心执行牵引减速及恒功率自动控制，起过载保护作用。

3. 牵引控制箱过热保护

牵引控制箱壁有冷却水管，箱内设有 8 个轴流式风扇。牵引变压器、变频器在运行中产生的热量由风扇进行热交换，靠冷却水壁带走。为保证牵引箱有效地冷却，装有备用风扇，当某一风扇因故停机时，牵引显示器上对应的 LED 熄灭。此时，可将备用风扇换上，只需改变接线即可。变频器整流模块与逆变器模块均安装在牵引控制箱底板上，其模块与箱壁的紧密接触是由导热硅脂来完成，进行热量传递。牵引变压器的器身上设置热敏继电器，当牵引变压器温度超过 (71±3)℃时，系统停止工作。

4. 变频器的保护

(1) 过热保护　变频器的装置上设置热敏继电器，当牵引变压器温度超过 (71±3)℃时，系统停止工作。当变频器温度超过＋85℃时，给出报警信号，或断开变频器的电源。当变频器内部温度超过＋85℃时，控制中心发出警告信号或断开变频器的电源。

(2) 过电流保护　图 2-17 中 U21、U22 是霍尔电流传感器，测量变频装置输出电流值。当变频器输出电流超过额定电流的 3.75 倍时，控制中心使变频器瞬时跳闸。

(3) 相不平衡保护 当主电源缺相或相不平衡时，控制中心使变频器断电跳闸。

(4) 过电压、欠电压保护 当变频器整流桥输出电压超过标称值的 1.3 倍时，变频器跳闸。当变频器动力回路直流电压低于标称值的 0.65 倍时，变频器瞬时跳闸。

(四) 采煤机显示回路

采煤机显示回路有中文液晶显示器回路、电源显示器回路、功能显示器回路。中文液晶显示器线路布置如图 2-19 所示。

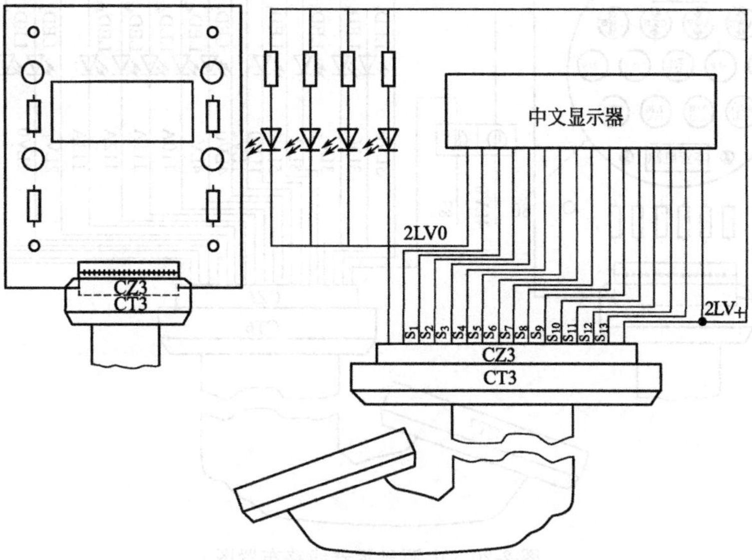

图 2-19 中文液晶显示器原理和布置图

中文液晶显示器可以显示代码，01～07 为采煤机操作执行代码，08～17 为故障代码。代码内容见表 2-2。

表 2-2 液晶显示器代码含义

代 码	含 义	代 码	含 义
01	牵引送电	10	油泵电动机温度过高
02	牵引断电	11	制动器故障
03	牵引右行	12	制动器欠压
04	牵引左行	13	风扇故障
05	牵引停止	14	牵引变压器温度过高
06	牵引增速	15	备用
07	牵引减速	16	变频器故障
08	2# 截割电动机温度过高	17	牵引电动机过电流
09	1# 截割电动机温度过高		

电源显示器线路布置如图 2-20 所示，由发光二极管组成，可显示电控盒内全部电源的工作情况，左右摇臂升降情况，左右端头站 CPU、控制中心 CPU、检测中心 CPU 工作情况。

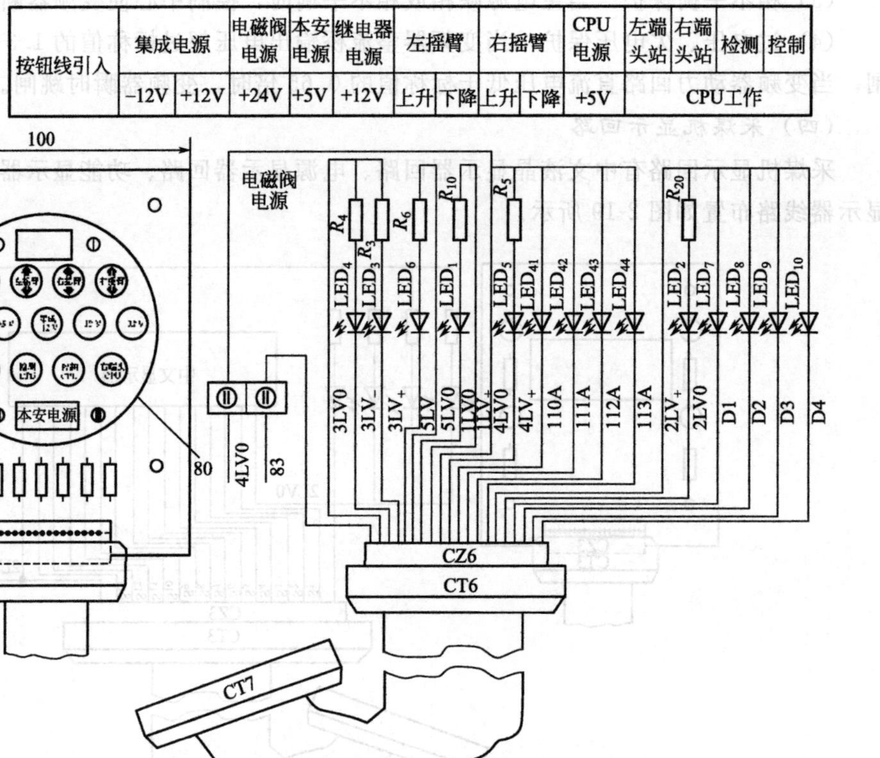

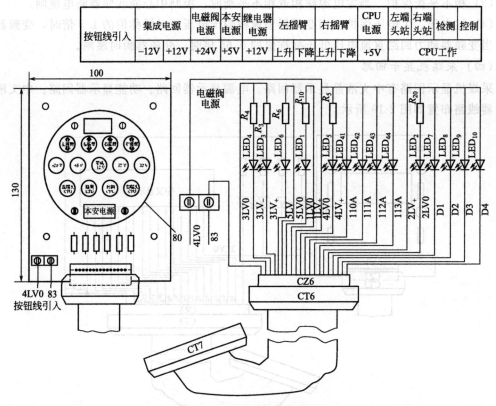

图 2-20 电源显示器线路布置图

功能显示器如图 2-21 所示，由双色发光二极管组成，对每一种牵引控制功能均有两种信号显示，绿色为操作输入信号，红色为该操作功能的执行信号。

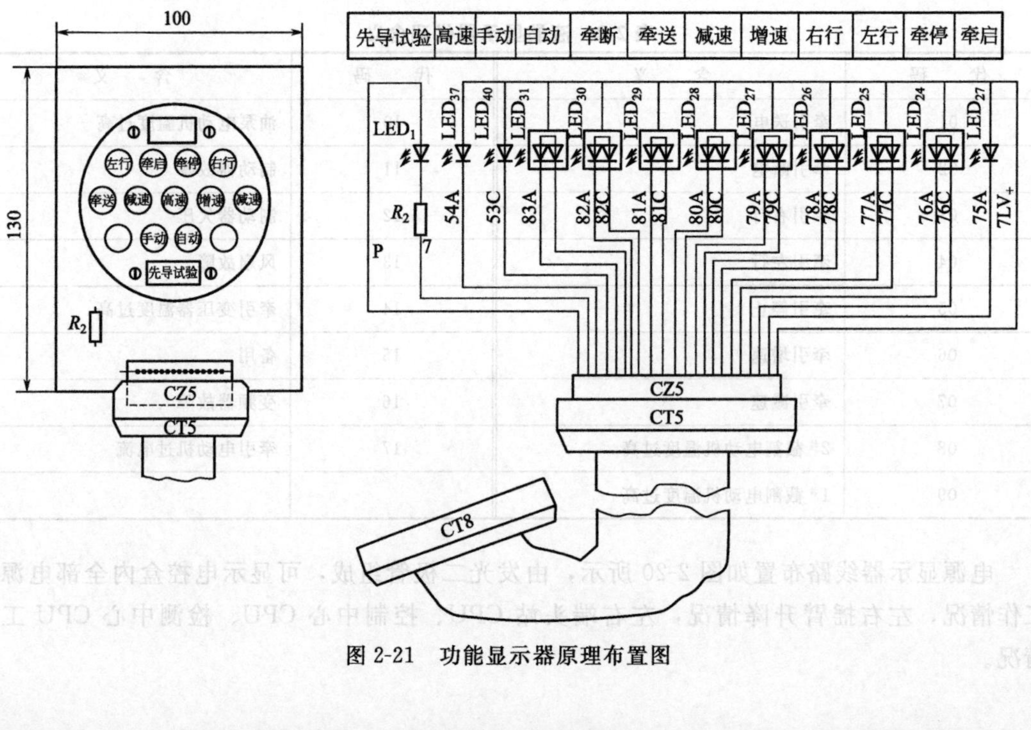

图 2-21 功能显示器原理布置图

能力体现

一、MGTY400/900-3.3D型采煤机的使用、维护

1. 采煤机的正常操作

(1) 主回路启动

① 打开冷却水路，水流量压力应符合规定值。合上隔离开关QF_0，为启动做准备。

② 启动。采煤机启动条件具备后，同时按下“主启”、“操作”按钮，然后先松开“操作”按钮，采煤机得电运行，延时3～5s松开“主启”按钮，采煤机启动。

(2) 牵引送电　采煤机启动后，按下“牵送”按钮，变频器得电，此时，牵引控制箱显示器有显示，并闪动显示00或0.5Hz参数，采煤机未牵引。

(3) 牵引启动　变频器送电后，按下“左行”或“右行”按钮，采煤机进入启动状态。

(4) 牵引速度给定　按下“左行”或“右行”按钮，即可增加变频器的输出频率，使采煤机行走。此时可以有两种操作，一是继续按下“左行”或“右行”按钮，采煤机行走至所需的牵引速度时松开即可；二是按“增速”按钮至所需的速度松开。变频器正常运行最高频率限制在50Hz，如果需要采煤机在高于50Hz以上频率运行时，则需要按下端头控制站上的“高速”按钮，改变变频器的频率设定段。再按下“增速”按钮，采煤机可以在0～84Hz之间运行。“高速”按钮为不自锁按钮，如果较长时间在50Hz以上运行，则需按住“高速”按钮不能松开。如果用户需要可以改变程序，允许在50Hz以上长期运行。

(5) 减速或停止牵引　在行走中的采煤机，如果速度偏高或需要减速，有两种操作方式。一是按下行走的反方向按钮，即可减速至所需的速度；二是按“减速”钮，即可减速至所需的速度。当需要停止牵引或遇到异常情况时，按下“牵停”钮，采煤机马上停止。

(6) 摇臂升降　在端头站按下“左（右）摇臂升”或“左（右）摇臂降”按钮，可实现左（右）摇臂的升降。每次开机后，必须试验2个按钮是否起作用。

(7) 断电停机　行走中的采煤机，如因冷却水不足或其他情况停机时间较长时，应切断整机电源。此时，应先按“牵停”钮，最后按下“主停”钮。采煤机需要停止检修或交接班，应先按下“牵引断电”按钮，变频器先断电，然后再按下“主停”按钮，采煤机断电。特殊情况下可以直接操作控制面板与端头站的“主停”按钮。但冷却水不应立即关闭，应最少延长0.5h后再关闭。

(8) 急停　如果遇到紧急情况需要马上切断电源时，可直接按下两端头站或控制面板上的“主停”钮即可，此种操作尽可能少用。

2. CPU的设置

CPU检测中心与中文液晶显示器配合，可以对采煤机控制系统的功能进行设置。由高压开关箱面板液晶显示器下面（图2-11）的“设置”按钮和“+”“-”上下翻看按钮操作。一般情况下在出厂时已设置好，无特殊情况，现场不要改变功能的设置。液晶显示器所能设置的功能见表2-3。

3. 牵引速度的确定

当按下“左行”或“右行”、“增速”或“减速”钮进行速度给定后，此刻的牵引速度可由3个部位确定。

表 2-3 液晶显示器所能设置的功能

设置项	可选项	设置项	可选项
系统故障	停机或不停机	牵引电动机温度过高	停机或不停机
截割电动机欠载加速	加速或不加速	牵引电动机过载	停机或不停机
截割电动机过载减速	减速或不减速	变频器故障	停机或不停机
截割电动机超载停机	停机或不停机	风扇故障	停机或不停机
截割电动机温度过高	停机或不停机	制动器压力故障	停机或不停机
系统漏电保护	停机或不停机(未装设)	牵动电动机过载电流	设定数值

(1) 由牵引变频器液晶显示器确定。该窗显示的是变频器输出电源频率，由它确定的速度比较正确。本机可按 5.5Hz 左右为 1m/min 的牵引速度来确定。一般采煤机牵引速度为 4m/min，该窗显示的频率为 22Hz，依此类推。

(2) 由高压箱液晶显示器确定。它所确定的速度误差比较大，因 1 位数显示，显示的是 min/m。

(3) 由二端头站发光二极管显示确定。它所确定的速度误差较大，原则上每点亮一个灯为 1. 1m/min 左右。

二、采煤机电气故障检修训练

1. 采煤机不动故障原因

① 采煤机急停按钮是否解锁；

② 磁力启动器是否有电，是否在远控位置；

③ 控制回路是否通畅，包括电缆、开关和连线；

④ 隔离开关是否良好；

⑤ 电动机是否有故障。

2. 启动后不能自保故障原因

① 控制系统电源或空气开关是否良好；

② 自保继电器是否接触良好。

3. 输送机不启动故障原因

① 采煤机上开关是否在解锁位置；

② 控制回路是否有短路或断路；

③ 磁力启动器是否正常。

4. 采煤机不能牵引故障原因

① 隔离开关是否正常；

② 变频器电容充电指示灯是否亮；

③ 牵引变压器输出电压是否正常；

④ 变频器是否有故障。

【操作训练】

序号	训练内容	训练要点
1	MGTY400/900-3.3D 采煤机结构	认识采煤机电气系统组成，如电动机数量、各台电动机的作用，主电路控制开关、电气线路连接等

续表

序号	训练内容	训练要点
2	MGTY400/900-3.3D 采煤机操作	采煤机的正常操作，CPU 的设置，牵引速度确定
3	MGTY400/900-3.3D 采煤机故障检修	采煤机不启动、不能自保等故障检修

【任务评价】

序号	考核内容	考核项目	配分	得分
1	MGTY400/900-3.3D 采煤机电气结构	组成，各部分的主要作用	20	
2	MGTY400/900-3.3D 采煤机电气系统工作原理	采煤机主回路、控制回路、保护回路、显示回路的工作过程	20	
3	MGTY400/900-3.3D 采煤机使用、维护	采煤机的正常操作、维护，CPU 的设置，牵引速度确定	20	
4	MGTY400/900-3.3D 采煤机故障检修	采煤机不启动、不能自保等故障检修	20	
5	遵守纪律	出勤、态度、纪律、认真程度	20	

任务三　液压支架的PLC控制程序的设计及调试

知识要点

(1) 液压支架的结构和工作过程。

(2) 液压支架电液控制系统的原理。

(3) PLC实现顺序控制的程序设计方法。

技能目标

(1) 了解液压支架的结构及工作过程。

(2) 掌握支架电液控制系统的组成。

(3) 理解液压支架电液控制系统的控制原理。

(4) 能利用PLC实现单台液压支架的自动控制。

任务描述

液压支架是煤矿综合机械化采煤工作面的支护设备，是综采的关键设备。随着采煤技术的发展，液压支架的控制系统由原来的手动操作逐渐转变为电液自动控制，液压支架电液控制系统是目前最先进的控制方式，以可靠性更高的PLC为控制核心，实现程序化操作，可提高效率，达到安全生产。本任务通过对液压支架电液控制系统的组成、控制原理及利用PLC实现单台液压支架的控制方法的学习，使学生熟悉液压支架的结构和工作过程，理解液压支架电液控制系统的原理，掌握PLC实现顺序控制的程序设计方法。

分任务一　液压支架的结构和工作过程认知

液压支架是以高压液体为动力，由金属构件和液压系统以及控制系统组成。它能实现支撑、切顶、自移和推溜等工序。液压支架可与采煤机、可弯曲刮板运输机组成回采工作面的综合机械化设备。

一、液压支架的组成

液压支架由承载结构件、动力油缸、控制操纵元件、辅助装置和传动介质五部分组成。图3-1为一种典型的液压支架结构。

1. 承载结构件

包括顶梁、掩护梁、底座和连杆等金属构件。

(1) 顶梁　直接与顶板（包括镁锭、分层假顶等）相接触，并承受顶板岩石载荷的部件叫顶梁。液压支架通过顶梁实现支撑及管理顶板的功能。

(2) 掩护梁　阻挡采空区冒落的矸石涌入工作面，并承受冒落矸石的载荷，同时承受顶

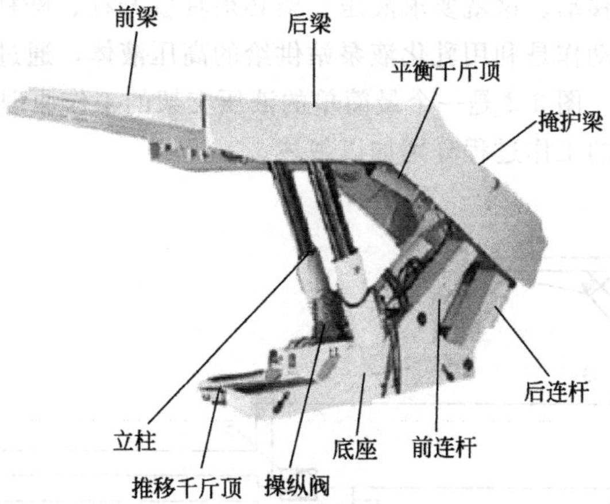

图 3-1　液压支架结构

板水平推力的部件叫掩护梁。

(3) 底座　直接和底板（包括分层煤底等）相接触，承受立柱传来的顶板压力并将其传递到底板的部件叫底座。底座除为支柱、掩护梁提供连接点外，还要安设千斤顶等部件。

(4) 前、后连杆　只有掩护式和支撑掩护式液压支架才安设前后连杆。前、后连杆与掩护梁、底座组成四连杆机构，即可以承受支架的水平分力，又可使顶梁和掩护梁的铰接点在支架调高范围内做近似直线运动，使支架的梁端距基本保持不变，提高了支架控制顶板的可靠性。

2. 动力油缸

包括支柱和各种千斤顶。

(1) 支柱　支架上凡是支撑在顶梁（或掩护梁）和底座之间，直接和间接承受顶板载荷的主要油缸叫支柱。支柱是支架的主要承载部件，支架的支撑力和支撑高度，主要取决于支柱的结构和性能。

(2) 千斤顶　支架上除支柱以外的各种油缸都叫千斤顶，如前梁千斤顶、推移千斤顶、调架千斤顶，还有平衡、复位、侧推及护帮千斤顶，完成推移运输机、移设支架和调整支架等各项动作。

3. 控制元件

液压支架系统中所使用的控制元件主要有两大类：压力控制阀和方向控制阀。压力控制阀主要有安全阀；方向控制阀主要有液控单向阀、操纵阀等。主要功能是操作控制支架各液压缸动作及保证所需的工作特性。

4. 辅助装置

支架上除上述三项构件以外的其他构件，都可归入辅助装置，它包括推移装置、复位装置、挡矸装置、护帮装置、防倒防滑装置、照明和其他附属装置等。是实现支架的某些动作或功能所必需的装置。

5. 传动介质

液压支架所用的传动介质是乳化液，它将泵站的液压能传递给液压支架各执行元件，使之获得工作的动能，并对设备具有低腐蚀、高效能的作用。

二、液压支架自动移设的原理

根据回采工艺对液压支架的要求，液压支架不仅要能够可靠地支撑顶板，而且应能随着采煤工作面的推进向前移动。这就要求液压支架必须具备升柱、降柱、移架和推移输送机4个基本功能，这些功能动作是利用乳化液泵站供给的高压液体，通过液压控制系统控制不同功能的液压缸来完成的。图3-2是一个最简单的液压支架的工作原理示意图。下面按支架降柱、移架、升柱和推溜的工作过程分别加以叙述。

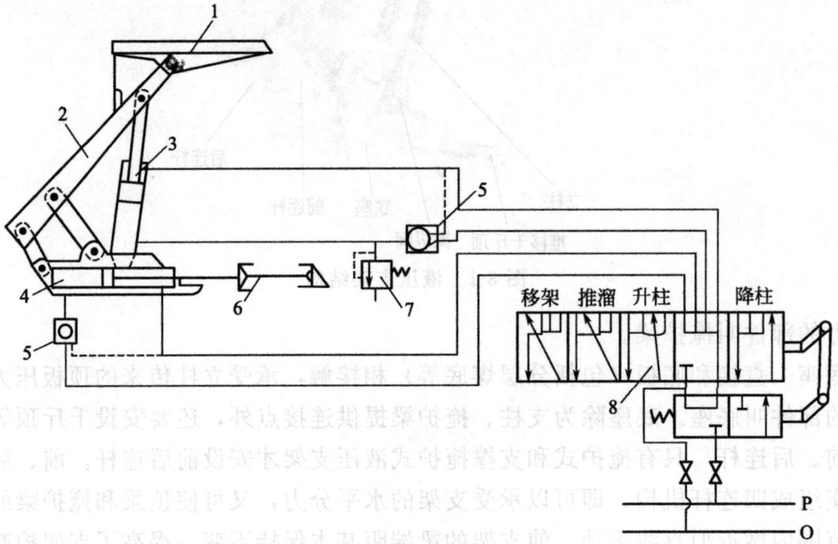

图3-2 液压支架的工作原理图

1—顶梁；2— 掩护梁；3—立柱；4—推移千斤顶 5—液控单向阀；6—运输机；7—安全阀；8—操纵阀

1. 降柱

当旋转式操纵阀转到降柱位置，打开供液阀时，高压液体由主进液管，经操纵阀和油管，进入支柱活塞杆腔，同时也进入液控单向阀的控制管路，打开液控单向阀，支柱活塞腔的油液经油管、液控单向阀和操纵阀，流回主回液管，支柱卸载下降。

2. 移架

液压支架卸载后，操纵阀转到移架位置，打开供液阀时，高压液体由主进液管，经操纵阀和油管进入到推压千斤顶的活塞杆腔，同时也进入液控油路，打开液控单向阀，而活塞腔的油液经油管、液控单向阀和操纵阀流回主回液管，推移千斤顶收缩，以运输机为支点，拉架前移。运输机靠相邻的推移千斤顶来固定，千斤顶由液控单项阀紧锁。

3. 升柱

液压支架移到新的位置后，应及时升柱，以支撑新暴露的顶板。操纵阀转到升柱位置，打开供液阀，高压液体由主进液管进入，经操纵阀到液控单向阀，进入到推移千斤顶的活塞杆腔，支柱活塞杆腔的油液，同时也进入液控油路，经油管和操纵阀流回主回液管，活塞和顶梁升起，支撑顶板。

4. 推移运输机

当液压支架前移并重新支撑后，操纵阀转到推移位置，打开供液阀时，高压液体由主进液管，经操纵阀、液控单向阀进入到推压千斤顶的活塞杆腔，活塞杆腔的油液经油管和操纵阀流回主回液管，推移千斤顶的活塞杆伸出，以液压支架为支点，把运输机推移到新的工作位置。

分任务二　液压支架的电液控制系统分析

一般的液压支架是由操作者人工扳动操纵阀来实现支架的操作与控制，无法实现采煤过程的自动化。采用电液控制系统的液压支架，可实现综采工作面生产设备的自动控制。液压支架电液控制系统具有以下优点。

1. 保证额定初撑力

电液控制系统可以通过压力传感器反馈信号或通过延长控制电磁先导阀的供电时间来实现支架初撑力自保。保证额定初撑力，减少了立柱的增阻所需时间，提高了支护效率，而且全工作面支架初撑力均匀一致，改善了顶板的管理。

2. 带压移架

采用电液控制系统，在移架过程中，易于实现带压移架，减少了工作面顶板对液压支架产生频繁的冲击载荷，保护顶板围岩的稳定，延长液压支架的使用寿命。

3. 改善采煤机与刮板机的工况

移架步距准确，切顶线整齐，改善了支护效果，并且使刮板输送机和整个工作面直线性好，采煤机截深准确，改善了刮板输送机和采煤机的工况。另外多架同时推溜，使刮板输送机缓慢弯曲，避免溜槽连接处产生过大的应力。

4. 自动化管理

电液控制系统可与采煤机和刮板输送机的自动控制系统配合联动，实现全自动化综采工作面。如图 3-3 所示为综采工作面自动化控制系统。

支架与采煤机的运行状态和数据可以传输到巷道中主控制台和地面中央控制中心，便于实现整个矿井的自动化管理。

一、支架电液控制系统的组成

电液控制系统的核心技术是通过电液阀将过去人工控制的操作变为由计算机程序控制的电子信号操作。液压支架不同位置的传感器将工作环境和不同状态的信号传输给计算机，计算机根据不同的工作状态和工艺的要求，对电液阀发出控制信号，达到对工作面设备进行控制的目的。

支架电液控制系统主要由电源箱、支架控制器、隔离耦合器、网络终端器、总线提升器、井下主控计算机、电磁阀组和传输电缆组成。如 3-4 所示为 PM31 型支架电液控制系统的组成框图。

1. 支架控制器

支架控制器是电液控制系统的核心，上与主控制器台（主控制台由一台微型计算机和显示屏构成，是系统的指挥中心）相连，接受主控制台发出的指令并向主控制器传递传感器信号；下与传感器和电液控制阀相连，接受传感器输入的信号，并根据汇集的数据和主控制台指令决定执行的命令，控制液压系统工作。

2. 电液阀组

电液阀组为单元组合结构，是控制系统的执行部件。每个单元包括液动的主控换向阀和对应的电磁先导阀，先导阀用两个电磁线圈驱动。两个电磁线圈分别吸合实现同一液压缸的伸缩两个动作，电液阀组集成的单元数取决于被控对象和控制动作的多少。

电磁先导阀的动作除了靠电磁线圈的吸力，还可以直接推压推杆的外端，推杆带动先导

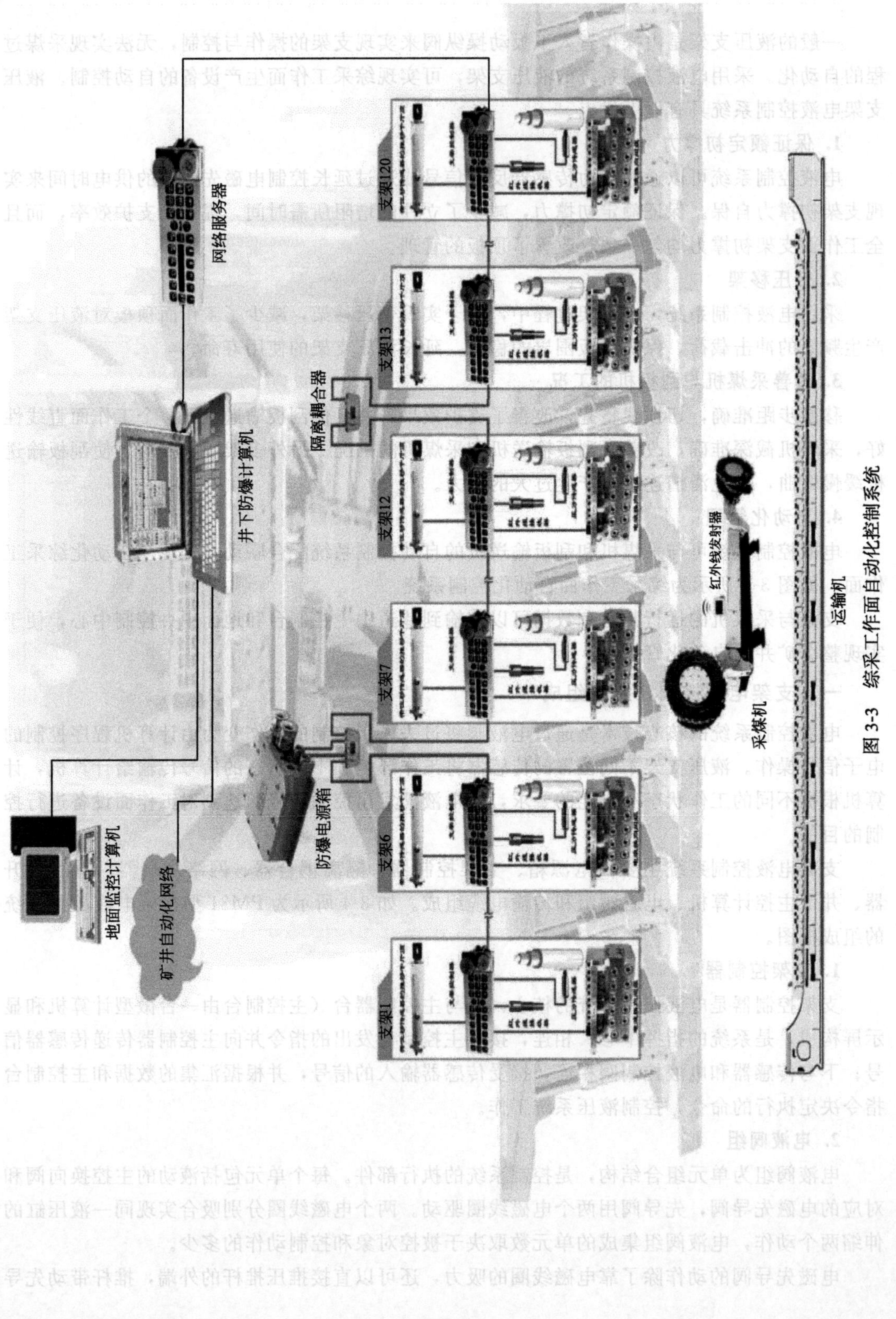

图3-3 综采工作面自动化控制系统

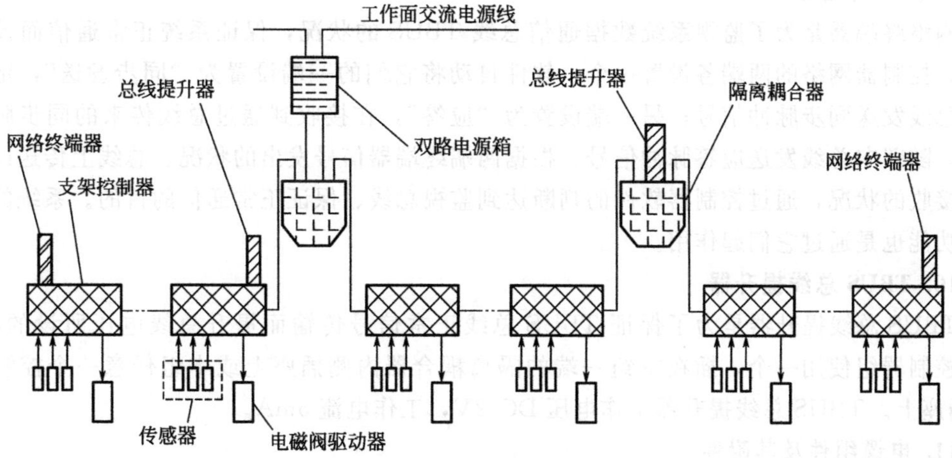

图 3-4　PM31 型支架电液控制系统的组成框图

阀芯动作。在停电、电控系统有故障或其他临时不使用电控系统的情况下，作为应急操作，但不允许经常这样操作，易导致损坏。

3. 电磁线圈驱动器

电磁线圈驱动器与电液阀组装在一起，是控制器的一个扩展附件，接在支架控制器与电磁线圈之间，接受来自控制器的电源和控制信号，为单元电磁阀线圈供入电源并控制其通/断。

4. 压力传感器

压力传感器检测支架立柱下腔内的液压力，插入支柱测压孔中实时监视支架的支护状态，向系统提供控制过程的重要参数。

5. 行程传感器

行程传感器用来检测千斤顶的活塞杆的移动行程值，行程值代表的是支架或溜子所处的位置，是控制过程的重要依据，推移千斤顶活塞杆位置决定推溜移架的进程。行程传感器可测最大行程可由用户依据支架的推溜移架步距确定。

6. 红外线检测器

红外线发射器安装在采煤机上，红外射线从其镜头发出，正对着支架射向安装在立柱上镜头正对着采煤机并与发射器处在同一高度的红外接收器。接收器接收到红外线信号后，经内部电路的处理变换，通过电缆向支架控制器输入模拟电压信号。

7. 双路电源箱

电源箱是电液控制系统专用的电源变换装置，它从工作面接入 90～250V 交流电源，变换成直流 12V，向 PM31 系统供电。电源箱内装有两个独立的 AC/DC 胶封模块，构成独立的两路电源。每路额定负载电流 1.5A，最多可向 6～7 个相邻的支架控制器供电。每路电源都具有截止式快速过流保护。

8. 隔离耦合器

由不同电源供电的相邻两组支架控制器之间，要装设隔离耦合器，它隔断了组与组之间的电气连接，为电源引入提供通道。另外，隔离耦合器内部有四个光电耦合器件，为两条数据通信线 TBUS 及 BIDI 的双向信号传输提供通道。

9. 网络终端器

网络终端器是为了监视系统数据通信总线 TBUS 的状况，保证系统正常通信而设置的附件。控制器网络的两端各设置一个。软件自动将它们的一端设置为“同步发送”，定时向通信总线发送同步脉冲信号；另一端设置为“应答”，在接收到通过总线传来的同步脉冲信号后，随即向总线发送应答脉冲信号。根据两端终端器信号发出的状况、总线上传送以及控制器接收的状况，通过控制器软件的判断达到监视总线、保证正常通信的目的。系统的紧急停止功能也是通过它们起作用。

10. TBUS 总线提升器

TBUS 总线提升器是为了保证 TBUS 总线正常信号传输而提升总线电压所设的附件，每一控制器组使用一个，插在本组一端的隔离耦合器内侧插座上或本组任意一个控制器的 A2 插座上。TBUS 总线提升器工作电压 DC12V，工作电流 5mA。

11. 电缆组件及其附件

电缆组件是指用于系统各设备装置之间连接并已在两端装好插头的一段电缆。干线电缆从端头架控制器开始将全部支架控制器按顺序连接起来。

二、支架电液控制系统的控制原理

支架电液控制系统原理如图 3-5 所示，主控台、支架控制器根据预先编制的程序或支架工人操作键盘发出的命令，使电磁先导阀“打开”或“关闭”，先导阀发出的命令控制压力驱动主控阀，进而推动支架的立柱和千斤顶动作，而支架的状态（压力、位移）由立柱下腔的压力传感器和推移千斤顶测出，反馈到支架控制器，控制器在根据传感器提供的信号来决定支架的下一个动作。

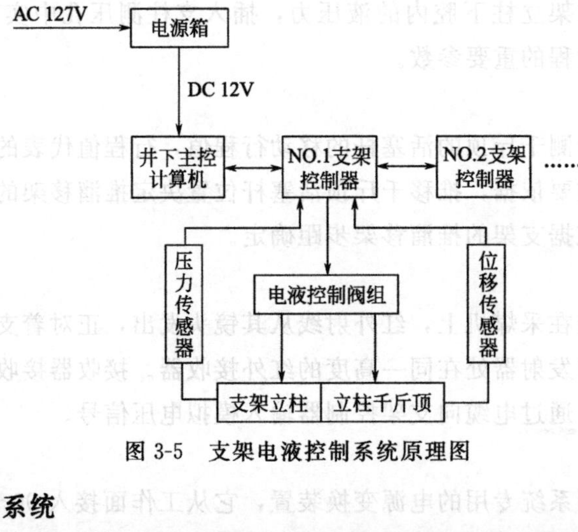

图 3-5 支架电液控制系统原理图

1. 双向邻架控制系统

综采工作面的每一支架都配有控制器，操作者根据控制器来选择邻架控制，然后根据指令发出相应控制指令——给出电信号，使邻架上对应的电磁铁或微电机动作，让电信号转化为液压信号，控制主控阀开启，向支架液压缸供液，实现邻架的相应动作。支架的工作状态由位移传感器和压力传感器反馈回控制器，控制器再根据反馈信号来决定支架的下个动作。

2. 双向成组控制系统

将工作面的支架编为若干组，在本组内首架上由操作人员按动控制器的启动键，发出一个指令，邻架就按预定程序动作，移架完成后自动发出控制信号给下一控制器，下一支架开始动作。以此类推，实现组内支架的自动控制。

3. 全工作面自动控制系统

功能完善的电液控制系统设有主控制台、红外线装置，能实现支架与采煤机联动的全工作面自动化控制。其原理是：每一支架上的控制器均与主控制器联网，当支架红外线接收装置收到采煤机红外线发射器发出的位置信号后，反馈给主控制器，主控制器根据反馈信号发出指令，使相应的支架动作。

三、电液控制系统的主要功能

（一）电液控制系统的主要功能

系统的功能是在应用程序基础上，控制支架的所有动作。控制命令通过操作者对支架控制器的操作键发出，也可根据采煤机位置由系统自动发出。PM31 系统发挥计算机网络技术的优势，赋予系统丰富的功能，使支架控制方便、灵活、完全，尤其是应用程序修改的异行性和控制参数项目的多样性及可调性，做到控制功能与工作面条件及生产工艺要求尽可能多地配合适应。以下简要说明系统的主要功能。

1. 用按键对单个支架（邻架）动作的非自动控制

单架动作的非自动控制（简称“单控”）是 PM31 系统提供的基础的支架控制功能。

“单架”是一次操作的被控支架只有一架：左邻架或右邻架。“非自动”就是被控支架确定后，要做什么动作就按住规定的键，动作过程直接受制于操作人员，没有自动功能。

操作者在任意一个支架上，先选定左邻架或右邻架为被控支架后，要使被控支架进行某一动作或某些联合动作，就接着按面板上相应的操作键。

2. 对单个支架（邻架）的降柱—移架—升柱动作施行自动顺序联动

降柱、移架、升柱三个单动作实行自动顺序联动，以移架为中心合成一个复合动作，称之为 ASQ（Auto-Sequence）。除了这三个主动作之外，与之关联的其他动作，如平衡千斤顶、抬底、侧护板、护帮板等动作也可与主动作协调配合，参与到程序中来。

PM31 控制器的程序将这些相关联贯的动作协调连续起来合成为一个复合动作，自动按程序执行。每个单动作的进程、单动作之间的衔接与协调均以设置的参数或传感器实时检测的数据为依据。

3. 成组自动控制

成组自动控制就是：以工作面的任何一个支架为基准（操作架），向左或向右连续相邻的任意一个支架被设定为某次某一动作的一个成组，支架的某一动作（单动作或自动顺序联动的复合动作）在给出命令后从这个组一端的起始架开始运行，按一定的程序在组内自动地逐架传递，每架的动作自动开始，自动停止，直到本组另一端的末架完成该动作为止。成组执行什么动作、组的位置、架数、动作的传递方向取决于操作架的位置以及在操作架上所键入的选择命令。

成组自动控制必须先作一系列的参数设置，也就是给成组自动控制设条件定规则，但不必每次都设置，参数存入后只在要改变时才重新设置。PM31 系统的应用程序为自动“降—移—升、推溜、拉溜、伸缩护帮板”等动作提供了成组自动控制功能。

4. 以采煤机位置为依据的支架自动控制

这是支架控制的高级功能。要实现这项功能系统必须有采煤机的位置检测装置。检测到的采煤机位置信息必须传给系统。根据工作面的作业规程，确定采煤机运行到某一位置时哪些支架应相应地执行什么动作，这些操作要求被编成程序存入系统中，系统根据采煤机位置的信息自动发出命令指挥相应的支架控制器完成这些操作。支架的正常动作过程完全自动地进行。

5. 支柱在工作中发生卸载时的自动补压功能

PM31 控制器提供了一项称为 PSA（Positive Set Automatic）的自动功能。支柱在支撑中如因某种原因发生压力降落，当压力降至某一设定值时，系统会自动执行升柱，补压到规定压力，并可执行多次，保证支护质量。

6. 闭锁及紧急停止功能

为安全目的不允许工作面某处支架动作时，可操作支架控制器上的闭锁键顺时针转90°，将本支架闭锁，同时在软件作用下将左右邻架也闭锁，只有解锁操作后才可恢复。闭锁的实质是禁止电磁阀驱动器工作。对于被闭锁的三个支架以外的其他支架控制器不受影响，仍可正常工作。

当工作面发生可能危及安全生产的紧急情况时，需要立即停止或禁止支架的自动动作，可按压任意一个支架控制器上的紧急停止按键（与闭锁键共用），全工作面支架自动动作立即停止并在急停解除前自动控制功能被禁止。

7. 信息功能

PM31 系统的信息功能丰富。支架控制器、主控制计算机及其他装置上有多种形式的信息媒体，包括字符、图形显示，蜂鸣器声响信号及很多状态显示 LED。系统可向用户提供的信息归为以下几类：支架动作的警示声光信号，控制过程和状态信息，支架工况信息（传感器检测值），设置的控制参数信息，故障和错误信息及一些系统本身的状态信息。

PM31 系统还具有向系统外（如井下或地面测控站）传输信息的功能。

（二）控制器操作面板及功能

图 3-6 为控制器操作前面板布置图，面板上集中了供操作和显示的全部元件，构成了用户界面。

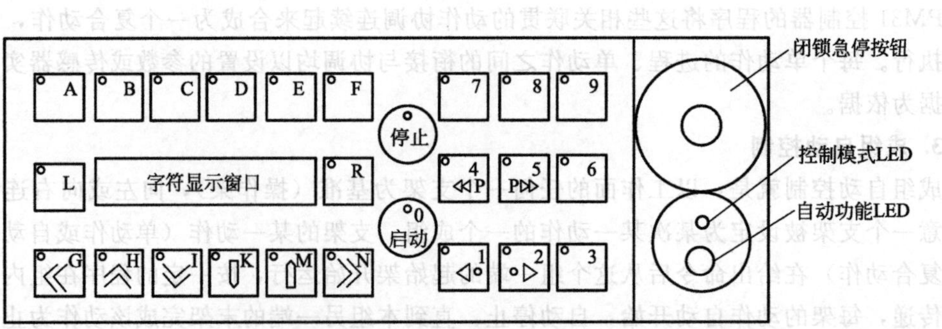

图 3-6 支架控制器前面板布置图

以下具体说明前面板的各组成部分。

1. 操作键

控制器的操作均通过按键，其作用是发出命令、选择功能、选择显示、功能设置及参数输入等。共有 25 个键，其中字母键 14 个，数码键 9 个，启动键 1 个，停止键 1 个。各键用途如下（以下简称单架单动作控制为“单控”；成组自动控制为“自动”）：

A——直接选定菜单“服务”列。在“单控”选架键按下后为降柱操作。

B——直接选定菜单“总体参数”列。在“单控”选架键按下后为移架操作。

C——在“单控”选架键按下后为升柱操作。

D——在“单控”选架键按下后为移架＋抬底座操作。

E——在“单控”选架键按下后为降柱＋移架＋抬底座操作。

F——直接选定菜单“自动功能错误”项。在“单控”选架键按下后为收平衡千斤顶操作。

L——本架推溜启动及停止按钮。在“单控”选架键按下后为推溜操作。

R——又称Enter键。在进行参数或口令的设置输入时，在参数项调出后按本键为进入输入状态；在输入完毕后按本键为确认输入并退出输入状态。

G——向左移动菜单列。在用数字键输入参数时可按本键回格删除字符；在用增减键输入参数时按本键为取消本次输入，维持原值并退出输入状态。

H——向上移动菜单列。

I——向下移动菜单列。

K——称为“程序键”或“软键”，不同的操作项目和操作条件下，软件赋予它不同的功能。

M——同K。

N——向右移动菜单列。

START——“自动”控制功能在完成了必要的选定键操作后，启动该功能的动作。在参数输入时为“0”数码输入键。

STOP——在该键的有效作用范围内，使所有支架控制器退出被控状态，停止正在进行的动作，终止正在运行的自动功能程序。

1——“单控”选择左邻架为被控制架。在参数输入时为“1”数码输入键。

2——“单控”选择右邻架为被控制架。在参数输入时为“2”数码输入键。

3——PSA自动功能的开关键。在参数输入时为“3”数码输入键。

4——成组“自动”功能选定后，本键选择成组位置在左方，还可改变组内动作顺序。在参数输入时为“4”数码输入键。

5——成组“自动”功能选定后，本键选择成组位置在右方，还可改变组内动作顺序。在参数输入时为“5”数码输入键。

6——直接选定成组“自动”拉溜功能。在参数输入时为“6”数码输入键。

7——直接选定成组“自动”收护帮板功能，对于端头架为成组自动收伸缩梁功能。在“单控”选架键按下后为伸平衡千斤顶操作。在参数输入时为“7”数码输入键。

8——直接选定成组“自动”推溜功能。在“单控”选架键按下后为收护帮板操作，对于端头架为收伸缩梁操作。在参数输入时为“8”数码输入键。

9——直接选定成组“自动”降移升顺序联动功能。在“单控”选架键按下后为伸护帮板操作，对于端头架为伸伸缩梁操作。在参数输入时为“9”数码输入键。

说明：以上所谓“直接选定”是相对于用菜单移动键操作而言，用菜单移动键也可选定要选的菜单项目，但可能要多次按键，而“直接选定”则只需按一次该专用键，一步到位。

2. 就地闭锁及紧急停止钮

该钮位于面板右上角，顺时针向右旋转为就地闭锁，向里按压为紧急停止。

3. 字符显示窗口

一行 16 位的 LED 点阵字符显示器被包围在字母键中间，形成一个显示窗口。

4. 控制器插接口的配置

控制器后面共有 12 个插口供电缆插入，通过电缆使控制器和整个系统连接起来。关于控制器插口的布置和功能，见图 3-7。

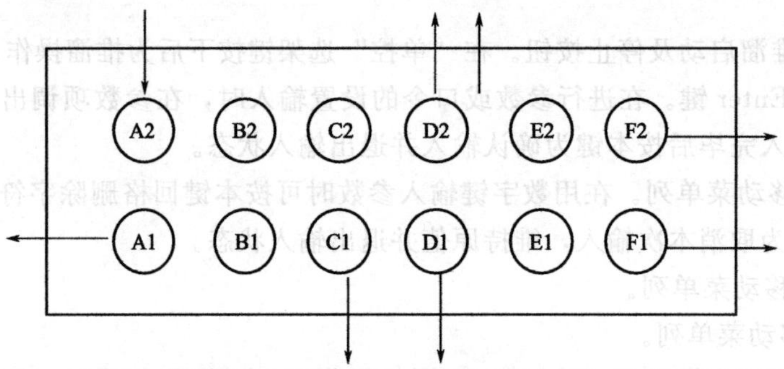

图 3-7 支架控制器后面插口布置

A1——连接右邻架（用架间干线电缆或通过隔离耦合器连接），若是端头则插入网络终端器；

A2——可用于插入总线提升器（通常总线提升器插在隔离耦合器上）；

C1——连接立柱压力传感器；

D1——连接推移千斤顶行程传感器；

D2——连接红外线接收器；

F1——连接左邻架（用架间干线电缆直接或通过隔离传感器连接）；

F2——连接电磁线圈驱动器。

其他空闲的插口均用专用堵头封上。

5. 控制器的工作状态模式

支架控制系统运行时，联成网络的众多控制器在工作过程中会处于不同的状态模式。状态模式的形成和改变是基于键操作和控制程序的自动运行，是控制器的实时功能和所处地位的反映。控制器的工作状态共有四种模式，各模式之间的转换有合理的规定，为系统各控制器的协调配合创造了条件。

（1）主控模式 主控模式可以理解为操作者进行操作的模式。在控制器上按下一个有效键，该控制器就进入主控模式。进入该模式的控制器不接受别的控制器发来的命令。处于主控模式的时间是一个设定的值，此值在菜单的总体参数列（Global parameter）的主模式时间（Master time）项中输入。主控模式时间过后转入空 模式的命令可能直接来自本架或邻架在主控模式下所做的操作，也可能是来自邻架运行着的“自动”功能程序。

（2）从控模式 从控模式指控制器正运行着某个控制程序，正控制着本架执行某一功能动作的工作模式。从控模式是某一主控模式所做操作的结果。某架控制器进入从控模式，其主控源可能是本架也可能是别架，导致进入从控模式的命令可能直接来自本架或邻架在主控模式下所做的操作，也可能来自邻架运行着的“自动”功能程序。

在从控模式下控制器不应做任何键操作。

从控模式可被主控模式、紧急停止或就地闭锁打断而终止，转入其他相应的工作状态模式。STOP键也能终止从控模式使控制器回到空闲等待模式。当控制器顺利执行完程序，支架动作完成后，从控模式自动转为空闲等待模式。

(3) 空闲模式　空闲模式又称等待模式。控制器既没做键操作，也未接到动作命令，不运行动作程序，这时控制器处于空闲模式，等待接收和执行命令转为主控或从控模式。

(4) 闭锁模式　控制器接收到闭锁命令则进入闭锁模式，闭锁模式下控制器不接受外来的命令，不能控制支架，支架不能动作。也就是说处于闭锁模式下的控制器不能变为从控或空闲模式，但可转变为主控模式。

值得注意的是，无论控制器处在哪一种工作模式，它对传感器的数据采集和传输均不受模式变化的影响。

四、电液控制系统的故障类型

(一) 日常保养

要保证工作面支架自动化，就必须保证每一架上的设备如控制器、相关电缆、驱动器、耦合器、总线提升器等完好无损。因此就要求相关工作人员对这些设备进行日常维护，以下列举一些维护这些设备的要求和方法：

① 架与架之间的电缆线必须和工作面其他电缆线捆在一块，以防止线被磨损、拉断；

② 控制器禁止用水冲洗，以防水进入控制器而导致控制器损坏；

③ 驱动器、耦合器必须挂放在控制器支架后面的防水帘胶皮内，以防进水；

④ 驱动器到先导阀的电缆线要捆在一块，避免放在立柱与主控阀的缝隙里，以防挤压、损坏；

⑤ 每个先导阀上都必须安装防水盖，以防先导阀上的插座进水；

⑥ 与传感器相连接的电缆线必须放在支架支柱之间，不能露在两支柱中间，以防被煤块砸坏；

⑦ 所有带插销的地方必须插上销子，以防接触不好；

⑧ 为了保证电液控制系统的正常运行，要求维护人员对所出现的问题能够做到及时处理与解决；

⑨ 对电控系统设备各种固定螺栓，要保护好。如发现丢失，要及时补充。

(二) 维修标准

为了保障电液控制系统在维修过程中的注意事项，提供以下相关标准：

① 更换控制器后，必须用螺栓把控制器固定好；

② 更换耦合器后，要用销子把耦合器与固定铜板固定好，挂放在控制器支架后面的防水帘里，控制器中有标准的固定螺栓；

③ 更换新驱动器必须涂上凡士林，并用螺栓固定好；

④ 更换压力传感器后，连接电缆要用扎带捆好，不能露在架间；

⑤ 更换所有行程传感器千斤顶后，及时接上插头并插上电缆和相关销子，并进行测试；

⑥ 拆卸、安装先导阀上的防水盖时必须小心，以防先导阀上的插座损坏，安装后，要把相连的电缆接好并固定；

⑦ 架间电缆维修后，必须跟工作面其他电缆线捆在一块并插上销子；

⑧ 更换驱动器到先导阀的电缆线后，要把更换的新线与原有的旧线捆在一块恢复到原来的模样，并装上防尘盖。

（三）故障类型和处理方法

在系统工作过程中，可能会出现如通讯故障、控制器故障、驱动器故障、推移行程传感器故障、尾梁与插板传感器故障、压力传感器故障、耦合器故障、电源故障、电缆故障、总线提升器和网络终端器故障等各种故障。现将常见故障及处理方法以表格形式做一简单介绍。

1. 通信故障及处理方法

通信故障及处理方法见表 3-1。

表 3-1 通信故障及处理方法

故障现象	可能原因	处理方法
在控制台控制器显示“COM. error 250”	工作面断电、工作面与外部相连的耦合器坏、主机与工作面的连接电缆断	先确定工作面是否断电，然后确定耦合器是否坏，最后在排查主机与工作面的连接电缆
工作面控制器显示“COM. error 250”	工作面到控制台的耦合器、最后一个控制器的通讯接口坏、最后一个控制器与耦合器的电缆、控制台耦合器到工作面的电缆断	换耦合器或控制器或电缆，确定故障点
工作面控制器显示“COM. error 255”	控制台的主机断电、控制台控制器闭锁	供电，检查电缆
工作面控制器显示“COM. error ***”	此架附近的控制器没有固定好或电缆没插好、控制器或电缆坏、TBUS 电压低控制器没有启动	固定好，换控制器或电缆，换总线提升器或检查哪根电缆漏电
工作面控制器显示：“E-STOP AT ***”	在第 *** 号支架控制器按下急停旋钮	拔出旋钮
工作面控制器显示“TB CUT〈/〉***”或“TB DEFECT〈/〉***”	TBUS 信号断或失效，电缆或控制器坏，如果指向耦合器，可能是耦合器坏	换控制器或电缆或耦合器

2. 控制器故障及处理方法

控制器故障及处理方法见表 3-2。

表 3-2 控制器故障及处理方法

故障现象	可能原因	处理方法
控制器黑屏、连续复位、KB ERROR	控制器坏	换控制器
	接口坏（控制器后的 12 个接口都有可能）	将与接口相连的新电缆和设备换掉仍显示不正常，则需要换控制器
只有本架控制器显示“VTBUS LOW!!!”	TBUS 电压低	换控制器
只有本架控制器显示“WRONG NETADR”	网络地址错误	按“K”键复位后，进入引导程序(BOOTER)后，手动设置网络地址；按“M”键复位后自动从邻架得到应用程序
本架控制器显示“COM. error》”	通信故障	在确定电缆完好后，换控制器

3. 推移行程传感器故障及处理方法

推移行程传感器故障及处理方法见表 3-3。

表 3-3　推移行程传感器故障及处理方法

故障现象	可能原因	处理方法
显示???，传感器测量值超出量程，或明显与实际不符的，或坏	传感器延长线与传感器线的连接处接线端子被压坏，产生漏电	换接线端子
	个别传感器在下井之前的测试不完全、方法不正确或测量电压低造成测量结果不真实	换千斤顶
	传感器在下井后没有及时安装，导致千斤顶进水或千斤顶本身有裂缝，造成进水，发生漏电	换千斤顶
	传感器本身出现故障	换千斤顶
	本架或同一电源组内的其他传感器或电缆的损伤导致的漏电、短路电流干扰对本传感器测量值产生干扰	找出漏电处，换有关的设备
	由于传感器本身的干簧管位置差异，导致了过推现象的产生，即千斤顶的推出位置导致小磁环超出了传感器电路的测量范围	不用处理
	传感器延长线与传感器线损伤、未接线导致线头外露，从而与千斤顶外壳、大地、直线断路、漏电	换线
显示“***”传感器无测量值	传感器延长线与传感器线的连接处接线端子处断或接触不良	换接线端子
	控制器检测口或 1.5m 的高压电缆损坏	换控制器或电缆
	传感器延长线断	换线
	传感器线断或传感器本身出现故障	换千斤顶
	部分铜头未接线传感器延长线	接好

4. 尾梁与插板传感器故障及处理方法

尾梁与插板传感器故障及处理方法见表 3-4。

表 3-4　尾梁与插板传感器故障及处理方法

故障现象	可能原因	处理方法
显示???，传感器测量值超出量程，或明显与实际不符的	个别传感器在下井之前的测试不完全、方法不正确或测量电压低造成测量结果不真实	换千斤顶
	千斤顶本身有裂缝，造成进水，发生漏电	换千斤顶
	本架或同一电源组内的其他传感器或电缆的损伤导致的漏电、短路电流干扰对本传感器测量值产生干扰	找出漏电处 换有关设备
	铜头与传感器线连接处损伤、未接线导致线头外露、从而与千斤顶外壳、大地、直通短路、漏电	换线
	传感器本身出现故障	换千斤顶
显示“***”传感器无测量值	传感器延长线与传感器线的连接处接线端子处断或接触不良	换接线端子
	控制器检测口或 1.5m 的高压电缆损坏	换控制器或电缆
	传感器线断或传感器本身出现故障	换千斤顶
	部分铜头未接线传感器延长线	接好

5. 电源故障及处理方法

电源故障及处理方法见表 3-5。

表 3-5 电源故障及处理方法

故障现象	可能原因	处理方法
电源提供的一路 12V 直流电不正常，使本电源组内控制器不能启动	电源模块或电源线坏	换模块或电源线
电源提供的直流电是正常的，但本电源组内的控制器不能启动或反复复位，同时电源的指示灯变红，而不是正常时的绿色	本电源组内存在漏电的地方	先使电源只接一个控制器，看控制器能否启动，如不能正常启动，此控制器或它的电缆存在漏电地方。如果能正常启动，则再接一个控制器，看效果。通过这种方式，判断漏电是哪一个控制器。只接此控制器的架间电缆，看效果，然后一根一根的接它后面的电缆，确定是哪一根电缆的故障，最终找到故障点

6. 驱动器故障、压力传感器故障、耦合器故障及处理方法

驱动器故障、压力传感器故障、耦合器故障及处理方法见表 3-6。

表 3-6 驱动器故障、压力传感器故障、耦合器故障及处理方法

故障现象	可能原因	处理方法
驱动器故障： 在 SEREICE 列显示 ERROR、COM、LL、STOP、V 十六制码、AMP	原因不一，要逐步排查	对显示 ERROR 的，换驱动器； 对显示 COM 的，换控制器至驱动器连接电缆(排除是控制器接口的故障)； 对显示 LL 的，打开控制器闭锁； 对显示 STOP 的，打开邻架控制器闭锁； 对显示 V 十六制码的，检查是哪一根或几根驱动器与电磁先导阀的连接电缆的故障并换坏的电缆； 对显示 AMP 的，不用处理
压力传感器故障： 显示 *** 或与实际明显不符的值或随支架的升降保持恒值	传感器或控制器检测口与传感器的连接电缆坏	换传感器或控制器或电缆
耦合器故障： TBUS 信号在此耦合器处中断，而且相连的电缆完好	耦合器有问题	换耦合器

7. 总线提升器和网络终端器故障

(1) 总线提升器是保证 TBUS 总线正常信号传输的设备，如果总线提升器发生故障，则本电源组内的控制器不能正常启动，只有换新的提升器才能排除故障。

(2) 网络终端器是保证整个系统正常通讯的重要设备。由于全工作面只有两个，如果发生故障，则系统显示通讯故障点在系统的一端，处理方法是：换件。

分任务三　PLC顺序控制程序设计方法

如果液压支架按照降柱、移架、升柱和推溜的顺序进行工作，然后再按降柱、移动、升柱和推溜的过程进行循环工作，这是一个典型的顺序控制系统，以可靠性更高的PLC来进行液压支架的自动控制，可提高工作效率。

顺序控制是指按照生产工艺预先规定的顺序，在各个输入信号的作用下，根据内部状态和时间的顺序，使生产过程中的各个执行机构能自动地有顺序地进行操作。

顺序控制设计法就是针对顺序控制系统的一种专门设计方法。这种设计方法很容易被初学者接受，对于有经验的工程师，也会提高设计的效率，程序的调试、修改和阅读也很方便。在用顺序控制设计法编程时，先根据顺序控制的工艺要求，把顺序控制分成顺序相连的若干个阶段并绘制出顺序功能图，根据顺序功能图设计梯形图。

一、顺序功能图

顺序功能图又称为功能流程图或状态转移图，它是一种描述顺序控制系统的图形表示方法，是专用于工业顺序程序设计的一种功能性说明语言，它能完整地描述控制系统的工作过程、功能和特性，是分析、设计电气控制系统控制程序的重要工具。

（一）顺序功能图的构成

1. 顺序功能图中的几个概念

顺序功能图是通过状态继电器来表达的。主要由步、有向连线、转换条件和动作四个部分组成，如图3-8所示。

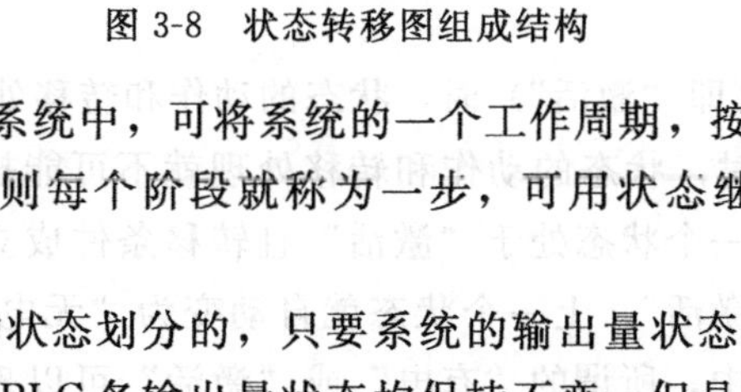

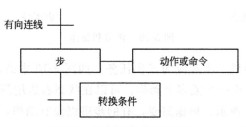

图3-8　状态转移图组成结构

（1）步　在顺序控制的系统中，可将系统的一个工作周期，按输出量的状态变化，划分为若干个顺序相连的阶段，则每个阶段就称为一步，可用状态继电器S或辅助继电器M表示。

步是根据PLC输出量的状态划分的，只要系统的输出量状态发生变化，系统就从原来的步进入新的步。在一步内PLC各输出量状态均保持不变，但是相邻两步输出量的状态是不同的。

在顺序功能图中，步对应状态，用矩形方框表示。与系统的初始状态对应的步叫“初始步”，用双线方框表示，如图3-9所示。当系统正处于某一步所在的阶段时，该步处于活动状态，称该步处于“活动步”。步处于活动状态时，相应的动作就被执行；反之，相应的非存储型动作则停止执行。

（2）有向连线　将各步对应的方框按它们成为活动步的顺序用有向连线连接起来，图就可成为一个整体。而有向连线的方向代表了系统动作的顺序。在顺序功能图中，通常方向是

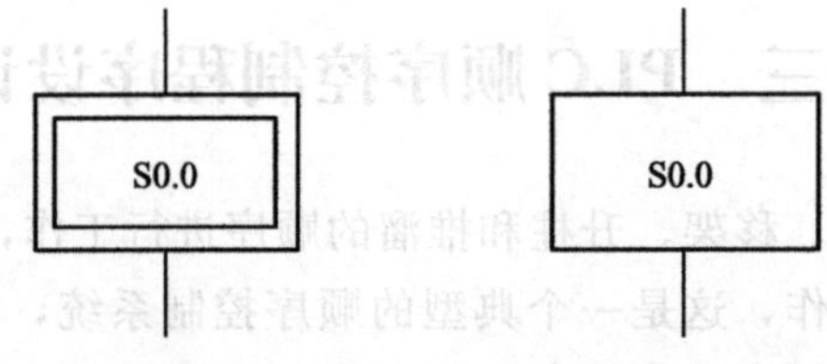

(a) 初始步 (b) 工作步

图 3-9 步的表示

由上到下，由左到右的。代表有向连线方向的箭头一般可省略。

(3) 转换条件 使系统由当前步转入下一步的信号称为转换条件。转换条件可能是外部输入信号，如按钮、指令开关、限位开关的接通/断开等，也可能是 PLC 内部产生的信号，如定时器、计数器触点的接通/断开等，也可能是若干个信号的与、或、非逻辑组合。在顺序功能图中用垂直于有向连线的短横线表示，如图 3-10(a) 所示。

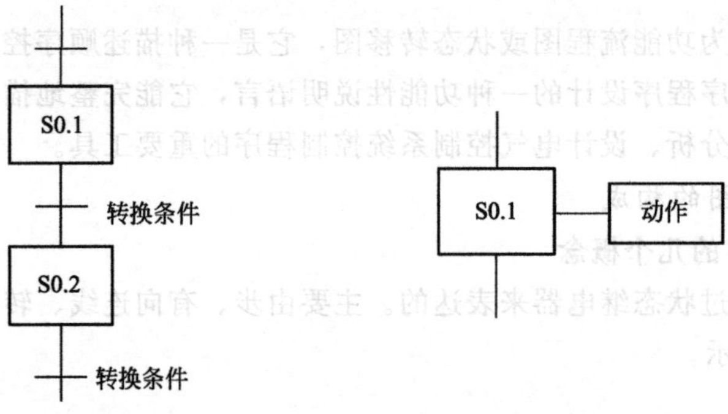

(a) 转移 (b) 动作

图 3-10 转移和动作

(4) 动作 动作是指每一步对应的工作任务。如图 3-10 中的动作或命令。控制过程中的每一个状态，它可以对应一个或多个动作。可以在状态右边用简明的文字说明该状态所对应的动作，如图 3-10(b) 所示。根据需要，有的步可以没有动作，称之为等待步。

2. 顺序功能图的理解

当对应状态“有电”(即“激活”)时，状态的动作和转移处理就可能执行；当对应状态“无电”(即“未激活”)时，状态的动作和转移处理就不可能执行。因此，除初始状态外，其他所有状态只有在其前一个状态处于“激活”且转移条件成立才可能被“激活”；与此同时，一旦下一个状态被“激活”，上一个状态就自动变为“无电”。从 PLC 程序的循环扫描角度分析，在状态转移图中，所谓的“有电”或“激活”可以理解为该段程序被扫描执行；而“无电”或“未激活”则可以理解为该段程序被跳过，未能扫描执行。这样，状态转移图的分析就变得条理清楚，无需考虑状态间繁杂的连锁关系了。

3. 功能图的构成规则

(1) 状态与状态不能直接相连，必须用转移分开。

(2) 转移与转移不能直接相连，必须用状态分开。

(3) 状态与转移、转移与状态之间的连线采用有向线段，画功能图的顺序一般是从上向下或从左到右，正常顺序时可以省略箭头，否则必须加箭头。

(4) 一个功能图至少应有一个初始步。如果没有初始步，无法表示初始状态，系统也无法返回等待其动作的停止状态。

(5) 功能图一般来说是由状态和有向线段组成的闭环，即在完成一次工艺过程的全部操作之后，应从最后一步返回到初始步，系统停在初始状态，在连续循环工作方式时，应从最后一步返回下一工作周期开始运行的第一步。

(二) 顺序功能图的类型

顺序功能图有三种基本类型：单序列结构，选择性分支结构，并行分支结构。

1. 单序列结构

单序列结构如图 3-11 所示。这种结构是最简单的结构，控制对象的状态（动作）是一个接一个地完成。每一个状态仅连接一个转移，每一个转移仅连接一个状态。

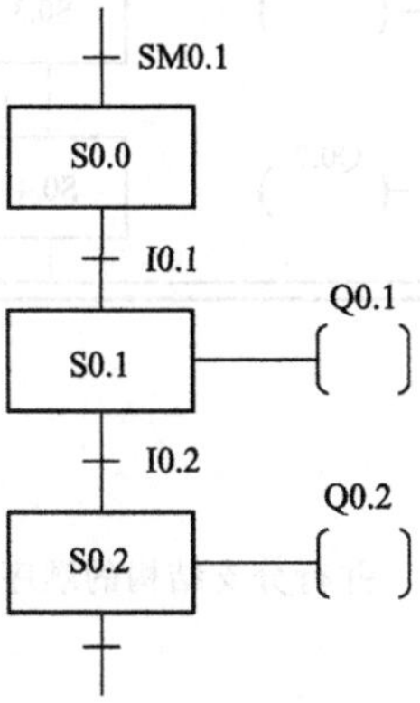

图 3-11　单序列结构的顺序功能图

2. 选择性分支结构

选择性分支结构如图 3-12 所示，一个控制流可能转入多个可能的控制流中的某一个，但不允许多路分支同时执行。到底执行哪一个分支，取决于控制流前面的转移条件哪个先满足。选择性分支的条件画在水平单线之下的分支上，每个分支上必须具有一个或一个以上的转移条件。

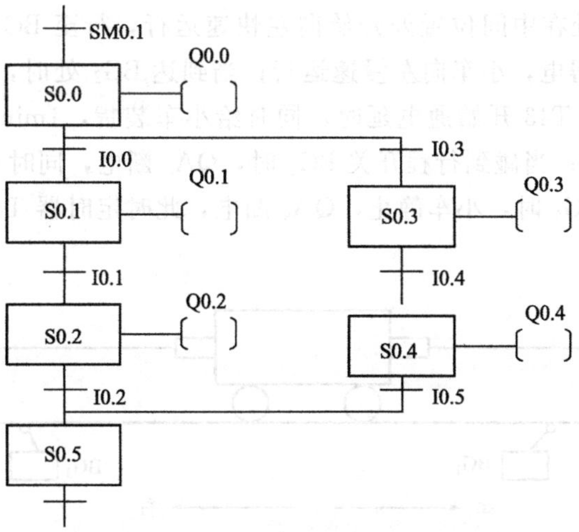

图 3-12　选择性分支结构的顺序功能图

3. 并行分支结构

一个顺序控制状态必须分成两个或多个不同的分支控制状态流，叫并行分支或并发分支。并行序列的开始也称为分支，为了区别于选择性序列结构的功能图，用双线来表示并行序列结构的开始，在水平线之上的干支上必须有一个或两个的转移条件。

并行序列结构的结束称为合并，用双线表示并行序列结构的合并，转换条件放在双线之下。如图 3-13 所示为并行分支结构的顺序功能图。

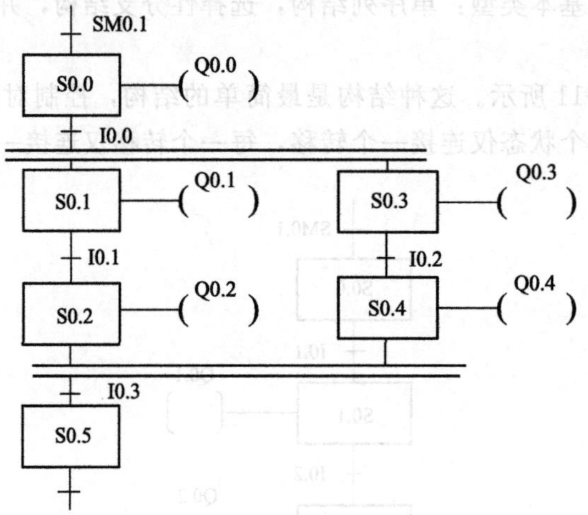

图 3-13 并行分支结构的顺序功能图

（三）顺序功能图的建立

顺序功能图的建立一般包括以下几步：

① 分析控制系统的工作原理；

② 按照设备的工作顺序，找出设备的各个工作状态及相应的动作；

③ 找出相邻状态之间的转移条件。

1. 单序列结构顺序功能图的绘制

图 3-14 为运货小车的运动示意图，运货小车的工作过程为：

循环开始时，小车处于两电机之间，按下启动按钮 SF_1，接触器 QA_1 得电，左电机 MA_1 启动；小车此时处在中间位置处开始向左快速运行，行至 BG_1 处，行程开关 BG_1 动作，QA_1 失电，QA_2 得电，小车向左慢速运行；当到达 BG_2 处时，BG_2 动作，QA_2 失电，小车静止，此时定时器 T43 开始通电延时，同时给小车装货，1min 装货结束，QA_3 得电，小车开始向右快速运行；当碰到行程开关 BG_3 时，QA_3 断电，同时 QA_4 得电，小车开始向右慢速运行；当到达 BG_4 时，小车静止，QA_4 断电，此时定时器 T44 开始延时，同时给小

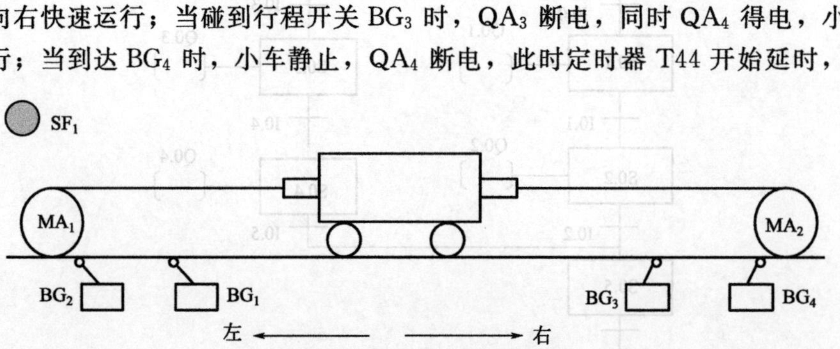

图 3-14 运货小车运动示意图

车卸货，1min 后，定时器 T44 动作，小车开始向左快速运行，如此周而复始。设计小车运动的顺序功能图。

（1）步的划分　送货小车在一个工作周期中共有 7 个状态：

① 初始状态 S0.0；

② 向左快速运行状态 S0.1；

③ 向左慢速运行状态 S0.2；

④ 装货状态 S0.3；

⑤ 向右快速运行状态 S0.4；

⑥ 向右慢速运行状态 S0.5；

⑦ 卸货状态 S0.6。

（2）转移条件的确定　上述 7 个状态循环，存在 8 个转移条件，分别是 M0.1，启动按钮 I0.1，行程开关 I0.0，行程开关 I0.2，定时器 T43，行程开关 I0.3、行程开关 I0.4 及定时器 T44。

（3）编制顺序　运货小车的顺序功能图如 3-15 所示。

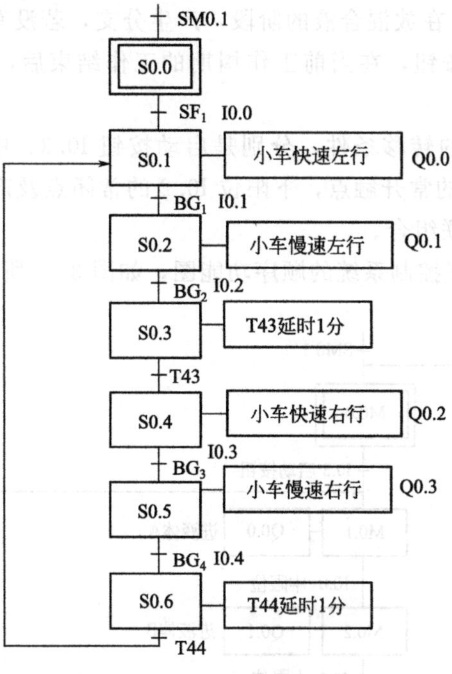

图 3-15　运货小车的顺序功能图

2. 选择性结构顺序功能图的绘制

液体混合装置如图 3-16 所示。上限位、下限位和中限位液位传感器被液体淹没时为 ON；阀 A、阀 B 和阀 C 为电磁阀，线圈通电时打开，线圈断电时关闭。开始时容器是空的，各阀门均关闭、各传感器均为 OFF。按下启动按钮后，打开阀门 A，液体 A 流入容器，中限位开关变为 ON 时，关闭阀 A，打开阀 B，液体 B 流入容器。当液面到达上限位开关时，关闭阀 B，电动机 M 开始运行，搅动液体，60s 后停止搅动，打开阀 C，放出混合液体，当液面降至下限位开关后再过 5s，容器放空，关闭阀 C，打开阀 A，开始下一个周期的工作。按下停止按钮，在当前工作周期的工作结束后，才停止工作。试设计控制系统的顺序功能图。

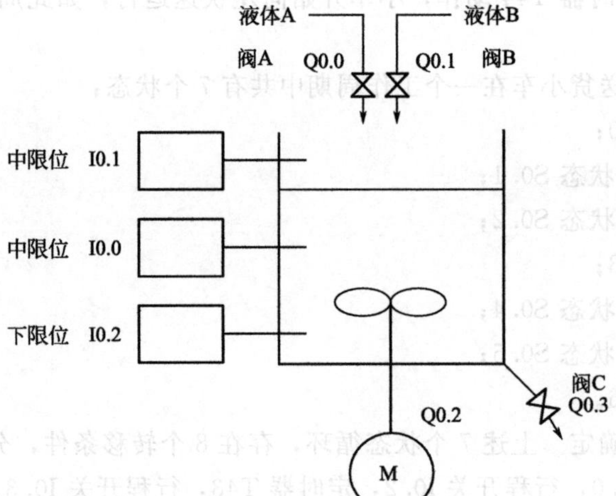

图 3-16 液体混合装置

（1）分析控制要求，划分出 6 种工作状态（M0.0～M0.5）：初始状态、进液体 A、进液体 B、搅拌、放混合液。在放混合液的阶段，产生分支，若没有按下停止按钮，开始下一个周期循环，若按下停止按钮，在当前工作周期的工作结束后，才停止工作，返回到初始状态。

（2）确定步与步之间的转移条件，分别是启动按钮 I0.3、中限位 I0.0、上限位 I0.1、下限位 I0.2、定时器 T37 的常开触点，下限位 I0.2 的常闭点及产生两个分支的条件：定时器 T38 与 M1.0 的触点串联组合。

（3）画出液体混合装置控制系统的顺序功能图，如图 3-17 所示。

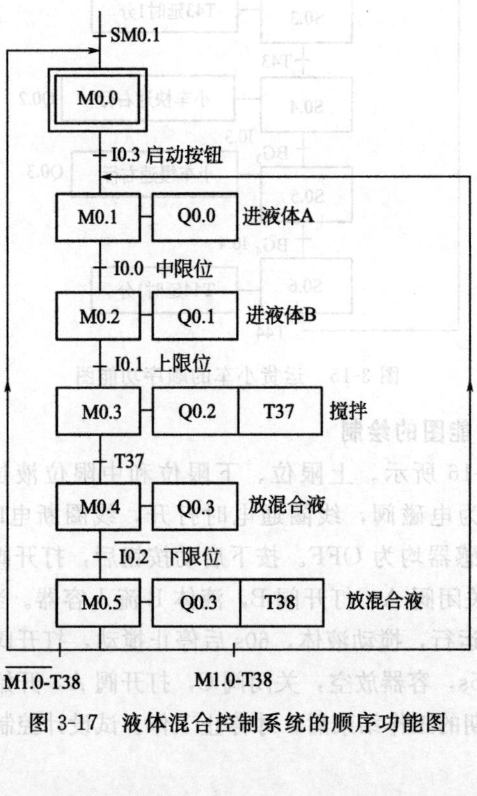

图 3-17 液体混合控制系统的顺序功能图

3. 并行结构顺序功能图的绘制

某专用钻床用（图 3-18）两只钻头同时钻两个孔，开始自动运行之前两个钻头在最上面，上限位开关 I0.3 和 I0.5 为 ON，操作人员放好工件后，按下启动按钮 I0.1，工件被夹紧后两只钻头同时开始工作，钻到由限位开关 I0.2 和 I0.4 设定的深度时分别上行，回到限位开关 I0.3 和 I0.5 设定的起始位置分别停止上行，两个都到位后，工件被松开，松放开到位后，加工结束，系统返回初始状态。设工件夹紧分配 Q0.0，工件松开分配 Q0.5。设计钻床系统的顺序功能图。

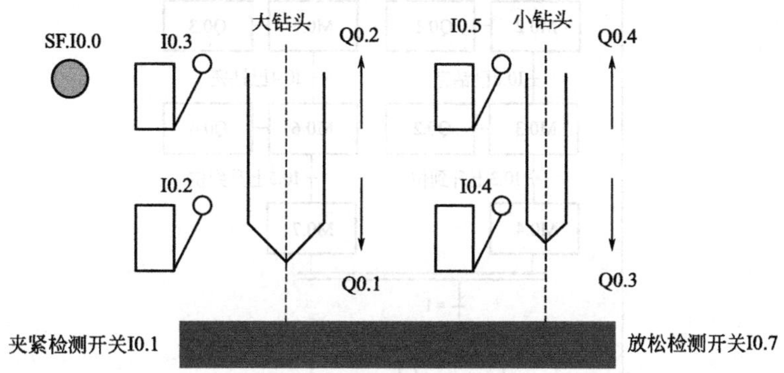

图 3-18　钻床结构图

（1）钻床控制中，大钻头和小钻头有同时工作的状态，所以顺序功能图属于并行序列结构。按照绘制顺序功能图步的划分方法和转换条件确定的方法，将钻床控制系统划分为包含初始状态在内的 9 步，分别为初始状态 M0.0、工件夹紧阶段 M0.1、大钻头下行 M0.2、大钻头上行 M0.3、工件松开 M0.4、小钻头下行 M0.5、小钻头上行 M0.6、工件松开 M0.7、都松开到位 M1.0。

（2）步与步之间的转移条件：初始状态用 M0.1 进行激活。其他转移条件分别为 I0.3、I0.5、I0.1，工件夹紧检测 I0.1，下行到位 I0.2、I0.4，上行到位 I0.3、I0.7，并行分支汇合条件 S0.3 及 S0.7 的常开触点串联，工件松开到位检测 I0.7。

（3）绘制顺序功能图，如图 3-19 所示。

二、顺序控制梯形图的设计方法

根据功能表图，按某种编程方式写出梯形图程序。根据顺序功能图设计梯形图时，可以用存储器位 M 来代表步。主要有以下三种方式：

① 使用启保停电路的编程方式；

② 使用置位和复位指令的编程方式；

③ 使用 SCR 指令的编程方式。

如果 PLC 支持功能表图语言，则可直接使用该功能表图作为最终程序。

（一）使用启保停电路设计

顺序功能图中，步的活动状态的进展是由转换实现的，转换实现必须同时满足两个条件：该转换所有的前级步都是活动步；相应的转换条件得到满足。转换实现后完成的动作有两个：和转换相连的所有后续步都是活动步；转换相连的所有前级步都是非活动步（静止步）。使用启-保-停电路的编程步骤如下。

（1）先找出每一步的启动、停止、保持的条件。

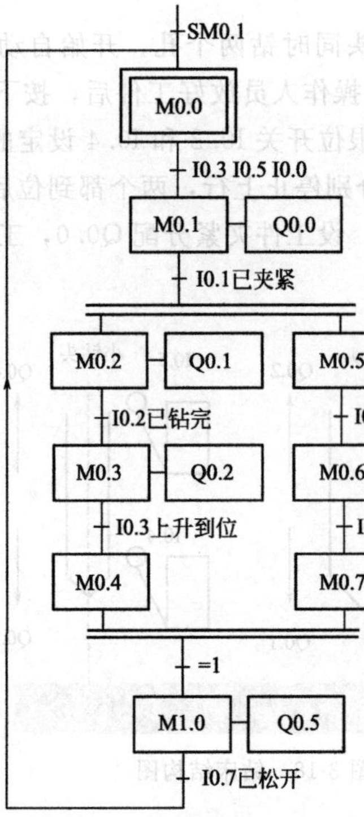

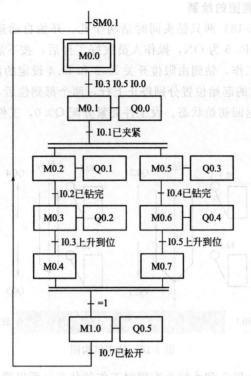

图 3-19 钻床控制系统的顺序功能图

（2）按照启保停原则设计状态转换的 PLC 程序（不包括输出处理），每一步有对应的启动保持停程序。

（3）设计输出电路：由于步是根据输出变量的状态变化来划分的，因此步与输出电路的关系非常简单，可以分为以下两种情况。

① 若某一输出量仅在某一步中为 ON，可将它的线圈与对应步的存储器位（M0.2）的线圈并联，如图 3-20 中 Q0.0。

② 若某一输出在几步中都为 ON，将代表各有关步的存储器位的常开触点并联后，驱动

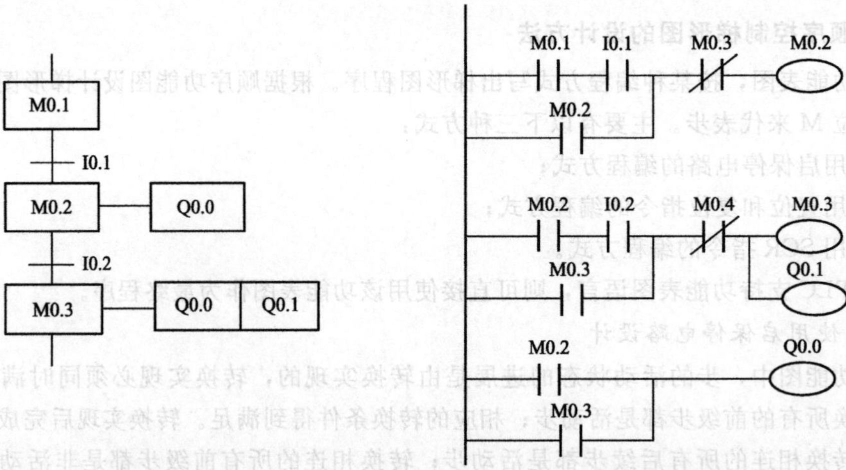

(a) 功能图 (b) 对应得梯形图

图 3-20 用启保停电路控制步

该输出的线圈（如图 3-20 中，M0.2、M0.3 的常开触点并联驱动 Q0.1 的线圈）。

图 3-20 中的步 M0.1、M0.2 和 M0.3 是顺序功能图中顺序相连的 3 步，I0.1 是激活步 M0.2 的转移条件。步 M0.2 变为活动步的条件是它的前一步 M0.1 为活动步，转移条件 I0.1 为 ON 时，步 M0.2 变为活动步。因而，应将前步 M0.1 和转移条件 I0.1 对应的常开触点串联，作为控制 M0.2 的启动电路。当 M0.2 和 I0.2 均为 ON 时，步 M0.3 变为活动步，同时步 M0.2 变为停止步，因此将 M0.3 为 ON 作为控制 M0.2 的停止电路，即 M0.3 的常闭触点与 M0.2 线圈的电路串联。

1. 单序列结构的编程

以鼓风机和引风机的控制系统为例，说明单序列结构的编程。已知锅炉鼓风机和引风机的控制要求为：

① 开机前首先启动引风机，5s 后自动启动鼓风机；

② 停止时，立即关断鼓风机，经 5s 后自动关断引风机。其顺序功能图如图 3-21(a) 所示，做出对应的梯形图。

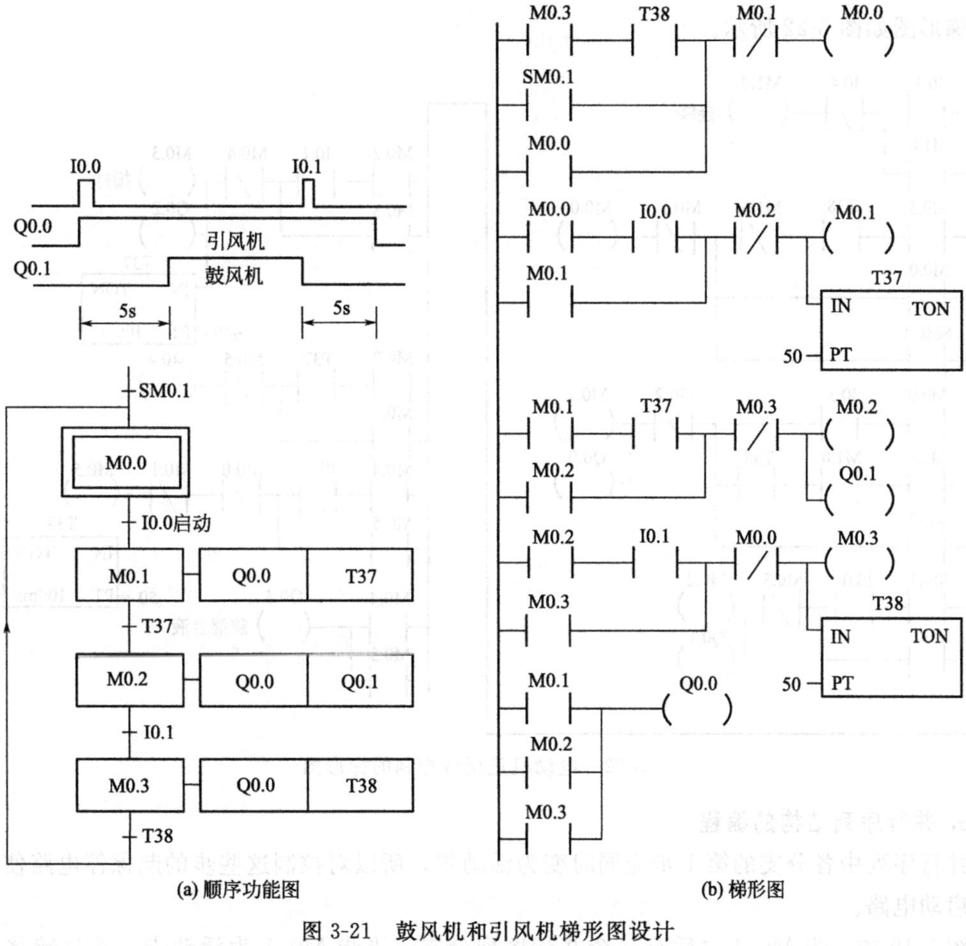

图 3-21　鼓风机和引风机梯形图设计

图 3-21(a) 中，步 M0.0 的前一步为 M0.3，转移条件为 T38，后一步是步 M0.1，并且启动初始步 M0.0 需要用辅助继电器 SM0.1，所以 M0.0 的启动条件为 M0.3 和 T38 的常开触点串联再与 SM0.1 的常开触点并联的电路，步 M0.0 的停止电路为后一个活动步 M0.1

的常闭触点。步 M0.1 的前一步为步 M0.0，转移条件为 I0.0，后一步为步 M0.2，所以 M0.1 的启动条件为 M0.0 和 I0.0 的常开触点串联组成的电路，步 M0.1 的停止电路为 M0.2 的常闭触点，此后以此类推。

根据输出电路的设计原则，做出鼓风机顺序功能图对应的梯形图，如图 3-21(b) 所示。

2. 选择性序列结构的编程

(1) 选择序列结构分支的编程方法　如果某一步的后面有一个由 N 条分支组成的选择性流程，应将这 N 个后续步对应的辅助继电器的常闭触点与该步的线圈串联，作为结束该步的条件。

(2) 选择序列结构汇合的编程方法　对于选择序列汇合处，如果某一步之前有 N 个分支，则代表该步的辅助继电器的启动电路由 N 条支路并联而成，各支路由某一前续步对应的辅助继电器的常开触点与相应转移条件对应的触点或电路串联而成。

图 3-17 中，步 M0.5 之后有一个选择性分支，当 M0.5 为活动步时，只要分支转移条件满足，它的后续步 M0.0 或 M0.1 就变为活动步，而 M0.5 就变为停止步，所以只需将 M0.0 和 M0.1 的常闭触点与 M0.5 的线圈串联，作为 M0.5 的停止电路。电动机正反转控制的梯形图如图 3-22 所示。

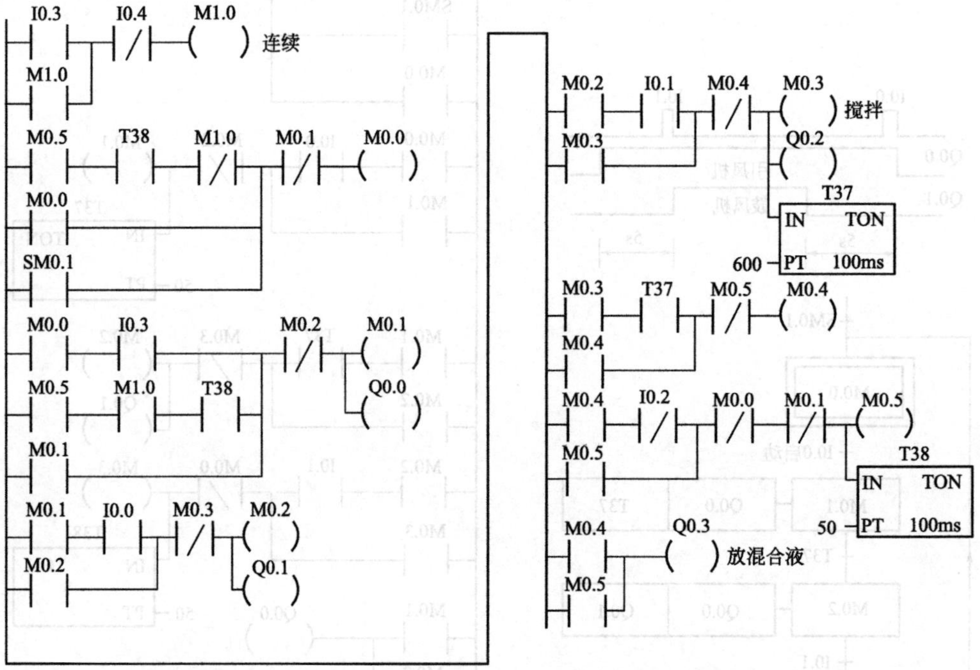

图 3-22　电动机正反转控制的梯形图

3. 并行序列结构的编程

并行序列中各分支的第 1 步应同时变为活动步，所以对控制这些步的起保停电路使用同样的启动电路。

图 3-19 中，步 M0.1 之后有一个并行序列分支，当步 M0.1 为活动步，并且转移条件 I0.0 满足时，应转移到步 M0.2 和 M0.5，M0.2 和 M0.5 应同时变为活动步，而 M0.1 就变为停止步，所以只需将 M0.2 和 M0.5 的常闭触点与 M0.1 的线圈串联，作为 M0.1 的停止电路。钻床自动控制系统的梯形图如图 3-23 所示。

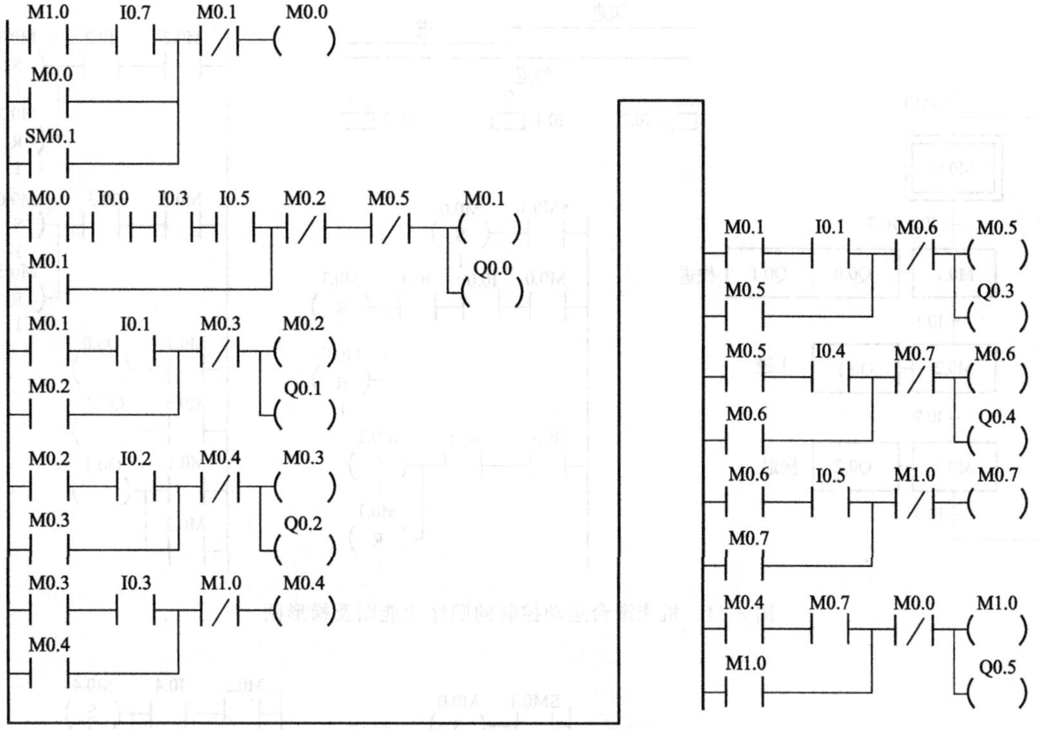

图 3-23　钻床自动控制梯形图

(二) 使用置位和复位指令设计

使用置位和复位指令的编程方法，实质上是根据顺序功能图中转换实现的基本规则来设计的。这种设计思路与实现转移的基本规则之间有着严格的对应关系，所以，又叫以转换为中心的编程方法。其设计步骤为：

① 找出所有的转换、转换条件、前级步和后级步；

② 用前级步的常开触点和转换条件串联后置（S）位后级步，复位（R）前级步；

③ 集中输出，相同的输出集中到一个网路中。

1. 单序列结构的转换

某组合机床液压滑台进给运动如图 3-24 所示，其工作过程为：原位、快进、工进、快退四步。相应的转换条件为启动按钮 I0.0、行程开关 I0.1，行程开关 I0.2，行程开关 I0.3。系统对应的顺序功能图及梯形图如图 3-24 所示。

注意：使用这种编程方法时，不能将输出位的线圈与置位指令和复位指令并联。因为图 3-24 中控制置位、复位的串联电路连通的时间是相当短的，只有一个扫描周期，转换条件满足后前级步马上被复位，该串联电路断开，而输出位的线圈至少应该在某一步对应的全部时间内接通。

2. 选择和并行序列结构的转换

选择性序列和并行序列结构的编程方法与单序列的相似，图 3-25 为选择和并行序列混合结构的顺序功能图及梯形图。

图 3-25 中选择性结构的分支条件为 I0.0 和 I0.2，所以，M0.0 和 I0.0 的常开触点串联是实现第 1 分支转移的条件，M0 和 I0.2 的常开触点串联是实现第 2 分支转移的条件。

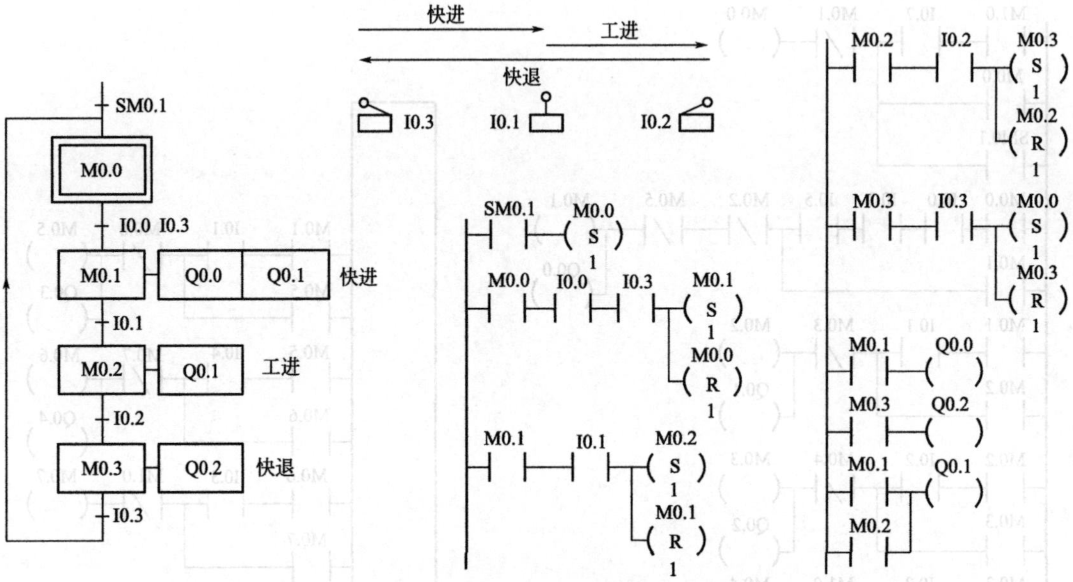

图 3-24 机床滑台运动控制的顺序功能图及梯形图

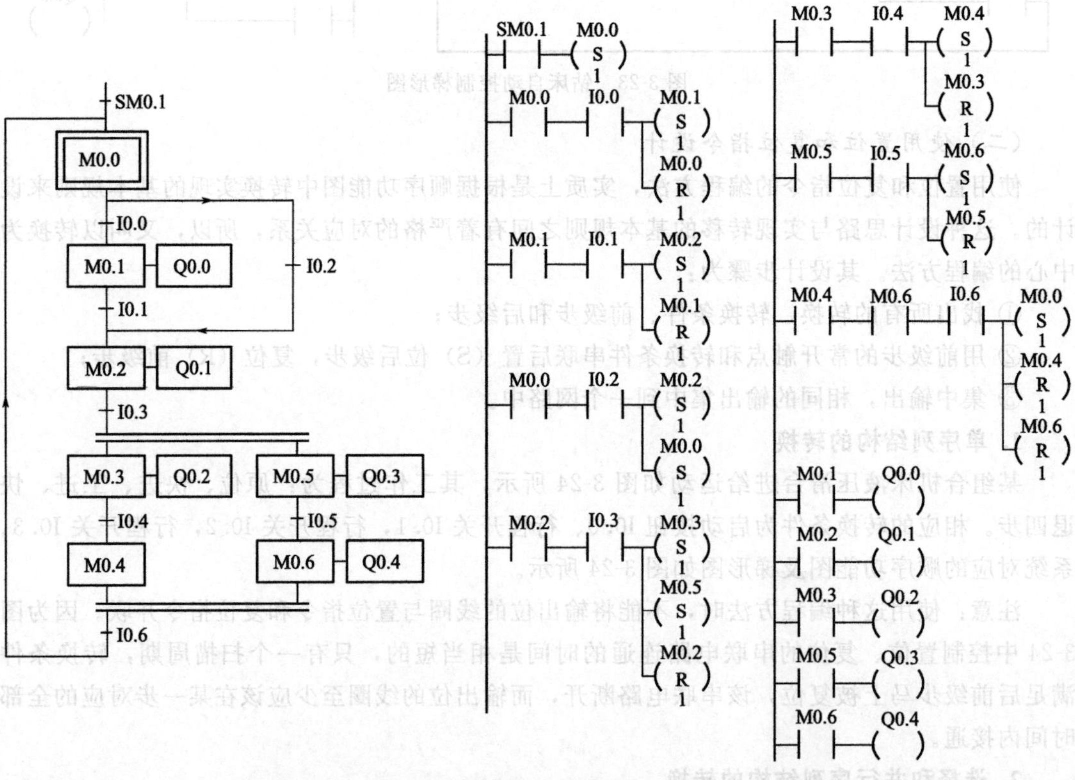

图 3-25 选择和并行序列混合结构的顺序功能图及梯形图

图 3-25 中并行序列结构的分支条件为 I0.3，所以，M0.2 和 I0.3 的常开触点串联是实现分支转移的条件。其汇合条件为 I0.6，所以，M0.4、M0.6 和 I0.6 的常开触点串联是实现分支汇合的条件。

（三）使用顺序控制指令

1. 顺序控制指令

顺序控制指令有 LSCR、SCRT 和 SCRE 三个。

（1）指令格式如表 3-7 所示。

表 3-7　顺序控制指令格式

名称	装载顺控继电器	顺控继电器的转换	顺控继电器结束
指令	LSCR	SCRT	SCRE
指令表格式	LSCR n	SCRT n	SCRE
梯形图格式	S bit ├─[SCR]	S bit ──(SCRT)	├──(SCRE)
操作数 a	S(BOOL 型)	S(BOOL 型)	无

（2）指令功能如下。

① LSCR：装载顺序控制继电器指令，标志一个顺序控制电器段（SCR 段）的开始。LSCR 指令将 S 位的值装载到 SCR 堆栈和逻辑堆栈，其值决定 SCR 段是否执行，值为 1 执行该 SCR 段；值为 0 不执行该段。

② SCRT：顺序控制继电器转换指令，用于执行 SCR 段的转换。SCRT 指令包含两方面功能，一是通过置位下一个要执行的 SCR 段的 S 位，使下一个 SCR 段开始工作；二是使当前工作的 SCR 段的 S 位复位，使该段停止工作。

③ SCRE：顺序控制继电器结束指令，使程序退出当前正在执行的 SCR 段，表示一个 SCR 段的结束。每个 SCR 段必须由 SCRE 指令结束。

（3）指令说明如下。

① 顺序控制指令的操作数为顺控继电器 S，也称为状态器，每一个 S 位都表示状态转移图中一个 SCR 段的状态。S 的范围是 S0.0～S31.7。各 SCR 段的程序能否执行取决于对应的 S 位是否被置位。若需要结束某个 SCR 段，需要使用 SCRT 指令或对该段对应的 S 位进行复位操作。

② 要注意不能把同一个 S 位在一个程序中多次使用。例如在主程序中使用了 S0.1，在子程序中就不能再次使用。

③ 状态图中的顺控继电器 S 位的使用不一定要遵循元件的顺序，即可以任意使用各 S 位。但编程时为避免在程序较长时各 S 位重复，最好做到分组、顺序使用。

④ 每一个 SRC 段（顺序控制继电器段）的功能如下。

a. 驱动处理。即在该段状态器有效时，要做什么工作，有时也可能不做任何工作。

b. 指定转移条件和目标。即满足什么条件后状态转移到何处。

c. 转移源自动复位功能。状态发生转移后，置位下一个状态的同时，自动复位原状态。

（4）在 SCR 段内，不能使用 JMP 和 LBL 的指令，即不允许跳入、跳出 SCR 段或在 SCR 段内跳转，也不能使用 FOR NEXT 和 END。

（5）一个 SCR 段被复位后，其内部的元件（线圈、定时器）一般也要复位，若要保持输出状态，则需要使用置位指令。

(6) 在所有 SCR 段结束后，要用复位指令 R 复位仍为运行状态的 S 位，否则程序会出现运行错误。

2. 单序列结构编程

单序列结构的编程按照顺序控制器段的开始、转移、结束的次序，从上到下逐步编制梯形图。小车限位控制系统的顺序功能图及梯形图如图 3-26 所示。

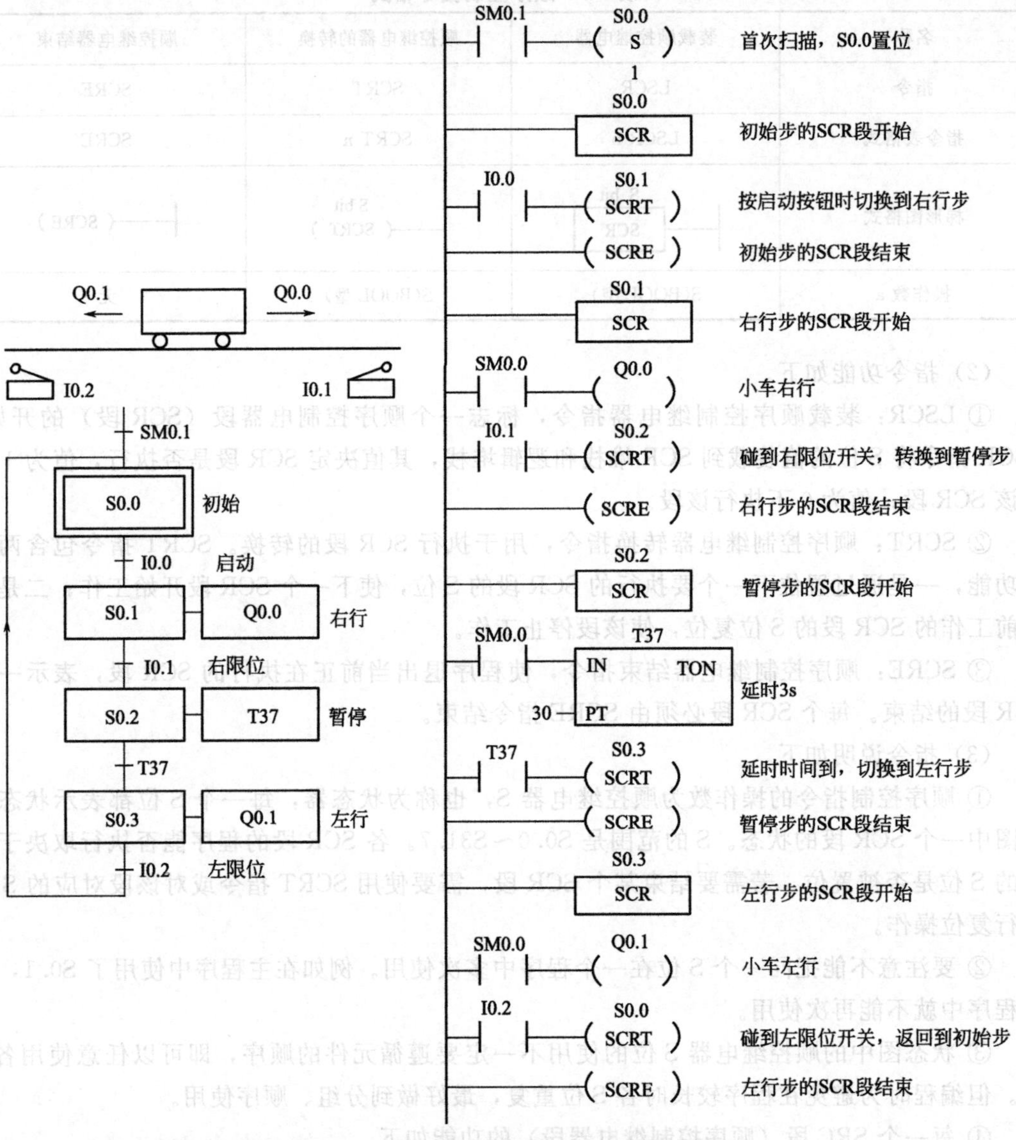

图 3-26 单序列结构的顺序功能图及梯形图

3. 选择性结构编程

选择序列结构汇合的编程是先进行汇合前状态的驱动处理，再按顺序向汇合状态进行转移处理。因此，首先对第一处选择（S0.1）和第二处选择（S0.3）进行驱动处理，然后再按 S0.2 和 S0.3 的顺序向下转移。选择序列结构汇合的梯形图如 3-27 所示。

4. 并行结构编程

并行性序列结构的编程与选择序列结构的编程一样，先进行驱动处理，然后进行转移处

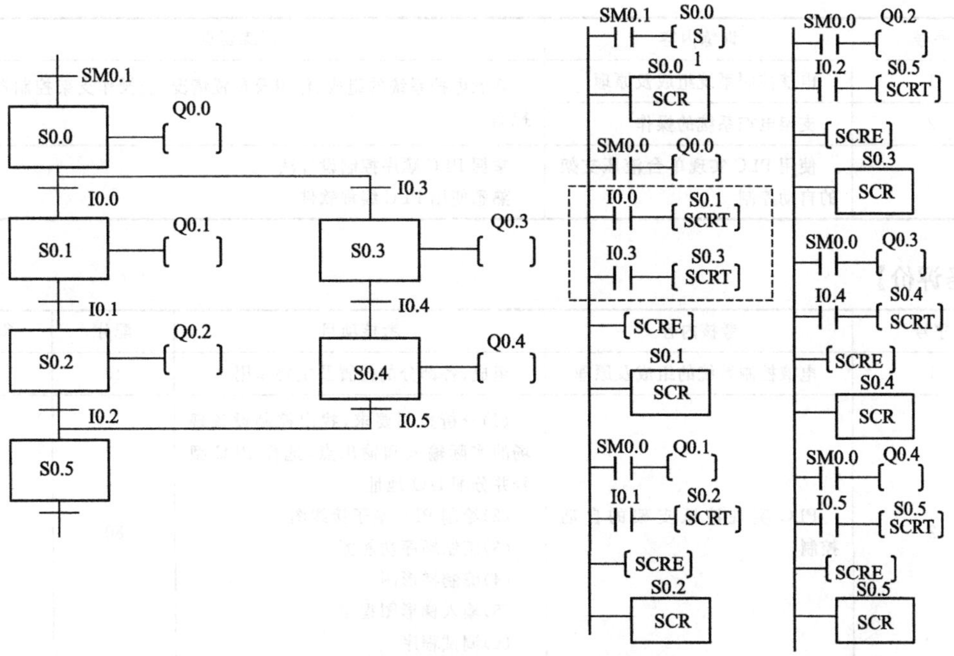

图 3-27　选择性序列结构混合的梯形图

理，所有的转移处理按顺序执行。根据并行序列结构分支的编程方法，对第 1 分支（S0.1、S0.2），第 2 分支（S0.3、S0.4）的顺序进行转移处理。并行序列结构分支的程序如图 3-28 所示。

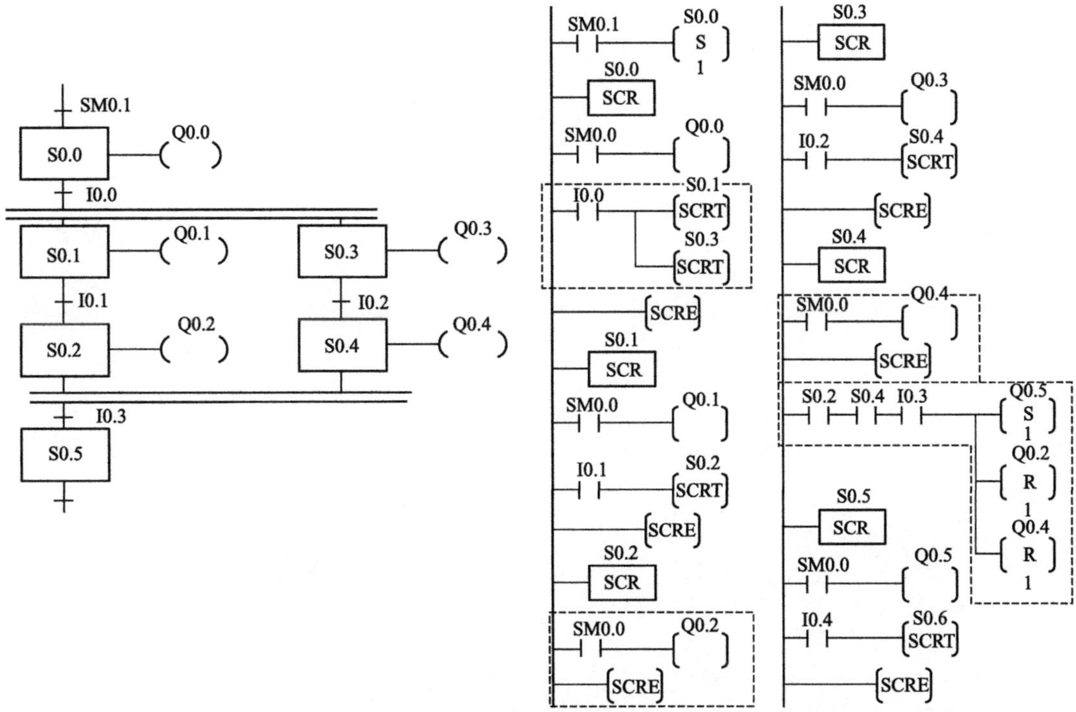

图 3-28　并行序列结构分支的梯形图

【操作训练】

序号	训练内容	训练要点
1	电液控制系统组成及原理	熟悉电控系统的组成、作用及布置情况，能操作支架控制器实现控制
2	支架电控系统的操作	
3	使用 PLC 实现单台液压支架的自动控制	掌握 PLC 顺序控制设计法 熟悉使用 PLC 编程软件

【任务评价】

序号	考核内容	考核项目	配分	得分
1	电液控制系统的组成及原理	组成、各部分的位置及主要作用	10	
2	PLC 实现液压支架的自动控制	(1)分析控制要求，找出控制设备现场的实际输入和输出点，选择 PLC 型号并分配 I/O 地址 (2)绘制 PLC 端子接线图 (3)编制顺序功能图 (4)编制梯形图 (5)输入梯形图程序 (6)调试程序	80	
3	遵章守纪	出勤、态度、纪律、认真程度	10	

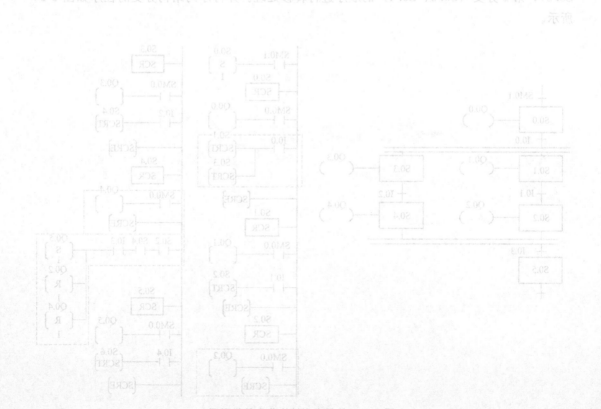

任务四　矿井运输机械的电气控制

分任务一　带式、链式输送机电气控制系统

知识要点

(1) 带式输送机的配电规定。

(2) 输送机单独控制原理。

(3) 输送机集中控制原理。

(4) 输送机的维护与检修。

技能目标

(1) 能正确识读输送机电气控制线路图。

(2) 能根据原理图装接实际电路并进行调试。

(3) 能利用万用表检查电气元件、主电路及控制电路，根据检查结果或故障现象判断故障位置。

(4) 了解带式输送机的机械和电气结构，以及相关传感器的功能。

(5) 能完成简单的带式输送机 PLC 控制调试。

任务描述

带式输送机的基本电气控制系统是理解带式输送机各种电气控制和保护原理的基础，本任务讲述了带式输送机的配电控制、输送机单独控制及输送机集中控制原理和维护与检修。通过对带式输送机基本控制电路的学习，掌握带式输送机的单独控制、集中控制及停止控制原理。

随着采煤机械的迅速发展，煤炭产量的不断提高，要求具有连续的、高强度的和大运输量的输送机组成输送机线，以满足生产需要。对于这些输送机可以单独控制，也可以集中保护和控制。所谓单独控制是指在一条输送线上，每台单机由一名司机负责开机、停机，并密切注意输送机的运行状况，一旦发现断链、电动机堵转等故障，应及时停机。

一、带式输送机的配电要求

根据国家标准 GB-50055 的规定，带式输送机的配电设计需遵守下列规定。

(1) 主回路和控制回路要求同时得电、失电。否则，当控制回路电源有电，主回路电源失电又恢复供电时，将引起自启动，易发生事故，所以应有连锁。同一带式输送机的电气设备的供电电源，宜取自同一母线。

(2) 带式输送机线路上有多台电动机启动，启动电压要求不低于其额定电压的 80%，并不影响其他用电设备的工作。当多台同时启动不能满足要求时，应分批启动。

(3) 带式输送机生产线中的物流信号及输送带跑偏、打滑、纵向撕裂、断带、超速、堵料等信号检测装置，应由生产工艺条件决定，电气设计满足其要求。

(4) 输送线启动和停止的程序由工艺条件确定。运行中，任何一台连锁机械故障停车时，应使给料方向的带式输送机按反运行方向依次停车。

(5) 带式输送机所用交流电动机，应有设短路保护和接地故障保护，并应根据具体情况分别设过载保护、断相保护和欠电压保护等集成芯片综合保护器。

(6) 有爆炸危险场所要使用防爆电动机、电器，有火灾危险场所要选IP44以上的电动机和电器，在露天场所使用的应选不低于IP54的电动机和电器，在水中使用的要选潜水电动机等。此外，还要依据气候条件、温度、湿度、粉尘、腐蚀性气体等环境条件选择IP等级。

二、输送机的单独控制原理

输送机的单独控制比较简单，它是选用相应容量的磁力启动器直接控制电动机，一般接成远方操作方式。为保证启动顺序，各台输送机磁力启动器之间要进行连锁，方法是将后一台输送机磁力启动器控制变压器的副方一端（9号线）不在本台启动器上接地，而是接到前一台输送机的磁力启动器的连锁接点（13号线）上，通过接触器的常开触点接地。这样只有前一台启动器合闸后，后一方启动器才能启动，从而实现了顺序启动控制，如图4-1所示。

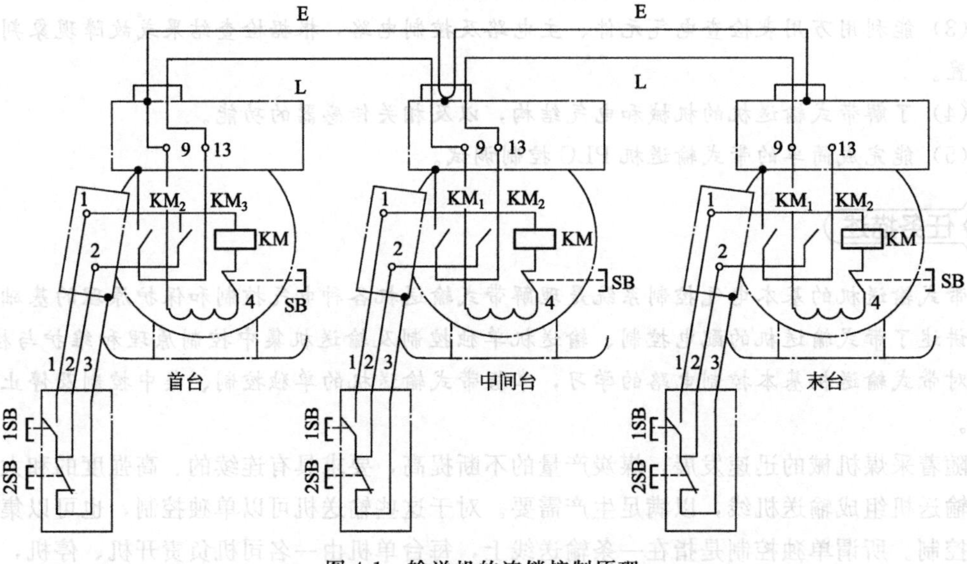

图4-1 输送机的连锁控制原理

这种控制方式的优点是电路简单，维修方便，并能实现启动顺序的连锁，但存在一个突出问题，即控制线接地。这是《煤矿安全规程》所不允许的，解决办法是变更磁力启动器（如QBZ系列）的内部接线，将KM_3与地断开，3号操作线与地断开，联络线E也与地断开，然后将三者连在一起。另一个办法是换用隔爆兼本质安全型磁力启动器，这种启动器控制电流很小，触点通断时，产生的火花能量很小，不足以点燃瓦斯。

三、输送机的集中控制原理

输送机的集中控制是将多台磁力启动器按程序控制方式连接在一起，使多台输送机按一定的顺序和要求启动和停车。集中控制实现了输送机线的自动化，由每名司机操作一条输送机线，通过完善的保护和信号系统进行控制，有利于提高劳动生产率，保证安全生产。

（一）输送机采用集中控制时应满足的要求

（1）运输系统中的所有输送机应逆煤流方向顺序启动，顺煤流方向停止，以防出现机头煤堆积和堵塞现象。

（2）各台输送机启动时，相互之间要有一定延时，避免多台电动机同时启动时产生较大的尖峰电流而冲击电网。

（3）集中控制和分台单独控制两种方式应能较方便地转换，以便输送机的检修和故障处理。

（4）输送机沿线应多设事故停车点，以便在发生事故时能及时停车。

（5）应有较完善的信号系统，以便运输线各点间的联络和设备维修。

（6）设置必要的保护装置，如断链保护、堵转保护、输送带打滑和跑偏保护，要求出现事故时能自动停车。

（7）控制系统简单，设备少，操作方便，易维修。

（二）信号装置

在输送机集中控制过程中，为保证输送机正常运行，要求各台输送机之间既要有故障停车保护，还应有信号系统，以便联系。信号装置电路设计为本质安全型，如图 4-2 所示。

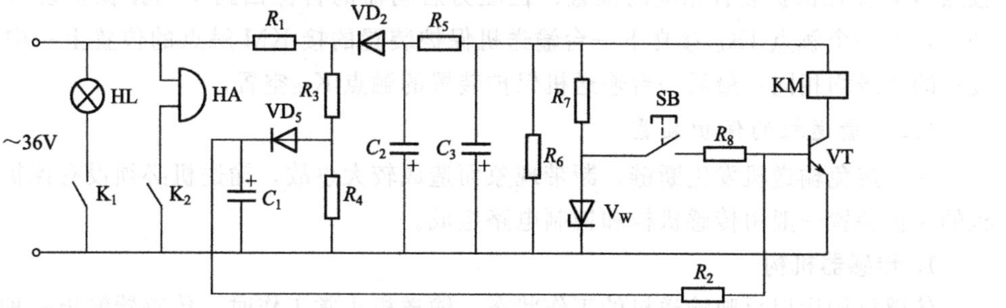

图 4-2　信号装置电路原理

本电路由电源部分和晶体管放大部分组成。交流电经二极管 V_{D2} 半波整流，电容 C_2、C_3 及电阻 R_5 滤波，向放大电路提供较稳定的直流电源。电路中的晶体管、稳压管 V_W 及按钮 SB、继电器 K 组成放大部分。稳压管两端电压可向晶体管 V_T 提供稳定的偏流。当按下按钮 SB 时，晶体管饱和导通，接触器 KM 有电吸合，其触点动作，根据实际情况发出声或光联络信号。

由于晶体管基极电流比集电极电流小 β 倍，故可将按钮回路电流设计在本质安全要求的范围之内。

电路中的二极管 VD_5 将电阻上的交流电压整流后，经 C_1 滤波且通过 R_2 向晶体管 V_T 提供反偏压（其反偏压数值小于 V_W 的稳压值），以便在松开按钮 SB 时，晶体管 V_T 能可靠断开，从而保证信号的准确性。

输送机的集中控制电路如图 4-3 所示。它由磁力启动器、延时保护装置及信号装置等部分组成。

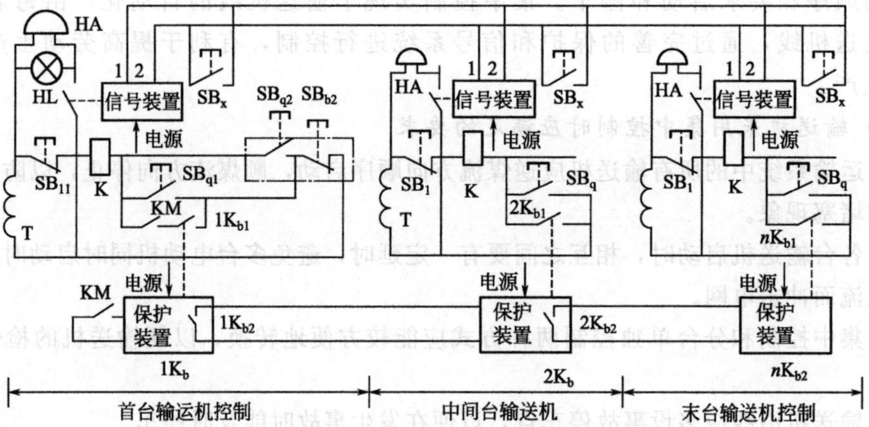

图 4-3 输送机集中控制电路

由于控制电路采用了延时保护装置，故使运输系统按逆煤流方向延时顺序启动，并可实现断链、错环、闷车等保护，每台输送机都可设置信号按钮 SB_x 和电铃信号，以便各台之间相互联络。

在实际工作中，可根据保护装置和信号装置体积的大小，将其安装在本台输送机的磁力启动器隔爆外壳内，也可装在具有隔爆外壳的四通箱内。保护装置和信号装置的电源来自磁力启动器中的控制变压器 T。

根据保护装置的工作过程及各触点之间的动作关系，将首台磁力启动器中接触器的辅助触点 KM 接在保护装置相应的位置；在磁力启动器的自保回路中串接保护装置继电器触点 $1K_{b1}$，另一个触点 $1K_{b2}$ 接在下一台输送机保护装置的接 KM 触点的位置上；中间各台保护装置的接线均相同；最后一台输送机保护装置的触点 K_{b2} 空置。

（三）输送机的保护装置

为了避免输送机发生断链、断带现象而造成较大事故，输送机必须设有保护装置。输送机的保护装置一般由传感机构和控制电路组成。

1. 传感器机构

传感机构用以反映输送机的工作状态。输送机正常工作时，传感器输出一种信号，故障时输出另一种信号。

（1）触点式传感机构 触点式传感机构是利用触点的动作情况反映输送机的工作状态。干式舌簧管是典型的触点式传感装置，其结构示意图如图 4-4 所示。

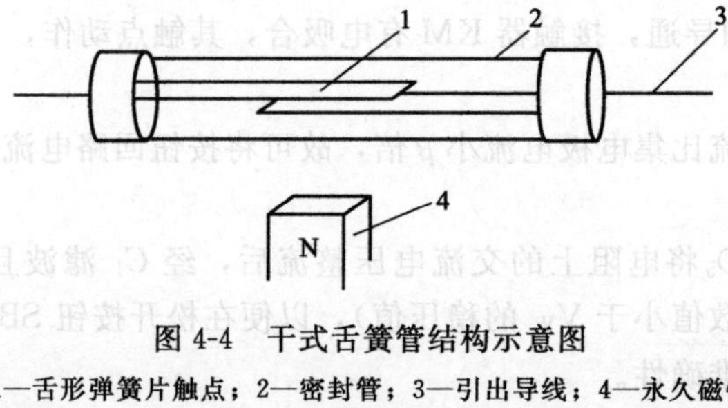

图 4-4 干式舌簧管结构示意图

1—舌形弹簧片触点；2—密封管；3—引出导线；4—永久磁铁

干式舌簧管简称干簧管。舌形弹簧片触点 1 密封在透明的绝缘外壳密封管 2 之内。弹簧片触点由铁质材料制成。当永久磁铁 4 沿舌簧片平面方向靠近时，舌簧片触点在磁性力的作用下闭合；当磁铁 4 远离干簧管或磁铁移至舌簧片侧面时，触点在弹簧片的弹力作用下断开。

如果将永久磁铁通过传动机构设置在刮板输送机机头过渡槽下槽处，当磁铁随着机头下链板的移动而不断摆动时，干簧管触点将会周期性通断，形成输送机正常运行的信号；若发生断链故障，机头下链板停止运动，干簧管触点不再变化，形成输送机的故障信号。

同理，如果将永久磁铁通过传动装置安装在带式输送机机头下部托辊的延伸轴上，使磁铁在输送机正常运行时能围绕干簧管转动或摆动，并使干簧管触点周期性通断，当带式输送机发生打滑或断带故障时，干簧管触点将长时间处于闭合或断开状态。

（2）磁感应传感机构　磁感应传感机构是利用磁感应装置磁通的变化反映输送机的工作状态，其结构如图 4-5 所示。由于它是通过电磁感应的原理发出信号的，故也称磁感应发生器。

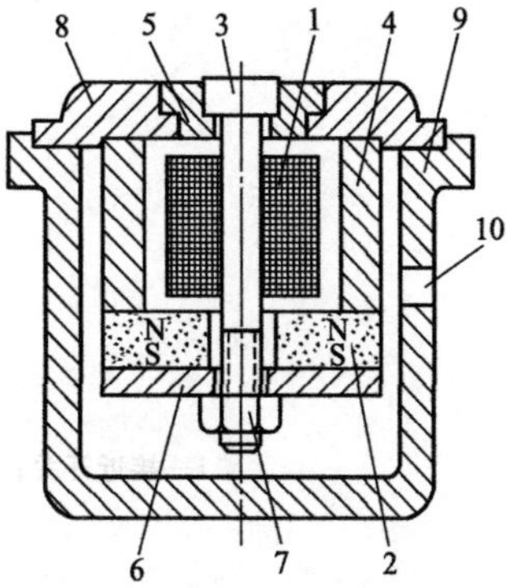

图 4-5　磁感应发生器结构图

1—线圈；2—环形永久磁铁；3—柱形铁芯；4—环形铁芯；5—避磁铜环；6—铁质挡板；7—固定螺母；8—铁质上盖；9—外壳；10—接线口

由图 4-5 可见，磁感应发生器的线圈 1 处在永久磁铁 2 的磁路中，其磁路为：永久磁铁的 N—环形铁芯 4—铁质上盖 8—隔磁铜环 5—柱形铁芯 3—铁质挡板 6—永久磁铁 S。当有铁质物体掠过上盖时，使铁质上盖 8 和柱形铁芯 3 之间的磁阻发生变化，从而引起上述磁路的磁通发生变化，故在线圈 1 中感应输出电压信号；当铁质物体在上盖静止不动时，线圈中的输出信号为零。

若将磁感应发生器安装在刮板输送机机头过渡槽下部刮板链经过的地方，其输出信号即可反映输送机的工作状态，当刮板链移动，磁阻、磁通使有信号输出。

同理，将磁感应发生器安装在带式输送机机头下部的托辊处，并将托辊表面沿轴向加工若干花槽，使托辊在上盖处转动时引起磁阻的变化，可以反映带式输送机的运行情况。

（3）接近开关式传感机构　接近开关是由晶体管振荡电路和铁芯探头组成的开关电路组成，其电路原理如图 4-6 所示。

这种传感机构适用于对双链输送机的保护。

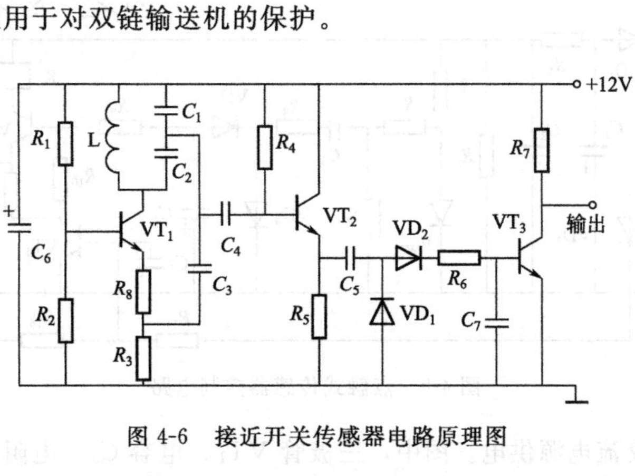

图 4-6　接近开关传感器电路原理图

图 4-6 中，三极管 VT_1 与电感 L、电容 C_1、C_2、C_3 等有关元件组成三点式振荡电路，

经 C_4 输出一定频率的电压信号。该信号经 VT_2组成的射极输出器放大，二极管 VD_1、VD_2及电容 C_5、C_7 整流滤波后加在三极管 VT_3上，使 VT_3饱和导通而输出低电位。由于电感线圈 L 的铁芯磁路为开口形，当有铁磁物质接近时，会在其表面产生涡流而增大振荡槽路损耗，迫使振荡器停振，导致三极管 VT_3截止，输出高电位。若将电感线圈 L 的铁芯作为探头，有铁质材料接近时，电路输出低电位，相当于开关闭合；无铁质材料接近时，电路输出高电位；相当于开关打开。

若将两个接近开关安装在双链输送机机头的下部，如图 4-7 所示，即可对输送机进行断链保护。

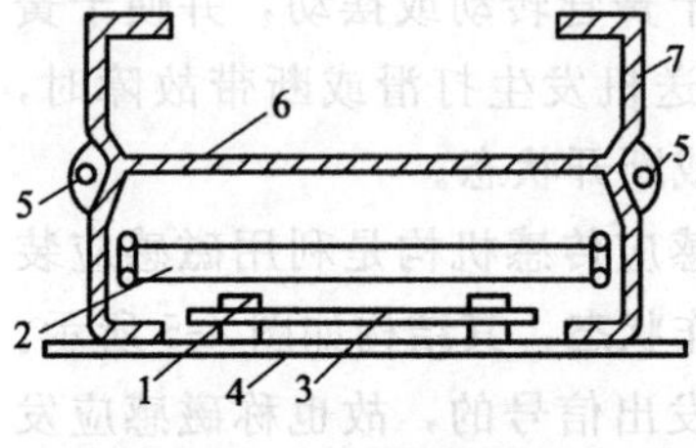

图 4-7　接近开关传感器安装示意图

1—接近开关；2—下链刮板；3—固定桥板；4—桥板支架；5—溜槽鼻子；6—溜槽基面；7—溜槽

两只接近开关 1 对称地安装在固定桥板 3 上。桥板支架 4 用螺栓纵向架设在过渡槽后一节中部槽中部的两鼻子 5 上。在输送机正常运行时，下链的每个链板平行通过两个接近开关，使两个振荡器同时停振而使电路同时输出正脉冲；当有一条刮板链断链时，下链刮板将会倾斜，从而使振荡器不能同时停振，形成电路输出信号的差异；断双链时，两个接近开关不能同时发出正脉冲。

2. 控制电路

不同的传感机构有不同的控制电路，而控制电路根据保护功能的不同而不同。这里主要介绍几种分离元件组成的控制电路。

(1) 点触式传感器控制电路　点触式传感器控制电路原理如图 4-8 所示，它具有延时启动和故障保护功能。

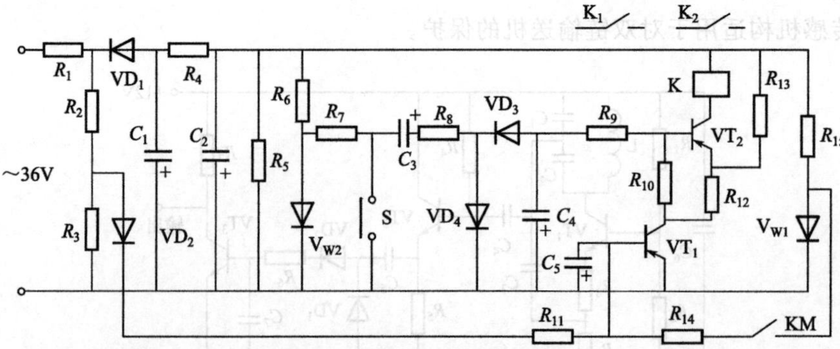

图 4-8　点触式传感器控制电路

此电路由 36V 交流电源供电。图中，三极管 VT_1、电容 C_5、电阻 R_{14} 等元件组成延时启动环节。当电源送电后，电阻 R_3 上的交流压降由二极管 VD_2 半波整流后，经电阻 R_{11} 给

电容 C_5 充电（极性为上正下负）。该电压使三极管 VT_1 截止，同时 C_4 充电（下正上负）

当接触器辅助触点 KM 闭合时，C_5 经 R_{14}→KM 触点—稳压管 V_{W1} 放电后又反向充电，经此延时后使 C_5 上的电压为上负下正，则 VT_1 导通；C_4 经 VT_1→R_{12}→VT_2→R_9 放电，故使 VT_2 饱和导通，继电器 K 有电吸合，其触点 K_1 和 K_2 闭合，从而完成延时过程。

当传感器触点 S 周期性通断时，由 C_3，C_4，R_8，R_9，VD_3，VD_4 组成充放电回路，保持三极管 VT_1、VT_2 的饱和导通。当触点 S 闭合时，C_3 经 R_8→VD_4→触点 S 放电，同时 C_4 经 VT_1→R_{12}→VT_2→R_9 放电，维持 VT_2 的基极电流，当触点 S 断开时，C_3 经 VT_1→R_{12}→VT_2→R_9→VD_3→R_8→R_7 充电，使 VT_2 保持基极电流，同时 C_4 经电源充电。

可见，只要触点 S 周期性通断，继电器 K 就能保持吸合状态。如果触点 S 停止动作，电容 C_3 和 C_4 没有充放电过程，使 VT_2 失去基极电流而断开，则继电器 K 释放。

由以上分析可得出如下结论：

① 只要触点 KM 闭合，经延时后，继电器才有电吸合，其触点 K_1 和 K_2 闭合；

② 只要传感器触点 S 周期性通断，继电器 K 就能保持吸合状态。

(2) 磁感应传感机构控制电路　磁感应传感机构控制电路原理如图 4-9 所示，它具有延时和故障保护功能。

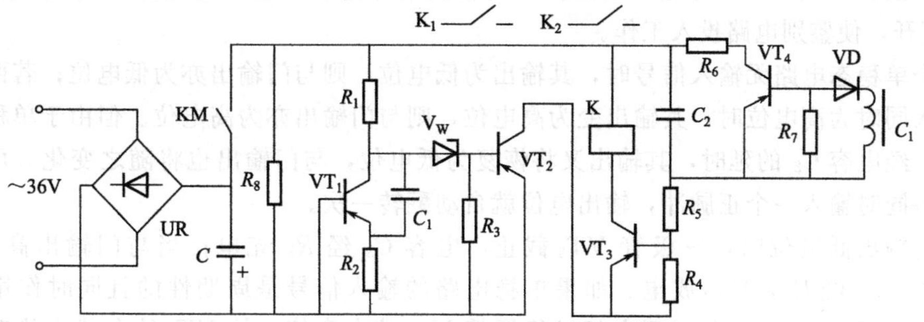

图 4-9　磁感应传感器机构控制电路

电路电源由接触器触点 KM 控制。当触点 KM 闭合时，电容 C_1 由电源经 R_1、R_2 充电。经过延时，三极管 VT_1 集电极电位低于稳压管 V_W 的击穿电压，V_W 导通；同时三极管 VT_2 导通，接通三极管 VT_3 和 VT_4 电路的电源。

当磁感应发生器 GL 有信号输出时，该信号经二极管 VD 半波整流后向 VT_4 提供基流，使 VT_4 导通；同时，VT_3 因此亦获得基极电流而饱和导通，继电器 K 有电吸合。当磁感应发生器输出信号为零时，VT_4 截止，VT_3 因无基流也截止，K 断电释放。

由于磁感应发生器输出的信号为交流电，当该信号极性为下正上负时，VT_4 导通，一方面给 VT_3 提供基流通路，另一方面给 C_2 提供放电通路，使 C_2 快速放电；当信号极性变为下负上正时，VT_4 截止，由 C_2 的充电过程维持 VT_3 的基极电流。

电路中的三极管 VT_1 用于延时电容 C_1 快速放电。当触点 KM 断开后，C_1 上所充的电压（上负下正）使 VT_1 导通而加速 C_1 的放电过程。

由以上分析可知，该电路的 KM 触点、继电器 K 的触点、磁感应发生器状态三者之间与点触式传感器控制电路具有相同的结论。

(3) 接近开关传感器控制电路　接近开关传感器控制电路原理如图 4-10 所示。它由两组接近开关传感器构成，适用于双链输送机的保护。

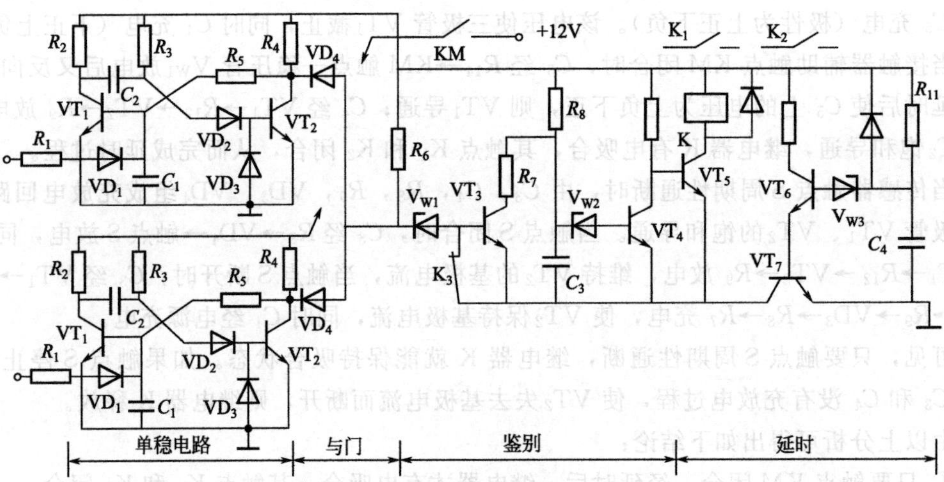

图 4-10 双接近开关传感器控制电路

该电路由两组单稳态触发器、与门电路、故障鉴别电路及延时电路组成。

当接触器触点 KM 闭合后，电容 C_4 经 R_{11} 充电。当 C_4 两端电压高于稳压管 V_{W3} 的稳压值时，三极管 VT_6、VT_7 导通，三极管 VT_5 得到电源饱和导通，继电器 K 有电吸合，其触点 K_3 打开，使鉴别电路投入工作。

两个单稳态电路无输入信号时，其输出为低电位，则与门输出亦为低电位；若两单稳态电路输入同时为高电位时，其输出变为高电位，则与门输出亦为高电位。但由于单稳态电路的特性，经电容 C_2 的延时，其输出又将恢复为低电位，与门输出也将随之变化。可见，单稳电路每同时输入一个正脉冲，输出电位就自动翻转一次。

与门输出低电位时，三极管 VT_3 截止，电容 C_3 经 R_8 充电；当与门输出高电位时，VT_3 导通，C_3 经 R_7，VT_3 放电。如果单稳电路的输入信号是周期性的且同时作用在输入端，则电容 C_3 上所充的电压不会超过稳压管 V_{W2} 的击穿值，故 VT_4 处在截止状态而维持 VT_5 的导通。

当两个接近开关因故无信号输出时，单稳态电路和与门电路输出低电位，VT_3 处于截止状态，C_3 上的电压将充到使 V_{W2} 和 VT_4 导通，则 VT_5 截止，继电器 K 断电释放。

当两个接近开关的输出信号因故不能同时输出，则两个单稳电路输出端总有一个为低电位，故与门输出为低电位；导致 VT_5 截止，K 释放。

该电路中的 KM 触点、继电器 K 触点和接近开关的输出状态三者之间仍与点触式传感器控制电路结论相同。

四、带式输送机的维修与维护

（一）输送机的维护

为保证输送机设备各部件的正常工作及运转，必须严格对输送机进行维护工作。检查工作分为班检、日检、周检、月检和季检五类。应按照各类检查规定的检查内容进行，发现问题应及时处理。

（二）输送机常见的电气故障

在带式输送机使用过程中，可能会出现各种相关故障。

1. 井下电气设备缺相故障分析及处理方法

井下电气设备缺相故障分析及处理方法见表 4-1。

表 4-1　井下电气设备缺相故障分析及处理方法

故障现象	可能原因	处理方法
电动机在启动时，发出“嗡嗡”的响声，但不能启动；把联轴器销子拿掉后仍然不能启动	(1)电源缺相	更换接线柱或重新压线；换同型号的真空管；更换连线或重新接
	(2)启动开关缺相	更换启动开关
	(3)负荷断线	更换接线柱或重新压线
	(4)电机本身缺相	更换电机，把故障电机带回井上修理

2. 橡套电缆常见故障分析及处理方法

橡套电缆常见故障分析及处理方法见表 4-2。

表 4-2　橡套电缆常见故障分析及处理方法

故障现象	可能原因	分析及处理方法
断芯线和单相接地	原因不一，要逐步排查	首先，确定电缆故障性质，是单相接地，还是断相。可用兆欧表摇出接地相。如是断芯线，则可用万用表测定 其次，确定是哪根线接地或哪根芯线断。使用对等分开查找法，很快就能查出故障线路是哪一根 最后是故障点的判断及处理。主要是靠人工来进行查找。根据经验，对该电缆控制芯线修复主要分以下几步： 第一步，把所有待查的电缆均匀放开，然后用清水清洗干净。 第二步，用电缆耐压机接故障控制线，然后逐渐升高试验电压。控制试验电流在允许范围内半小时后，控制线接地点电缆发热，故障点找出。 第三步，迅速扒开故障点电缆，用苯或汽油清洗故障点，对于芯线截面损伤的要用敷铜线并码接，确认修复好后，再添加绝缘层，外皮用热补机修补

3. 带式输送机电动机故障分析及处理方法

带式输送机电动机故障分析及处理方法见表 4-3。

表 4-3　带式输送机电动机故障分析及处理方法

故障现象	可能原因	分析及处理方法
操作启动开关，变电所低压总开关就掉闸。从电动机上甩掉线头后，即不掉闸	变电所开关未整定或整定偏小；电动机绕组单相接地；绕组短路	对于一相接地故障，首先打开电动机二次防爆面，检查其接线有无毛刺碰触电动机外壳，有无接线柱因有水导致绝缘能力降低，然后再进行针对性处理。而对于绕组在铁芯内接地的故障，无法在井下处理，需将设备运回井上再进行修复。对于二相绕组短路的电动机，在打开二次防爆面时，就能闻到焦糊味，如不是接线问题，只需更换电动机
电动机完全不能启动且线电流不平衡，定子绕组局部过热，响声不正常	电源断相	用试电笔测量查找
	电动机绕组其中一相断线	用万用表测量，运到井上维修
	开关真空管接触不好	更换开关真空管
电动机启动力矩不足，重载不能启动，或负载加大时电动机停下来；有强烈杂声；局部过热；定子电流变化大	定子绕组为三角形接线时，内部一相断线或定子绕组匝间短路	用万用表检查，如果是开焊造成断线或定子绕组匝间短路，需更换电动机后到井上处理

续表

故障现象	可能原因	分析及处理方法
某采煤工作面输送机道新安装一部PDG-80型带式输送机，采用40kW双机拖动，工作面试生产期间该输送机连续烧坏3台55kW电动机	机头传动装置不合理	该带式输送机主传动滚筒的直径应为550mm，现使用的两传动滚筒直径偏差10mm（烧电动机的滚筒直径为555mm，而另一滚筒直径为545mm）。由于胶带在两滚筒上依靠摩擦力传动的线速度相等，故滚筒转速不等，与通过减速器和滚筒相连接的两台电动机转速也不相等，即与直径大的滚筒连接的电动机转速慢，与直径小的滚筒连接的电动机转速快。当后者达到额定转速后，前者则处于一种堵转状态，堵转的电动机易烧坏。把直径555mm的滚筒外层胶皮去除，使两滚筒直径相等，烧电动机故障排除

4. 带式输送机电气控制装置常见故障分析及处理方法

带式输送机电气控制装置常见故障分析及处理方法见表4-4。

表4-4 带式输送机电气控制装置常见故障分析及处理方法

故障现象	原因分析	处理方法
没有电	(1)660V电源没有电	检查馈电开关
	(2)熔断器熔芯断	更换
预警电话不响	(1)127V电源没有	检查控制箱中的127V电源
	(2)控制继电器坏	更换
PLC指示灯闪烁	(1)PLC程序被毁	联系设计单位重灌
	(2)PLC故障	联系设计单位更换
表头无电源	(1)24V电源坏	更换24V电源模块
	(2)连线错误	检查连线，更正
速度表显示不正常	(1)测速传感器没安装好	调整安装间隙，检查接线
	(2)测速传感器坏	更换
	(3)速度表坏	更换
电流表无显示	(1)电流互感器没有电源	检查24V电源模块
	(2)电流互感器坏	更换
	(3)接线错误	检查接线，更正
不能启动闸电机或油泵电机	(1)过流	复位热继电器上的蓝色按钮
	(2)经常过载	重新整定
	(3)熔芯断	更换
启动按钮无作用	(1)工作方式档位错误	打至手动或自动挡
	(2)故障停车，软件自锁	按一下复位按钮
无法启动电机	(1)磁力启动器没有打在远控档	更正
	(2)磁力启动器没有在规定时间内返回信号	检查磁力启动器
	(3)接线错误	检查接线，更正
正常运行时产生打滑停车	速度表整定值错误	重新整定

能力体现

一、输送机单独控制的启动与停止

1. 输送机的启动操作

(1) 首台启动　如图 4-1 所示。

① 启动回路。按下首台启动按钮 1SB，构成启动回路，本台启动。本台 KM_3 的闭合为下一台启动做好准备。

变压器一端 4 号→停止按钮 SB→KM 线圈→1 号控制线→本台 1SB→本台 2SB→3 号控制线→本台启动器外壳→本台 9 号端子→变压器另一端。

② 自保回路。当松开启动按钮 1SB 时，构成自保回路。

变压器一端 4 号→停止按钮 SB→KM 线圈→1 号控制线→KM_2 自保触点→2 号线→本台 2SB→3 号控制线→本台启动器外壳→本台 9 号端子→变压器另一端。

(2) 中间台启动

① 启动回路。按下中间台启动按钮 1SB，构成启动回路，本台启动。本台 KM_3 的闭合为下一台启动做好准备。

变压器一端 4→停止按钮 SB→KM 线圈→1 号控制线→本台 1SB→本台 2SB→3 号控制线→本台启动器外壳→联络接地线 E→前台 KM_3→前台 13 号端子→联络控制线 L→本台 5 号端子→变压器另一端。

② 自保回路。当松开启动按钮 1SB 时，构成自保回路。

变压器一端 4→停止按钮 SB→KM 线圈→1 号控制线→KM_2 自保触点→2 号线→本台 2SB→3 号控制线→本台启动器外壳→联络接地线 E→前台 KM_3→前台 13 号端子→联络控制线 L→本台 9 号端子→变压器另一端。

③ 末台启动。末台的启动、自保过程如同中间台的启动、自保过程。

2. 输送机的停止操作

停止时可按启动相反的顺序，从后到前逐台停机，也可利用第一台的停止按钮直接停止全线各机。

3. 输送机单独控制的注意事项

启动时各台间要留有几秒钟的时间间隔，以防止启动电流叠加起来，电流太大而产生过大的电压降，造成启动困难，甚至引起过电流保护装置动作，酿成停电事故。

二、输送机集中控制的启动与停止操作

1. 输送机的启动操作

由输送机信号电路（见图 4-3）可见，只要按下任何一台输送机的信号按钮 SB_X，均可发出相应的声光信号。输送机启动时，首先进行信号联系；得到回铃信号后，首台输送机操作人员可下启动按钮 SB_{q1} 或 SB_{q2}，接通磁力启动器控制回路，首台输送机启动运行。同时，辅助触点 KM 闭合，使保护装置中的继电器 $1K_b$ 延时动作。当触点 $1K_b$ 闭合后，接通磁力启动器自保回路。故启动首台输送机时，应将启动按钮按下 3～4s，待触点 $1K_b$ 闭合后再松开，否则不能接通自保回路。输送机正常运转后，保护装置的传感器触点周期性通断，故可维持 $1K_b$ 的吸合。

在保护装置继电器 $1K_b$ 动作的同时，其触点 $1K_{b2}$ 闭合，接通下一台保护装置相应电路；

经 3～4s 延时，保护继电器 $2K_b$ 有电吸合，其触点 $2K_{b1}$ 闭合，接通本台磁力启动器控制回路，接触器有电吸合，输送机启动运行并通过传感器触点维持 $2K_b$ 吸合，触点 $2K_{b2}$ 闭合，接通下一台保持装置电路。经上述相同过程，使各台输送机顺序延时启动。

2. 输送机的停止操作

正常停车时，按下首台磁力启动器停止按钮 SB_{T1} 或 SB_{T2}，首台启动器断电，触点 KM 打开；在输送机停车后，传感器输出信号不变，故使保护继电器 $1K_b$ 断电，其触点 $1K_{b2}$ 打开，使第二台保护继电器 $2K_b$ 断电，其触点 $2K_{b1}$ 断开第二台启动器控制回路而使输送机停车；同样，触点 $2K_{b2}$ 又使下一台启动器断电。以此类推，使各台输送机停车。

由于保护装置中的触点 KM（或 K_{b2}）与继电器 K_b 之间为瞬时动作，故各台输送机的停车几乎是同时进行的。

当输送机发生断链等故障时，通过保护装置即可使本台输送机停车，并通过保护继电器触点 K_{b2} 使以后各台输送机也停车。但故障点之前的输送机不会自动停车，这时可通过联络信号打点停车。

当输送机抢修需要单独运行时，除第一台外，其他各台均可通过操作本台磁力启动器上的按钮 SB 来启动本台输送机，这时其他输送机将不会启动。对于第一台输送机，可将保护装置上的 SB 触点人为断开，即可单独对其操作。

【操作训练】

序号	训练内容	训练要点
1	带式输送机采用集中的接线操作控制	三台输送机集中控制的接线、操作方法，观察启动和停车的动作顺序
2	带式输送机相关故障处理	熟练进行电气设备缺相故障及处理、电缆故障及处理、电动机故障及处理和电气控制装置故障及处理

【任务评价】

序号	考核内容	考核项目	配分	得分
1	集中控制应满足的要求	启动、停止、多点控制、保护	20	
2	输送机信号装置	电路特点、控制方法	20	
3	输送机控制电路	信号连锁、延时控制、接线控制	20	
4	输送机保护装置	传感器种类和功能、控制方法	20	
5	遵守纪律	出勤、态度、纪律、认真程度	20	

分任务二　矿用电机车电气控制系统

知识要点

(1) 矿用电机车有触点电控系统的结构组成和控制原理。

(2) 矿用电机车无触点电控系统的结构组成和基本控制原理。

技能目标

(1) 掌握电机车有触点电控系统维护与检修方法。

(2) 了解电机车无触点电控系统维护与检修方法。

任务描述

本任务主要介绍了目前两种常用的电机车电控系统的组成、控制原理、性能特点以及在使用时的操作、管理维护与检修方法。通过学习，应在掌握性能特点的基础上重点掌握实际应用知识和能力。

电机车是矿山的重要运输工具，尤其是长距离水平巷道的主要运输工具，是由电机车牵引一列矿车在轨道上进行运输的一种机械设备。担负着煤炭、矸石、材料、设备、人员等繁重的运输任务。矿用电机车按其电源不同可分为直流电机车和交流电机车两大类，直流电机车按其供电方式不同又分为架线式与蓄电池式两种，如图 4-11 所示，此外，还有架线-蓄电池两用式电机车。由于串激电动机的机械特性是软特性，因而当负载转矩增大时，其转速自动降低，从而减小电流，牵引特性好，过载能力强，特别适用于起重和运输等负载变化较大的设备，在煤矿中主要用于拖动矿用电机车。

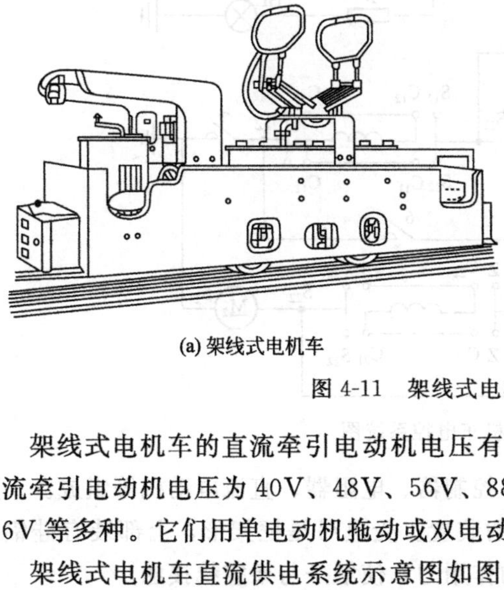

(a) 架线式电机车

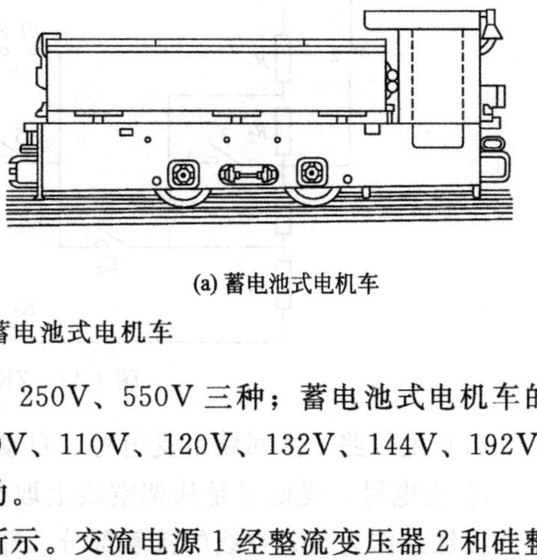

(a) 蓄电池式电机车

图 4-11　架线式电机车和蓄电池式电机车

架线式电机车的直流牵引电动机电压有 100V、250V、550V 三种；蓄电池式电机车的直流牵引电动机电压为 40V、48V、56V、88V、90V、110V、120V、132V、144V、192V、256V 等多种。它们用单电动机拖动或双电动机拖动。

架线式电机车直流供电系统示意图如图 4-12 所示。交流电源 1 经整流变压器 2 和硅整流装置 3 变为直流电源，接在架空线 4 和轨道 7 间，通过受电弓 5 和电机车中的直流电动机 6 回到轨道 7，构成直流回路。由于架线式电机车成本低，设备简单，用电效率高，易于维护，所以应用较多。蓄电池电机车除了由大容量蓄电池供电外，其控制系统与架线式类似。矿用电机车的电控系统分有触点系统和无触点系统两大类，下面以 ZK10 型电机车为例分析矿用电机车两类电控系统。

一、矿用电机车有触点电控系统

有触点电控系统是利用控制器、电阻器等控制电机车的前进、后退、调速、制动等运行方式。该系统设备简单，控制方便，目前各矿仍采用，但由于电阻消耗电能不经济，将被无触点控制系统取代。

架线式与蓄电池式电机车的电控系统组成及原理基本相同。只是蓄电池式采用插销连接器与蓄电池连接，而架线式采用受电弓与架空线滑动连接。现以 ZK10 型架线式电机车电控系统为例介绍。

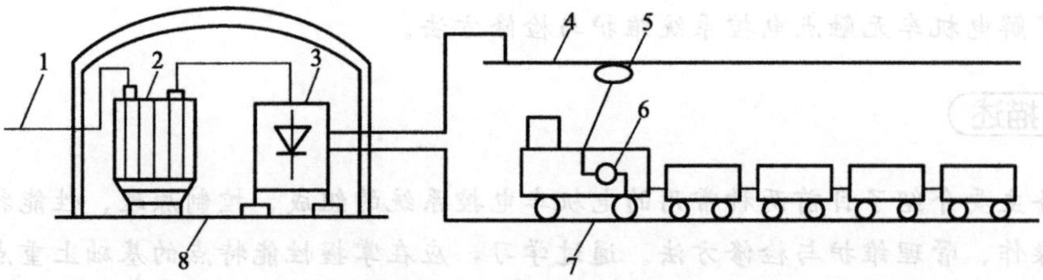

图 4-12 架线式电机车直流供电系统示意图

1—交流电源；2—整流变压器；3—硅整流装置；4—架空线；5—受电弓；6—直流电动机；7—轨道；8—牵引变流室

1. 电控系统的电路组成

ZK10 型电机车电控系统如图 4-13 所示，由主回路和照明回路组成。

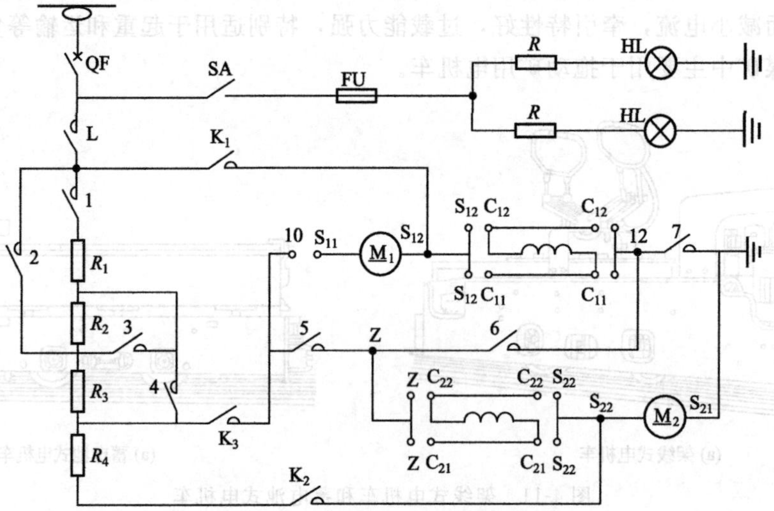

图 4-13 ZK10 型电机车电控系统图

(1) 主回路 主回路由受电弓、自动开关、控制器、电阻器、直流电动机等组成。

① 受电弓。受电弓是从架空线上取得电能的装置。受电弓是框架形，上部装有硅铝制成的接触条作为与架空线的接触部分，靠弹簧的作用力，使触条与架空线接触。

② 自动开关。自动开关 QF 是电机车电源总开关，具有过流保护作用。采用手动合闸和分闸，过流时自动跳闸。

③ 控制器。矿用架线电机车控制器分为主控制器和换向器两部分，前者用于电机车的启动、调速、制动和停车，后者用于电动机的换向。主控制器和换向器均由转动手柄操作，图 4-14 画出了 QKTB-3 型控制器结构图。a 是主控制器手柄，也叫主轴手柄；b 为换向器手柄，也叫可逆轴手柄，它为扳手式，当扳定开车方向后，手柄可以取下，以防他人误操作，发生开反车现象。

主控制器为凸轮式，由主轴和 11 对主触点及其灭弧装置组成。主触点沿轴向分别装在主轴一侧的 11 块绝缘板上，每个主触点上部装有电磁吹弧线圈和灭弧罩。主轴上装有与主触点相对应的绝缘凸轮，当凸轮转到凸出部分时，主触点被顶开，转到凹下处时，主触点在弹簧作用下自动闭合。这些凸轮的凸凹部分根据需要设计在不同位置上。当司机转动主轴手柄 a 时，主触点按设定的顺序闭合与断开，以达到控制的目的。主触点闭合关系见表 4-5，

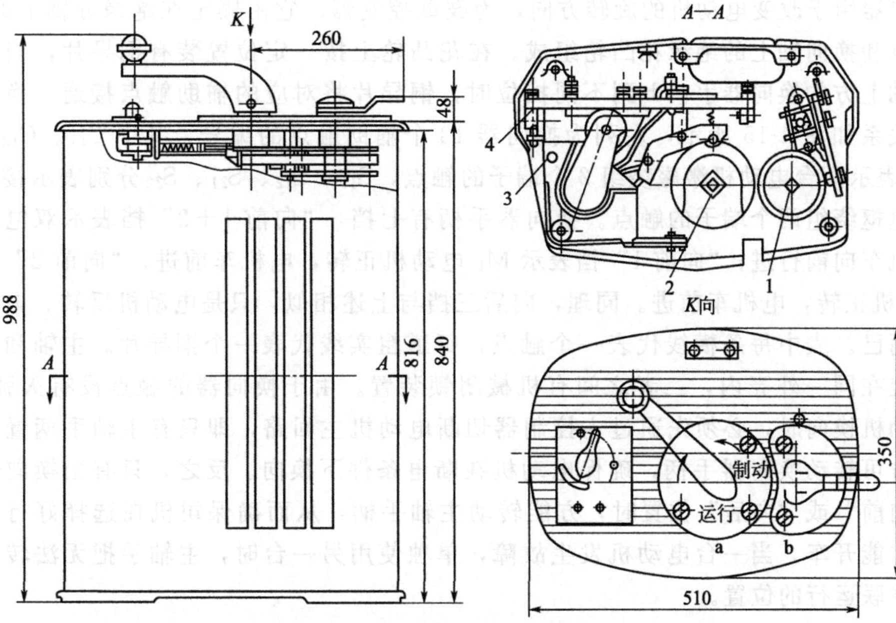

图 4-14　QKTB-3 型控制器结构图

1—换向接触器；2—主接触器；3—灭弧罩；4—绝缘板

表中主控制器 11 对主触点的编号为 K_1～K_3、L、1～7。表中左列为主轴手柄的 18 个挡位，其中 0 位是电动机断电位置，1～5 位是 2 台电动机串联运行位置，X_1～X_3 挡是 2 台电动机由串联到并联的过渡位置，6～8 位是 2 台电动机并联运行位置，“Ⅵ～Ⅰ”位是 2 台电动机动力制动运行位置。表中×表示该触点对应左列位置接通。

表 4-5　ZK10 型电机车主控制器主触点闭合表

位置	触点编号及其状态											电阻/Ω	
	K_1	L	1	2	3	4	K_2	K_3	5	6	7	ZK10-250 型	ZK10-550 型
0			×							×			
1		×	×					×		×		3.435	11.34
2		×	×		×					×		2.061	6.804
3		×	×	×	×			×		×		1.374	4.536
4		×			×	×		×		×		0.687	2.268
5		×		×	×	×		×		×		0	0
X_1		×		×	×			×		×		1.374	4.536
X_2		×		×				×		×	×	1.374	4.536
X_3		×		×				×	×		×	1.374	4.536
6		×		×		×		×	×		×	0.687	2.268
7		×	×	×		×		×	×		×	3.343	1.134
8		×	×	×	×	×		×	×		×	0	0
Ⅵ	×		×	×	×	×	×		×		×	0.458	1.512
Ⅴ	×		×	×		×	×		×		×	0.801	2.646
Ⅳ	×			×		×	×		×		×	1.142	7.78
Ⅲ	×			×	×		×		×		×	1.832	6.048
Ⅱ	×				×		×		×		×	2.519	8.361
Ⅰ	×		×				×		×		×	3.893	12.852

换向器用于改变电动机的旋转方向，为鼓型控制器。它由固定在绝缘方轴上的13个辅助触点和换向轴上的绝缘花凸轮组成。在花凸轮上按一定位置装有铜导片，当司机扳动换向轴上方的换向器手柄b到不同挡位时，铜导片将对应的辅助触点接通。换向器触点闭合关系如图4-15所示，左列为换向器13个辅助触点的编号，其中C_{11}、C_{12}、C_{21}、C_{22}分别表示两台电动机激磁绕组2个端子的触点，S_{11}、S_{12}、S_{21}、S_{22}分别表示接到2台电动机电枢绕组两个端子的触点。换向器手柄有七挡，“向前1+2”挡表示双电动机正转，电机车向前行进；“向前1”挡表示M_1电动机正转，电机车前进；“向前2”挡表示M_2电动机正转，电机车前进。同理，向后三挡与上述相似，只是电动机反转、电机车向后行进而已。表中每条横线代表一个触点，每道粗实线代表一个铜导片。主轴和换向轴两部分装在同一外壳内，二者之间有机械闭锁装置。由于换向器的触点没有灭弧装置，所以电动机换向时，必须先通过主控制器切断电动机主回路，即只有主轴手柄置于“0”位时，方可转动换向器手柄，确保电动机在断电条件下换向。反之，只有当换向器手柄位于“向前”或“向后”位置时，方能转动主轴手柄，从而确保司机在选择好行车方向之后，才能开车。当一台电动机发生故障，单独使用另一台时，主轴手把无法转到2台电动机并联运行的位置。

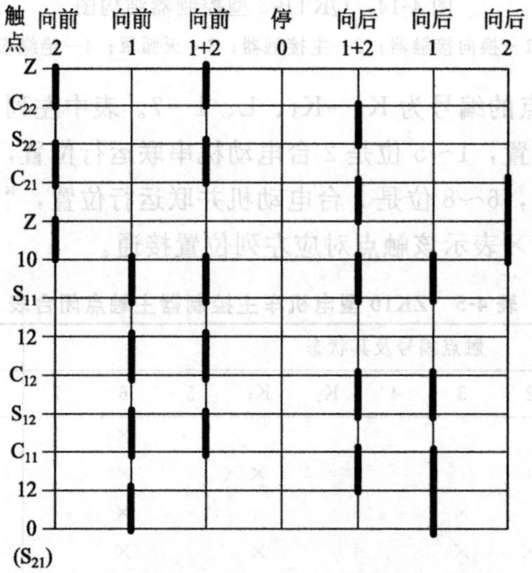

图4-15 ZK10型电机车换向器触点闭合关系

④ 电阻器。电阻器R_1～R_4用于电动机启动、调速和制动时串在电动机主回路中，起限流和分压作用。它有线形和带形两种，均绕成螺旋管状，其材料多系高阻铁、镍、铬的合金。

⑤ 直流串激电动机。直流串激电动机M_1、M_2用于牵引矿用电机车。由于矿用电机车的工作条件比较恶劣，经常受到机械震动以及煤尘、潮气和污垢的侵入，因此直流电动机在结构上应该是坚固和封闭的。蓄电池式电机车的直流电动机为隔爆型，冷却方式多为自然冷却式。直流电动机有4个主磁极，只有2组电刷，这是为了检修与维护工作的方便。由于电机车必须两个方向行驶，所以电动机应能正、反向旋转。

(2) 照明回路　照明回路由手动照明开关SA、(内装6A的管型熔断器FU)、限流电阻R及127V的60W照明灯组成。

2. 工作原理

(1) 开车前的准备 开车前，司机选定开车方向，如果要求电机车前进，并且2台电动机都投入工作，则将换向轴手柄推到“向前1+2”位置。从图4-15看出，此时辅助触点Z与C_{22}、S_{22}与C_{21}、10与S_{11}、S_{12}与C_{11}闭合，2台电动机的电枢绕组分别与其激磁绕组串联。这时因主轴手柄置于“0”位，电动机仍无电。

(2) 电机车的启动 开车时，司机将主轴手柄由“0”位依次转到最后“1”位，分别完成下列过程。

① 2台电动机串联启动。

a. 主轴手柄转到“1”位时，由表4-2可知，主触点L、1、K_3、6闭合，串入电阻$R_1 \sim R_3$，阻值共3.435Ω，且2台电动机串联后接入电源，电流路径为：架空线(+)→受电弓→自动开关QF→主触点(L)→1→R_1→R_2→R_3→K_3→10→S_{11}→M_1→S_{12}→C_{11}→C_{12}→12→6→Z→C_{22}→C_{21}→S_{22}→M_2→S_{21}→地（图4-13）。

b. 主轴手柄转到“2”位时，又有触点3闭合，短接R_2，阻值降为2.061Ω。机车加速运行。

c. 主轴手柄转到“3”位时，又有触点2闭合，短接R_1，阻值降为1.374Ω。机车继续加速。

d. 主轴手柄转到“4”位时，又有触点4闭合而触点2断开，短接R_3而接入R_1，阻值降为0.687Ω，机车继续加速。

e. 主轴手柄转到“5”位时，触点2闭合，短接R_1，至此电阻全部切除，2台电动机串联，各承受电源电压的1/2，转速为全速的1/2。

② 电动机串并联过渡。

a. 主轴手柄转到“X_1”位时，触点4断开，串入R_3，阻值为1.374Ω，为切除1台电动机做限流准备。

b. 主轴手柄转到“X_2”位时，触点7闭合，电动机M_2被短接，回路总电阻减小，M_1加速。

c. 主轴手柄转到“X_3”位时，触点6断开，触点5闭合，电动机M_2与M_1并联。

③ 2台电动机并联运行。

a. 主轴手柄转到“6”位时，触点4又闭合，使R_2、R_3电阻并联，电流从触点2开始分别经R_3支路、R_2和触点4汇集到触点K_3经原路返回，并联电阻降为0.687Ω，电机车继续加速。

b. 主轴手柄转到“7”位时，触点1又闭合，使R_1与R_2、R_3并联，电流从触点L开始分三路：触点1、R_1、触点4；触点2、R_2、触点4；触点2、R_3。汇集到触点X_3后按原路返回，并联阻值降到0.343Ω，电机车进一步加速。

c. 主轴手柄转到“8”位时，触点3又闭合，电流从触点L→2→3→4→K_3，短接全部电阻$R_1 \sim R_3$，两电机并联下全压运行，速度达到最大，启动过程结束。

(3) 电机车的制动 电机车的制动采用先电气制动减速、再机械闸制动的方式停车。电气制动多采用动力制动，动力制动是将2台电动机的电枢和激磁绕组交叉连接并串入电阻，如图4-16(b) 所示。两电动机互相激磁，保证激磁电流方向与电动运行时相同，防止去磁，但电枢电流与激磁电流方向相反，产生制动力矩。同时，也克服了制动时负荷不均的现象。制动过程如下：

行进中的电机车需要制动时，先将控制器主轴手柄扳回“0”位，使电动机断电；再将主轴手柄推到“I”位。此时主触点 K_1、1、K_2、5、7 闭合，电阻 R_1～R_4 全部串联到 2 台电动机的电枢端子 S_{12} 和 S_{22} 之间，形成图 4-16(b) 所示的桥式电路。2 台电动机的电枢绕组利用余速发电，经过电阻和另一台电动机的激磁线圈构成电流回路：一路由 M_1 的 S_{11} 端出发经触点 5、C_{21}、C_{22}、K_2、R_4～R_1 回到 M_1 的 S_{12} 端；另一路由 M_2 的 S_{22} 端出发经触点 K_2、R_4～R_1、K_1、C_{11}、C_{22}、7，回到 M_2 的 S_{21} 端。与图 4-16(a) 的电动运行时相比，2 个电枢中的电流均反向，产生制动力矩，转速迅速降低。

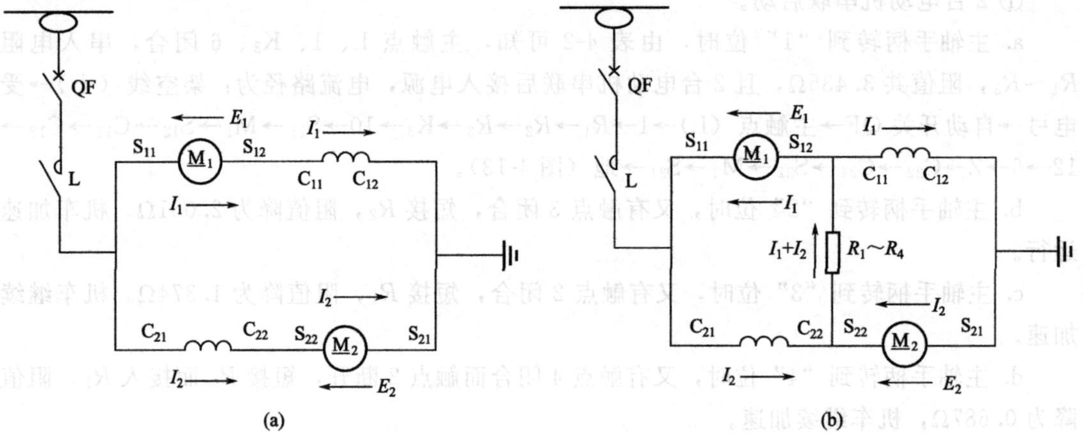

图 4-16　矿用电机车动力制动示意图

(a) 电动运行方式；(b) 动力制动运行方式

随着转速的降低，电枢导体感应电动势减小，电枢电流和激磁电流减小，制动力矩也减小，为此可将手柄依次转到“Ⅱ～Ⅵ”位，通过 1、2、3、4 触点的转换，逐渐减小所串电阻，只剩下电阻 R_4 (0.458Ω)，电机车速度已降到很低，到停车位时使用机械制动闸停车。

(4) 电机车的反向行驶　欲使电机车反向行驶，只需将换向轴手柄预先扳动到“向后”位，这时 2 台电动机的激磁线圈连接方式改变，即 C_{22}—S_{22}、C_{21}—Z、C_{12}—S_{12}、C_{11}—12 闭合，激磁电流反向，用与“向前”相同的方法操纵主轴手柄，进行电机车的启动、调速、制动。

二、矿用电机车无触点调速系统

无触点系统是利用电力电子器件组成的调速装置完成矿用电机车控制任务的。这种系统的控制装置体积小，具有操作方便、节省电能、无级调速、调速范围大、启动转矩大、免触点维护等优点。目前使用的有晶闸管脉冲调速和 IGBT（绝缘栅双极晶体管）脉冲调速，DTC 低速高转矩交流变频调速也开始应用于矿用电机车无触点调速系统。

（一）脉冲调速原理

直流电动机可通过改变其端电压实现调速，脉冲调速就是用直流斩波器改变加于电动机两端的平均电压，实现调速的。如图 4-17(a) 中的直流斩波器为一个无触点快速开关，由晶闸管或 IGBT 组成，周期地把直流电压加以分断和接续，使电动机两端得到如图 4-17(b) 所示的矩形脉冲电压。直流每通断一次称为一个脉冲周期，电动机一个周期的端电压平均值为：

$$U_{av}=\frac{t_1}{T}U=t_1 fU$$

式中 t_1——每一周期内直流斩波器接通时间，s；

T——直流斩波器的脉冲周期，s；

f——直流斩波器的脉冲频率，Hz；

U——电源电压，V。

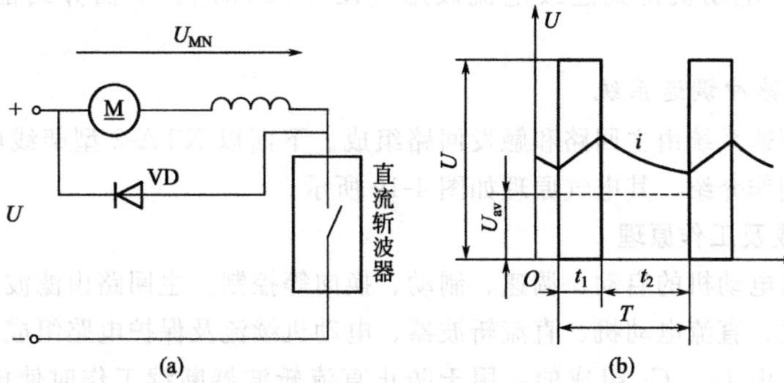

图 4-17 晶闸管脉冲调整原理示意图

由上式可知，改变直流斩波器的接通时间 t_1 或脉冲频率 f，均可改变电动机的端电压平均值，从而实现调速。因此，直流斩波器的调压方式有以下 3 种。

1. 定频调宽方式

定频是指直流斩波器的脉冲频率 f 固定，调宽是指直流斩波器的接通时间 t_1（即脉冲宽度）可调。电动机的端电压平均值随 t_1 的长短而增减，如图 4-18(a) 所示。

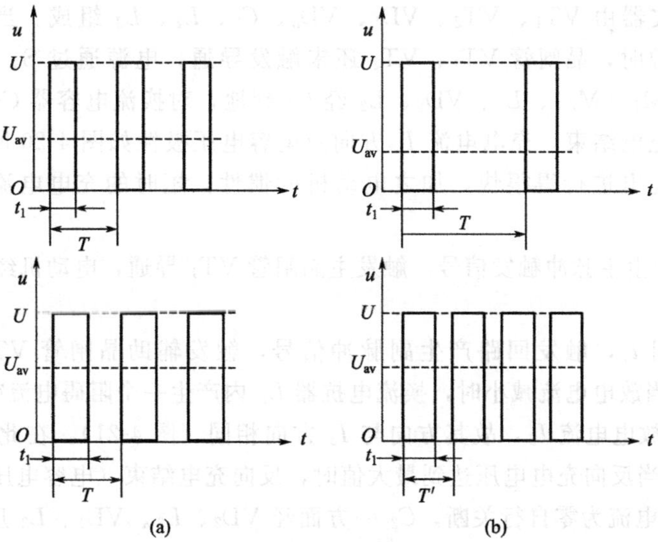

图 4-18 直流斩波器调压方式

2. 定宽调频方式

定宽调频是指直流斩波器的接通时间 t_1 不变，而调节脉冲频率 f，电动机端电压的平均值随频率的增减（或周期的减增）而增减，如图 4-18(b) 所示。

3. 调频调宽方式

调频调宽是指同时改变直流斩波器的脉冲频率 f 和接通时间 t_1，电动机端电压的平均值随频率和接通时间的增减而增减，可以获得较宽的调速范围。但因控制回路太复杂，一般很少采用。

为防止电动机工作中出现脉动，在直流电动机两端并联续流二极管 VD［图 4-17(a)］。当直流斩波器分断时，电枢绕组和激磁绕组中的感应电动势使续流二极管导通，维持电动机中的电流，电动机得到连续电流波形［图 4-18(b)］。下面介绍晶闸管的脉冲调速系统。

（二）晶闸管脉冲调速系统

晶闸管脉冲调速系统由主回路和触发回路组成。下面以 KTA-2 型架线电机车定频调宽脉冲调速控制为例作介绍，其电气原理如图 4-19 所示。

1. 主回路组成及工作原理

主回路实现对电动机的启动、调速、制动、换向等控制。主回路由滤波器、接触器、换向开关、调速开关、直流电动机、直流斩波器、电动机续流及保护电路组成。

(1) 滤波器是由 L_1、C_1 组成的，用于防止直流斩波器断续工作时使电网产生脉动电流，造成强电磁波辐射，对通信系统产生的干扰。

(2) 接触器是由电磁线圈 KM 及触点 KM_1～KM_4 组成，主要用来控制电动机的通断。

(3) 直流电动机有 2 台，可单机运行或双机运行。也可将 2 台的激磁绕组与电枢绕组交叉连接实现动力制动运行。

(4) 换向开关共有 9 个接点、向前与向后各有 3 个挡位，可实现电动机单机或双机下的向前或向后运行操作，其手柄位置如图 4-19 所示。调速开关有 8 个接点、5 个挡位，可实现调速和动力制动的操作。

(5) 直流斩波器由 VT_1、VT_2、VD_1、VD_2、C_2、L_2、L_3 组成。当 S、KM_1 及换向开关闭合接通电源时，晶闸管 VT_1、VT_2 还未触发导通，电源通过 S、L_1、KM_1 换向开关及电动机绕组 M_1（M_2）、L_3、VD_1、L_2 经 C_2 到地，对换流电容器 C_2 充电，电容电压达到最大电压后充电结束，充电电流 I_1 方向及电容电压极性如图 4-20 所示。由于回路的充电电阻很小，充电进行得很快，加之电动机的惯性，短时的充电电流不足以使电动机启动。

当触发回路产生主脉冲触发信号，触发主晶闸管 VT_1 导通，电动机经 VT_1 与电源接通并运转。

经过一段时间 t_1，触发回路产生副脉冲信号，触发辅助晶闸管 VT_2 导通。C_2 通过 VT_2、L_2 放电，当放电电流减小时，换流电抗器 L_2 内产生一个阻碍电流减小的感应电动势 E_1，E_1 力图维持放电电流 I_2，故其方向与 I_2 方向相同（图 4-21）。在此电动势的作用下。向 C_2 反向充电，当反向充电电压达到最大值时，反向充电结束（电容电压极性与图 4-21 所示相反），VT_2 中电流为零自行关断。C_2 一方面经 VD_2、L_3、VD_1、L_2 反向放电（图 4-22 中 I_3 回路），使主晶闸管 VT_6 因承受反向电压而被迫关断；另一方面 C_2 经地、主电源、受电弓、S、KM_1、M_1（M_2）、L_3、VD_1、L_2 继续放电（图 4-22 中 I_4 回路），维持电动机的工作电流，直至反向放电结束，电源再重新向 C_2 充电，重复上述过程。

(6) 电动机续流是由续流二极管 VD_3 实现的。由于 I_4 减小时，电动机绕组内产生一个阻碍电流减小的感应电动势 E_2，故 E_2 方向与 I_4 方向相同（图 4-21），在此 E_2 作用下 VD_3

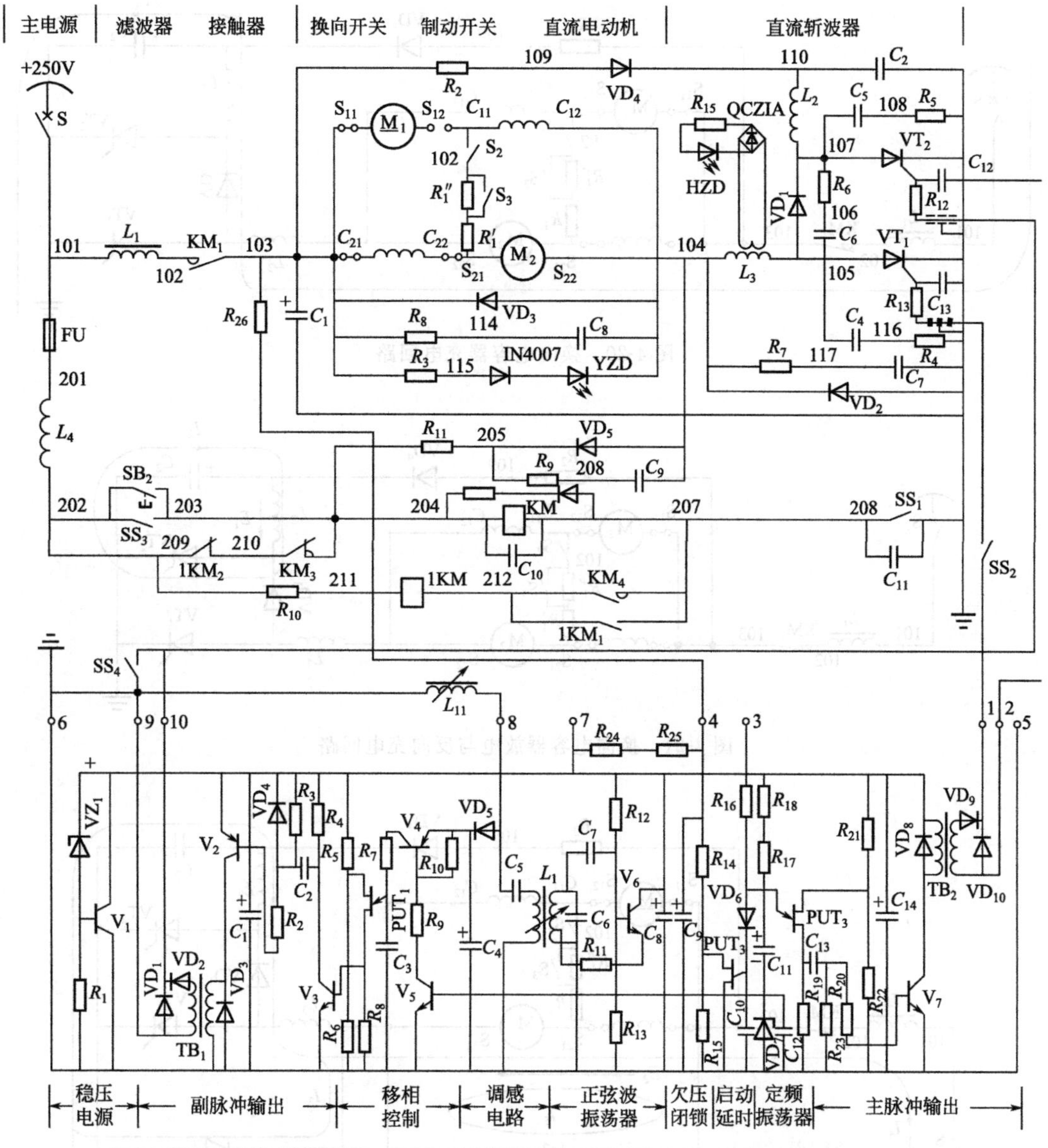

换向手柄位置图

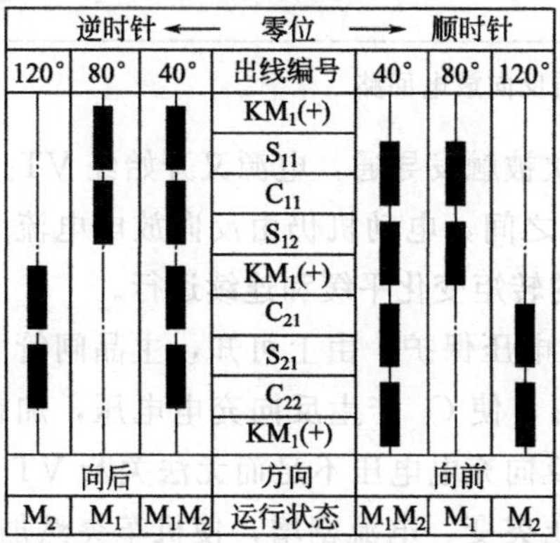

调速手柄位置图

按点	逆时针		零位	顺时针		
	二级制动	一级制动	停止	启动	调速	全速
SS_1				×	×	×
SS_2					×	×
S_{11}					×	
SS_3					×	×
SS_4						×
S_1	×	×				
S_2	×	×				
S_3		×				

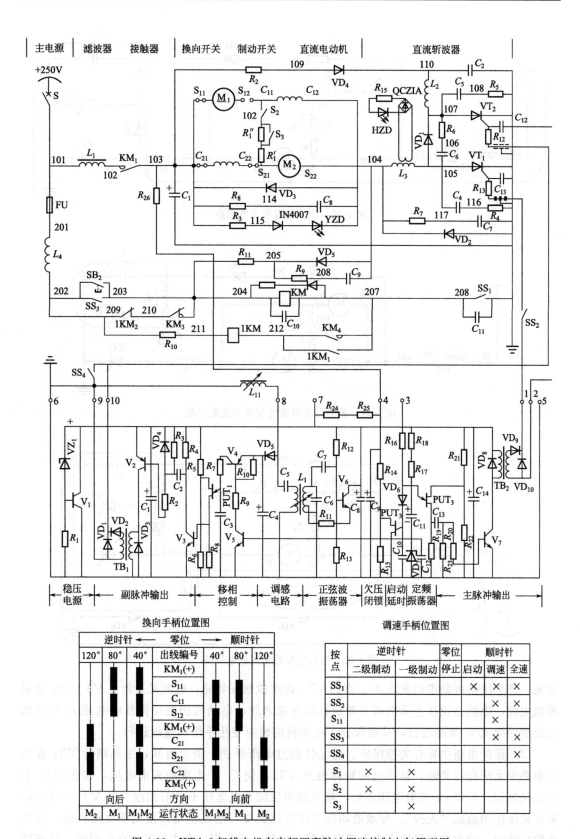

图 4-19　KTA-2 架线电机车定频调宽脉冲调速控制电气原理图

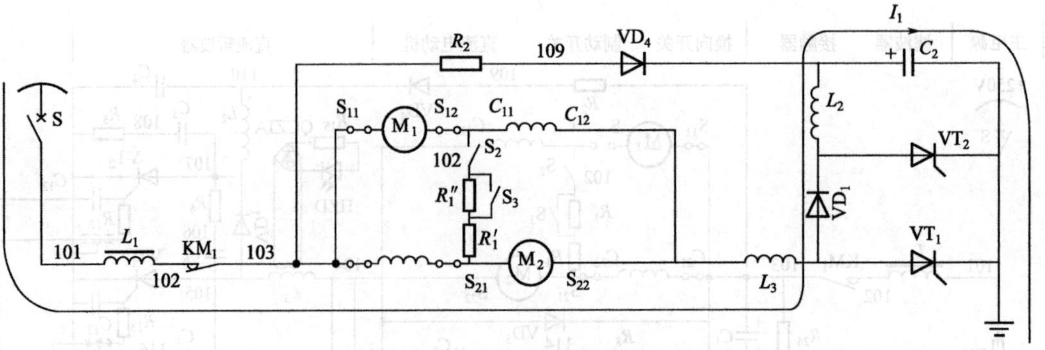

图 4-20　换向电容器充电回路

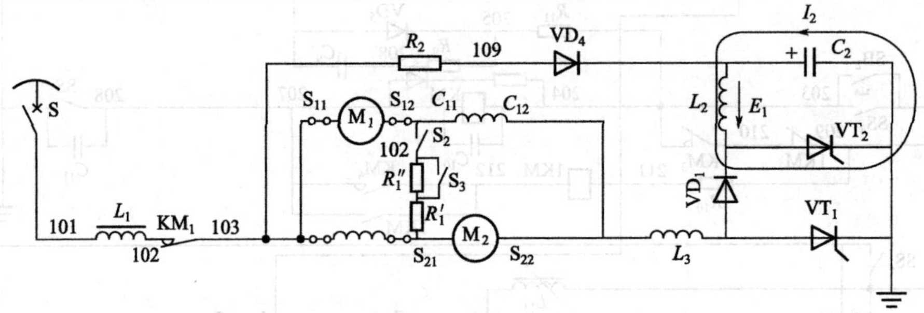

图 4-21　换向电容器放电与反向充电回路

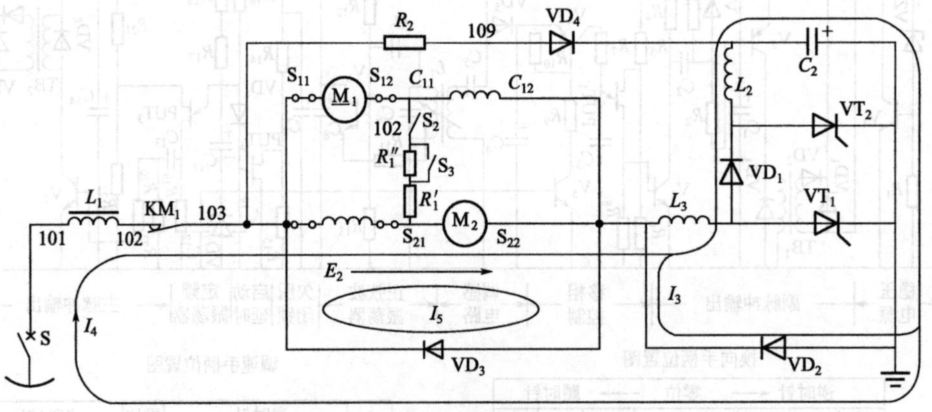

图 4-22　换向电容器反向放电回路

导通，产生维持电动机的电流 I_5，直到 VT_1 再次被触发导通，电源又开始经 VT_1 向电动机提供电流，也就是说在主晶闸管关断到再次导通之间，电动机仍由反向放电电流 I_4 和续流二极管的续流 I_5 维持运行，从而保证了电动机的转矩变化平缓和连续运行。

（7）保护电路主要有失控保护、硅元件的过电压保护。由上可知，主晶闸管 VT_1 在直流电路中无法自行关断，是通过副脉冲触发 VT_2，使 C_2 产生反向充电电压，加在 VT_1 上使之关断的。如果 C_2 充电电压不足，就可能因反向充电电压不足而无法关断 VT_1，从而因失去调压作用造成“失控”，导致电动机工作电压突变、电流剧增，使机车突然加速，这是非常危险的。为此在触发回路中设置启动延时电路，延长第一个主脉冲的产生时间，保证换流电容有充足的预充电时间。还设置了反压电抗器 L_3，在 C_2 反向放电关断 VT_1 时，给 VT_1 加一反向电压，以利 VT_1 关断，并且在 VT_1 导通时 L_3 限制了电流的上升率，以保护 VT_1。此外在 KM 线圈回路中设有“失控”保护电路，当 VT_1 或 VT_2 未能关断造成失控时，因 VT_1 或 VT_2 导通时其端电压接近 0V，使得接触器 KM 线圈 204 端电压经 R_{11}、L_3、VT_1 或 VT_2 与地短接而失电，其触点 KM_1 断开电动机回路，实现“失控”保护。

由于硅元件通断时，电感线圈中产生感应电动势而造成过电压，损坏硅元件。为此设置旁路二极管 VD_2，用以降低关断 VT_1 时，加于 VD_3 与电动机两端的电压。续流二极管 VD_3 除续流外，还免除电动机绕组的感应电动势 E_2 与电源电压叠加于 VD_2 上造成其损坏。此外每个硅元件都并联有阻容过电压吸收装置，以吸收硅元件通断时电感线圈产生的过电压。

2. 触发回路及其工作原理

触发回路的作用是产生主、副脉冲，分别触发主、辅助晶闸管。触发回路由稳压电源、定频振荡器、主脉冲输出、正弦波振荡器、移相控制和调感、副脉冲输出、欠压闭锁、启动延时等电路组成（图 4-19）。

(1) 稳压电源　由 VZ_1、V_1 和 R_1、R_{24}～R_{26} 等元件组成并联型稳压电源。VZ_1 反向击穿电压为 18～20V。V_1 的 be 结导通时正向压降亦基本不变（约为 0.7V 左右），故电压能稳定在 19～21V 左右。由于基准电压为一定值，当电源电压降低时，通过降压电阻 R_{26}、R_{25}、R_{24} 给稳压管 VD_W 的电压随之降低，VD_W 的电流减小，亦即 V_1 基极电流减小，V_1 集电极电流随之减小，从而降低了电阻 R_{26}、R_{25}、R_{24} 上的压降，使 V_1 输出端的分压增大而回升到正常值，电源电压升高时与之相反，从而保证了输出电压的稳定。

(2) 定频振荡器　电路由单结晶体管 PUT_3、VD_7、C_{11}、R_{17}～R_{19} 和 R_{21}、R_{23} 等元件组成。稳压电源正极通过 R_{17}、R_{18}、V_5（be 结）到电源负极向 C_{11} 充电。C_{11} 上电压极性如图 4-19 所示，当充至 PUT_3 的峰点电压时，PUT_3 导通，使 C_{11} 经 PUT_3、R_{19}、地、VD_7 放电，放电电流在 R_{19} 上产生正向脉冲。随着 C_{11} 放电，其两端电压下降，当降到 PUT_3 的谷点电压时，该管关断，C_{11} 又重新开始充电，并重复上述过程，由此在 R_{19} 两端形成锯齿波电压如图 4-23 所示。振荡频率取决于充电时间常数，当充电时间常数固定即可实现定频。该电路频率固定为 150Hz。

(3) 主脉冲输出　电路由 C_{13}、C_{14}、R_{20}、R_{22}、V_7、VD_8、VD_9、VD_{10} 和 TB_2 等元件组成。定频振荡器在 R_{19} 上形成的正向脉冲使 V_7 饱和导通，脉冲变压器 TB_2 产生主脉冲触发 VT_1，使 VT_1 导通。其中 VD_{10} 为反向脉冲抑制管，VD_9 构成正向脉冲通路。VD_8 起续流作用，R_{22} 为限流电阻，C_{14} 为退耦电容。

(4) 正弦波振荡器　电路由 V_6、R_{11}～R_{13}、C_6～C_8、$L_Ⅰ$ 等元件组成。振荡管 V_6 与 $L_Ⅰ$、C_6 组成电感三点式振荡器。R_{12}、R_{13} 为偏置电阻，R_{11} 为射极负反馈电阻，可改善由正反馈过强而造成的振荡波形失真。C_8 为退耦电容。$L_Ⅰ$、C_6 的值决定振荡频率，$L_Ⅰ$ 副边输出的交流电压为调感回路提供电源电压。

(5) 调感回路　电路由 $L_Ⅱ$、C_5、VD_5 和 C_4 等元件组成。$L_Ⅰ$ 的二次侧输出电压通过 C_5 与可调电感 $L_Ⅱ$ 后输出，当可调电感 $L_Ⅱ$ 的感抗等于电容 C_5 的容抗时（即 $X_L = X_C$），该电路产生串联谐振，此时 $L_Ⅱ$ 两端的电压最高达 20V 左右。当 $L_Ⅱ$ 调到与 C_5 最大失谐时，$L_Ⅱ$ 两端的电压最低，为 5V 左右。因此，$L_Ⅱ$ 两端电压的调整范围在 5～20V 之间。经过 VD_5 整流、C_4 滤波后，输出可调直流电压给移相控制回路。$L_Ⅱ$ 的可调磁芯由调速手柄上的凸轮带动移动棒控制。

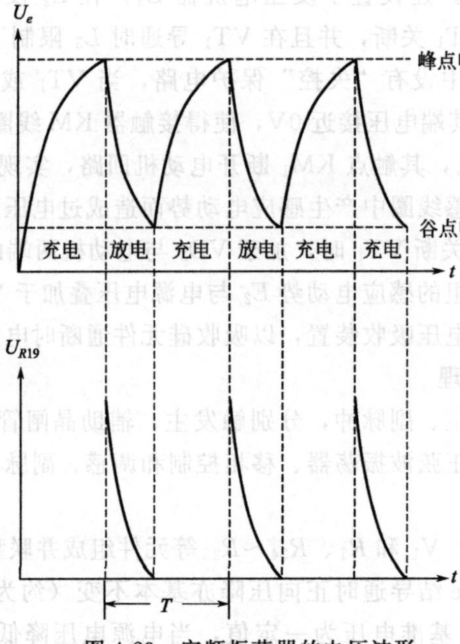

图 4-23 定频振荡器的电压波形

(6) 移相控制 电路由 V_4、V_5、$R_5 \sim R_9$、PUT_1 和 C_3 等元件组成。定频振荡器电容 C_{11} 在充电期间给 V_5 提供基极电流，使 V_5 导通，随之 V_4 导通。电容 C_4 上的电压（移相控制电压）通过 V_4、R_7 向 C_3 充电。当 C_3 上电压充至 PUT_1 的峰点电压时，PUT_1 导通。C_3 通过 PUT_1、R_8 放电，放电电流在 R_8 上形成正向电压，以导通副脉冲的输出电路。

定频振荡器电容 C_{11} 在放电期间，V_5 受反偏置电压而截止，V_4 也截止，从而导致 PUT_1 截止。因 R_7、C_3 为固定电阻和固定电容，其充电时间常数为定值。故 C_3 充电电压建立的快慢决定 C_4 两端电压的高低。改变 C_4 两端电压的高低，即可改变主、副脉冲的间隔时间，达到移相目的。

(7) 副脉冲输出 电路由 TB_1、$VD_1 \sim VD_4$、V_2、V_3、C_1、C_2、$R_2 \sim R_4$ 等元件组成。当 PUT_1 管导通时，在 R_8 上形成的正向电压使 V_3、V_2 相继导通，脉冲变压器 TB_1 产生副脉冲，触发副晶闸管 VT_2 导通。其中 VD_1 用于抑制反向脉冲，VD_2 为正向脉冲通路，VD_3 用于续流，VD_4 用于加速 C_2 放电，R_2 为限流电阻，C_1 为耦合电容。

(8) 欠压闭锁 电路由 PUT_2、R_{14}、R_{15} 等元件组成。当机车电源电压不低于 120V 或无脱弓时，PUT_2 处于截止状态，对定频振荡器无影响；当机车供电电压低于 120V 或脱弓时，PUT_2 导通，从而使定频振荡器停振，主晶闸管因失去触发脉冲而截止，实现闭锁。只有当供电电压恢复正常时才能解除闭锁。

(9) 启动延时 电路由 VD_6、VD_{10} 组成。启动时，由于 C_{10} 经 VD_6 与 C_{11} 并联，增大了定频振荡器的充电时间常数，造成触发脉冲的延迟输出，保证主回路换流电容器有足够的预充电时间，防止产生失控。当 C_{11} 经 PUT_3 放电后，VD_6 承受反向电压而关断，C_{10} 无法放电，所以只是在机车每次启动后延时第一个触发脉冲的产生。每次停电时，电压衰减为 0，欠压闭锁中 PUT_2 导通，C_{10} 经 PUT_2 迅速放电，使机车再次启动时 C_{10} 仍可起延时作用。

由上述分析可见，主、副脉冲均由定频振荡器控制产生，从而实现定频。改变可调电感 L_{II} 值，可改变 C_4 电压值，就可改变主、副脉冲的间隔 t_1，从而实现调宽。

三、电机车有触点电控系统的维护检修

（一）电气设备的日常维护

（1）直流牵引电动机的维护　牵引电动机的轴承应保持清洁；定期注油，保证有良好的润滑，若过热应清洗换油。炭刷在刷握中沿其轴向滑动自如，炭刷压力应保持31～38N。炭刷与整流子接触面应光滑，磨损过度应更换。炭刷连接线应牢固，电气连接线应牢固。电动机内部油污、灰尘应及时清理。整流子表面应经常保持光滑、清洁。片间云母槽内应无油污和炭粉。

（2）控制器的维护　控制器转轴和闭锁装置应灵活、正确、牢固可靠，否则应及时调整、修理。消弧室应完整，消弧线圈应紧固，否则应纠正和更换。触点应保持良好的电气接触及一定的接触压力（主触点的压力为16～23N；换向器触点压力为20～30N）。接触面要光洁，烧伤应修理或更换。导电带或导线对地要有良好的绝缘，损伤的导电带或导线要处理或更换。

（3）电阻器的维护　电阻器上的煤尘应清除干净，电阻片和导线的连接应牢固。

（4）受电弓的维护　受电弓的滑板与接触线之间压力应调整到45～50N，滑板过度磨损要及时更换。

（5）插销连接器的维护　插销连接器应定期清扫，插销零件损坏要更换，插销处的电缆密封应完整无损。

（6）蓄电池箱的维护　蓄电池机车的蓄电池之间连接导线应牢固，电池液不得存留在外壳及电池箱内，否则会产生漏电，应及时冲洗干净。蓄电池机车暂时不使用时，应将蓄电池充足电后存放，再次使用应充电后使用。

（二）电气设备故障分析

（1）控制器闭合后，电动机不转动，也无火花声。可能有下列原因。

① 电源停电。系统发生短路等故障，导致电源总开关自动断电；架线式电机车受电器软连接导线脱落；蓄电池式电机车插销连接器未接触好；保险丝熔断；蓄电池连线烧断，个别蓄电池电液漏尽。

② 换向器触点烧坏，回路断开。

③ 主控制器触点烧坏，回路断开。

④ 电阻器连接导线断开。

⑤ 电动机炭刷被卡住，与整流片接触不上。激磁绕组断开或连接导线断开。

（2）控制器闭合后，电动机不转动，或虽转动但牵引力显著下降，电火花声亦比正常大。一般是主回路有接地故障，通常是电动机或电阻器接地造成，严重时自动开关脱扣。

（3）速度增减不均匀。可能是控制器中与电阻器连接切换的主触点接触不良造成。

（4）在全速挡位，机车速度低。主要原因是控制器中全速挡的主触点接触不良造成。

（5）电动机常见故障如下。

① 电机过热。其原因有：牵引负载过重；较长时间处于启动阶段；短期内频繁启动。

② 电枢绕组、磁极绕组短路。原因有：过电压、过热、金属物受电磁或机械振动等，使线圈绕组短路。

③ 电枢绕组、磁极绕组开路。主要是整流片和线圈绕组间开路，多因焊接不良或炭刷压力过大而引起过热和整流火花过大而造成。

④ 整流子接触不良。整流火花大，炭刷跳动，火花呈绿白色，刷面有暗黑色斑点，整流子表面有钢斑。其原因可能是炭刷硬度不同或刷压不等，炭刷在刷握中不能自由滑动，炭刷与刷握间隙大，云母边缘制造安装质量不佳或修理后整流子表面有损伤和留有其他金属物等。

⑤ 整流子短路。多数因铜屑、炭屑和焊锡等物引起。

⑥ 电动机声音不正常。可能有下列原因：润滑油不足或掺有杂质使轴承磨损过度；炭刷压力过大；钢绑线断脱碰及极靴；固定磁极的螺钉松动和电枢铁芯相碰。

四、电机车无触点电控系统的维护检修

（一）电路工作过程

（1）准备　如图 4-19 所示，升上导电弓，合上自动开关 S，将换向手柄顺时针或逆时针扳至需要某一电机运行位置。

（2）启动（低速运行阶段）　顺时针转动调速手轮至“启动”位置，使行程开关 SS_1 闭合，接通如下电路：＋250V 架线→FU→L_4 防干扰电抗→$1KM_2$→KM_3→KM 线圈→SS_1→地。接触器 KM 吸合，各触点的动作如下。

① KM_1 闭合，主回路通电，换流电容 C_2 充电，经 t_1 间隔，副触发脉冲开始工作，开始放电并反向充电，L_3 有感应电动势产生，HZD 指示灯亮，表明换流正常。

② KM_3 断开 KM 线圈，KM 线圈改由失控保护线路控制，即由＋250V→L_1→104→VD_5→R_{11}→204→KM 线圈→SS_1→地。

③ KM4 闭合，继电器 1KM 线圈经 L_4→R_{10}→KM_4→SS_1→地通电吸合，其触点动作：$1KM_1$ 闭合，$1KM_2$ 断开。$1KM_1$ 为自保触点，可在失控保护动作、接触器 KM_4 断开时，保证 1KM 线圈继续有电，$1KM_2$ 断开 KM 线圈，无法重新启动机车，实现闭锁。只有调速开关重新打到 0，使 SS_1 断开，方能解除闭锁。

（3）调速　继续顺时针转动调速手轮至“调速”位，又使行程开关 SS_2 闭合，引入主脉冲，主晶闸管 VT_1 投入工作。继续顺时针转动调速手轮，通过推杆开始推动调感线圈中的磁芯，调节 L_1 电感，使 C_4 两端电压由 20V 减小，延长副脉冲产生的时间 t_1，主晶闸管导通时间延长，电动机端电压升高，机车加速。调速手轮还使 SS_3 闭合，但只有当电动机两端电压升到额定电压 70％时，才能达到 KM 线圈的吸合电压，解除失控保护电路。

（4）全速　当调速手轮旋至最终“全速”位时，使行程开关 SS_4 闭合，将副脉冲短接，主晶闸管 VT_1 持续导通，电动机全电压运行。此时换流指示灯 HZD 灭，运行指示灯 YZD 最亮。

（5）停止　将调速手轮返回零位，使 SS_1 断开，接触器 KM 及继电器 1KM 全部释放，主回路及触发回路全部停止工作。

（6）电气制动　电机车运行中如需紧急刹车时，可将调速手轮迅速返回零位，并继续逆时针旋转，机车即投入电气制动状态运行。将调速手柄逆时针方向转至“一级制动”位时，S_2 闭合，由于两电动机经 R'_1 与 R''_1 交叉接线而产生能耗制动电流和制动力矩，机车开始制动。继续使手柄逆时针方向转动至“二级制动”位时 S_3 闭合，R''_1 被短路，制动电流和制动力矩增加，完成了二级制动。

（二）脉冲调速系统的调试与维护

1. 脉冲调速系统的调试

（1）触发电路的统调　定频调宽触发电路的工作周期，一般要在 6～8ms 左右，可通过

调 R_{17}、R_{18}（图 4-19）实现。触发电路的脉冲移相范围要求低端小于一个周期的5%，高端达到85%，最后按实际调速范围进行适当调整。可用双踪示波器观察，把主、副脉冲同时输入示波器，相邻两个主脉冲之间的间隔即是一个周期，副脉冲在这两个主脉冲之间。可调电感 L_{II} 值调到 C_4 输出电压最大时，副脉冲距左边主脉冲的间隔要小于一个周期的5%，可调电感 L_{II} 值调到 C_4 输出电压最小时，这一间隔为一个周期的85%。低端间隔大于5%时，可通过减小 R_7 来调整。高端小于85%时，可通过减小 R_5 来调整。高、低端的调整，互有影响，要来回调几次，两端兼顾。

欠压闭锁与启动脉冲延时单元的闭锁电压，调到150V左右（约为额定电压的60%）。把可调直流电源接于主回路输入端，由250V逐渐调到150V，调 R_{14}、R_{15}，使 PUT_2 导通，定频振荡器停振即可。

（2）整个脉冲调速系统的统调　整个脉冲调速系统的统调，就是使脉冲调速装置保证电机车的实际调速范围达10%～90%。实测低速时电动机两端的电压为电源电压的10%，实测高速时电动机两端电压为电源电压的90%。如达不到要求，可适当调整触发电路的脉冲移相范围。

2. 脉冲调整系统的维护

矿用电机车在井下运行时，因环境潮湿、煤尘和震动较大，对于电子元件、灵敏继电器等器件的正常工作极为不利。因此，电机车晶闸管脉冲调速装置，需精心维护。

要定期用吹风工具清除电机车晶闸管脉冲调速装置的煤尘、使各元件保持清洁。要经常观察、检查元件有无损坏、连接部位有无松动及接线是否良好等。

3. 故障处理方法

电机车在运行中出现故障后，除更换触发电路插件外一般不宜井下处理。因此要备有触发电路插件，且能互换通用。脉冲调速中常见故障处理方法分述如下。

（1）"失控"

① 启动时"失控"。故障原因可能是触发电路的启动脉冲延时环节发生故障或无副脉冲输出，或副脉冲功率太小。先换触发电路插件。如换插件后仍"失控"，可能是主回路硅元件损坏、换流电抗器短路、换流电容器损坏或容量大大减小、调速手柄调感失灵等，应检查处理。

②"跳弓"后二次受电或牵引网路欠压时"失控"。故障原因是欠压闭锁与启动脉冲延时单元发生故障，更换触发电路插件。

③ 轻载不"失控"，重载"失控"。如牵引网路电压正常，故障原因是主回路换流电容器容量减小，应检查处理；如牵引网路电压低，则是属于②的情况，按②处理。

④ 低速不"失控"，高速"失控"。故障原因是触发电路脉冲移相范围的高段间隔太大，无法达到高速，应调节脉冲移相范围。

⑤ 电机车一开起来不"失控"，运行一会儿就"失控"，休息一段时间又不"失控"。故障原因是晶闸管散热器松动，散热条件不好或晶闸管的热稳定性差，温度升高后，特性变坏，针对情况改善散热条件及更换晶闸管。

⑥ 电机车时而"失控"，时而又不"失控"。故障原因可能是触发电路中元件松动，应更换插件。或者是晶闸管的关断时间较长，换流电容器反向放电关断晶闸管时，使晶闸管承受反向电压的时间接近或刚等于晶闸管的关断时间，这样负载电流稍有变化，便不能满足关断晶闸管的要求。可更换关断时间短的晶闸管试之，如还不能解决，应检查换流电容、换流

电感和反压电感等元件参数是否变化，接触引线是否良好。

（2）不能调速　若听见换流振荡声频率提高（即声音高），则是充电二极管 VD_1 短路或烧坏，应更换。否则是无主脉冲输出或主脉冲功率太小，可更换触发电路插件。或者是可调电感的磁芯损坏，应予以更换。

（3）能调速，但拉车无劲　故障原因是续流二极管回路断路、滤波电容器有损坏，或电容量大大减小，或单电动机运行，应检查处理。

（4）电机车不启动　故障原因可能是续流二极管短路或烧坏、电动机电枢或磁场绕组短路或烧坏，应检查处理。

（5）电机车启动后时快时慢　触发电路中有松动或虚连，使主脉冲时有时无，应更换触发电路插件。

（6）故障插件的检查、处理　先检查元件有无松动、断线或短路，然后送电，检查稳压电源、输出电压是否正常，否则应调到正常值。再用示波器检查各级波形，逐步处理、调整，直到各级波形正常为止。触发电路插件焊接时，一定要注意工艺。焊点要饱满，决不能有假焊现象。助焊剂为焊油时，焊后要用酒精擦洗干净。

【操作训练】

序号	训练内容	训练要点
1	有触点电控系统	按图理清主回路、控制回路电气元件和电路连接，注意观察凸轮控制器的结构和动作时的触头转换情况
2	有触点电控系统	电气设备的日常维护，电气设备故障分析

【任务评价】

序号	考核内容	考核项目	配分	得分
1	有触点电控系统	组成、各部分的主要作用	20	
2	有触点电控系统	操作方法、保护装置、日常维护的基本要求和方法	20	
3	无触点电控系统	脉冲调速的基本原理、定频调宽调速实现方法	20	
4	无触点电控系统	触发回路组成及工作原理、操作方法、维护方法	20	
5	遵章守纪	出勤、态度、纪律、认真程度	20	

任务五　掘进机电控系统的安装、维护与检修

知识要点

（1）掘进机电气控制系统组成及原理。

（2）掘进机电气系统日常维护。

（3）掘进机电气故障诊断与处理方法。

技能目标

（1）能对掘进机电气控制原理图进行分析。

（2）能对掘进机的工作过程进行分析。

（3）能对掘进机的电气故障进行诊断和处理。

任务描述

掘进机是一种能够同时完成破落煤岩、装载与转载、运输、喷雾除尘和调动行走的联合机组。它具有掘进速度快，掘进巷道稳定，减少岩石冒落与瓦斯突出，减少巷道的超挖量和支护作业的充填量，改善劳动条件、减轻劳动强度等优点。本任务通过对 AM-50 型掘进机电气控制系统的分析和学习，使学生熟悉其电气控制的日常维护的基本内容，以及对电气故障的分析诊断和处理方法。

一、AM50 型掘进机电控系统

AM-50 型掘进机是奥地利沃斯特—阿尔卑尼公司 1971 年研制的，我国于 1979 年开始引进。1984 由淮南煤机厂与阿尔卑尼公司按 1983 年引进的机型联合生产 AM-50 型掘进机，至 1989 年，AM-50 型掘进机已实现全部国产化。它是一种悬臂横轴式部分断面巷道掘进机，适用于掘进坚硬度 $f \leqslant 7$ 的煤或半煤岩巷道，切割断面为 7.5～20.3m^2。由于 AM-50 型掘进机的切割断面较大，能切割较硬煤岩，且机体外形尺寸较小，拆装方便，维修容易，因而在我国煤和半煤岩巷道掘进中得到广泛使用。

AM-50 型掘进机电气控制系统原理图如图 5-1～图 5-6 所示。其主要电气元件作用见表 5-1。

二、电气保护装置及安全特点

本电气系统设置接地保护，所有可能引起人体触电的部件都接到地线上。

控制系统设置连续接地监视，可断开任何有接地故障的线路。

各电动机线路均设置熔断器及热继电器保护，在电动机不工作时，检测其对地绝缘情况（即漏电闭锁）。

各电动机绕组均装有 PTC 热敏电阻，当绕组温度超过 130℃时，PTC 阻值突变，使保护插件动作，电动机断电。

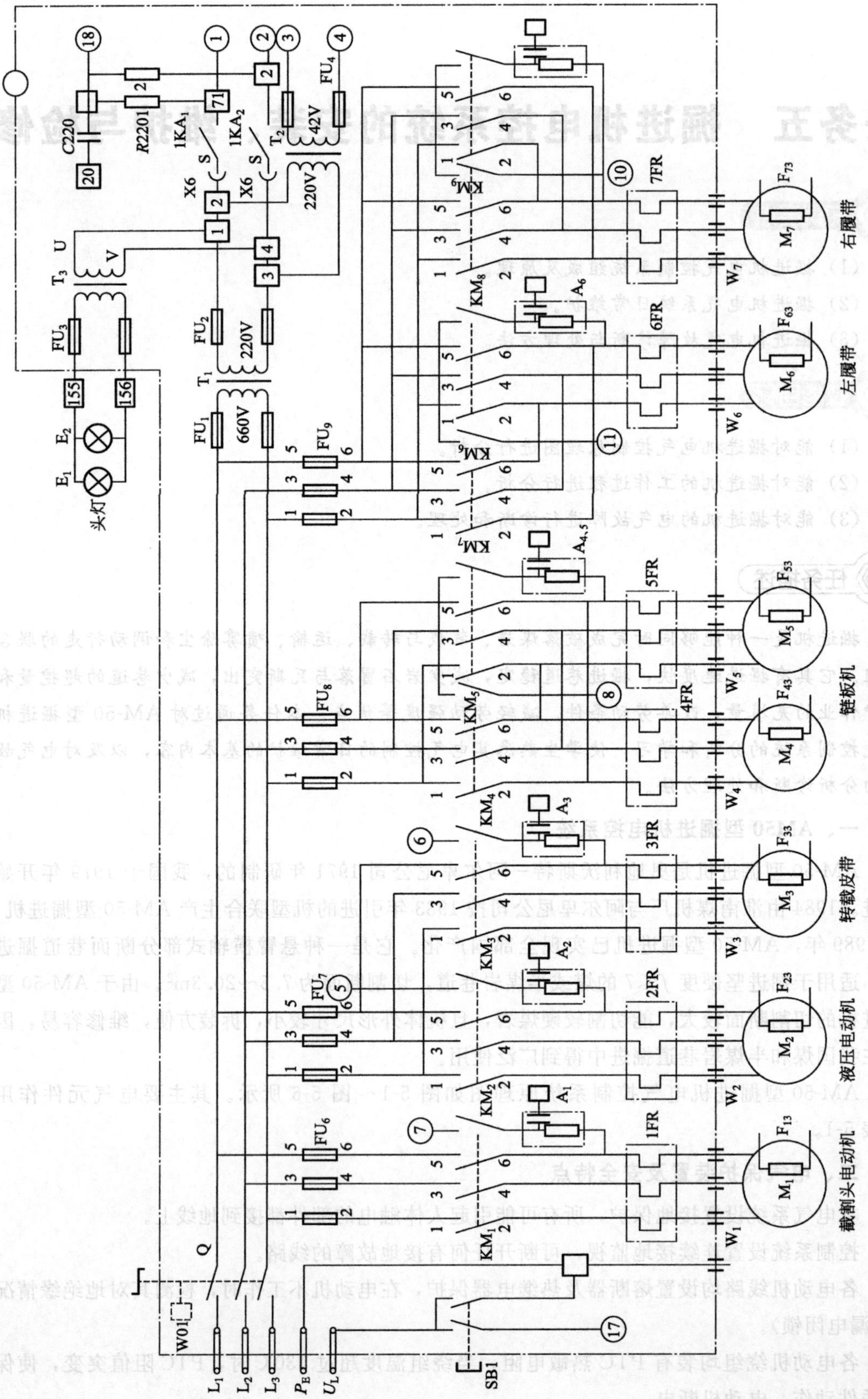

图 5-1 AM-50型掘进机电气原理图(一)

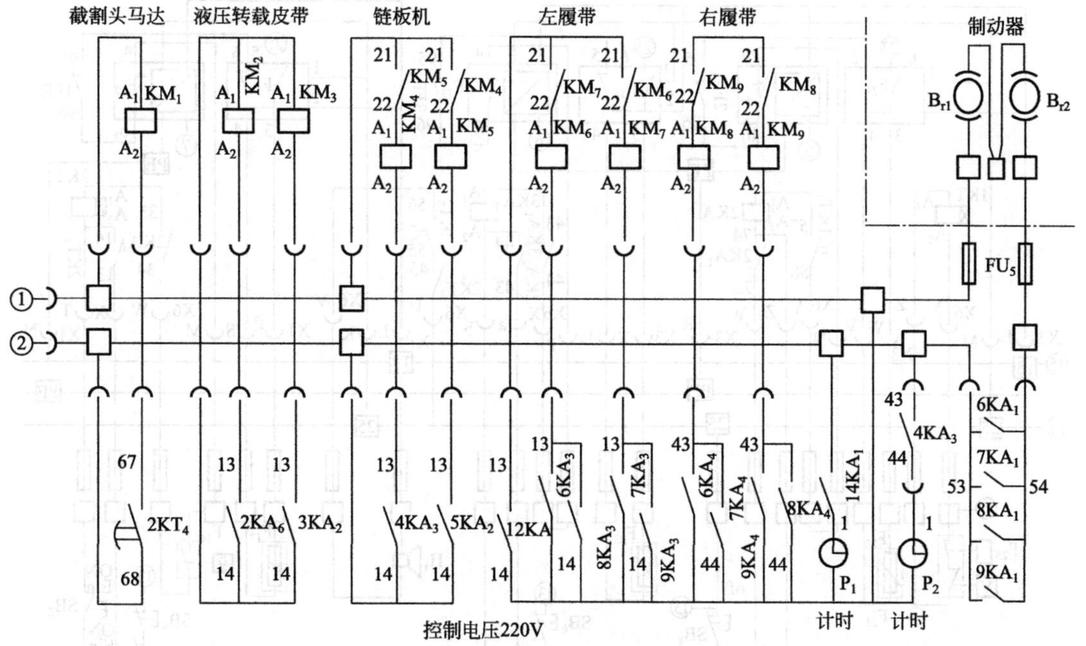

图 5-2　AM-50 型掘进机电气原理图（二）

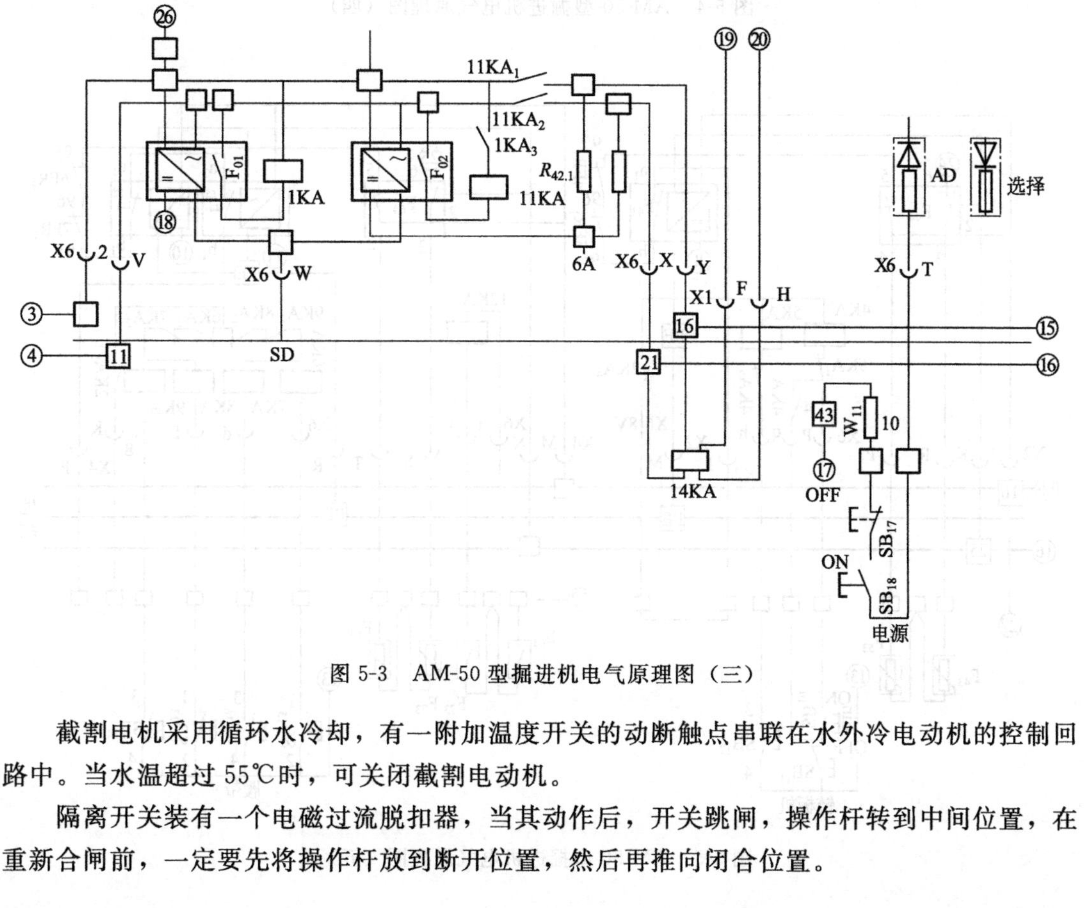

图 5-3　AM-50 型掘进机电气原理图（三）

截割电机采用循环水冷却，有一附加温度开关的动断触点串联在水外冷电动机的控制回路中。当水温超过 55℃时，可关闭截割电动机。

隔离开关装有一个电磁过流脱扣器，当其动作后，开关跳闸，操作杆转到中间位置，在重新合闸前，一定要先将操作杆放到断开位置，然后再推向闭合位置。

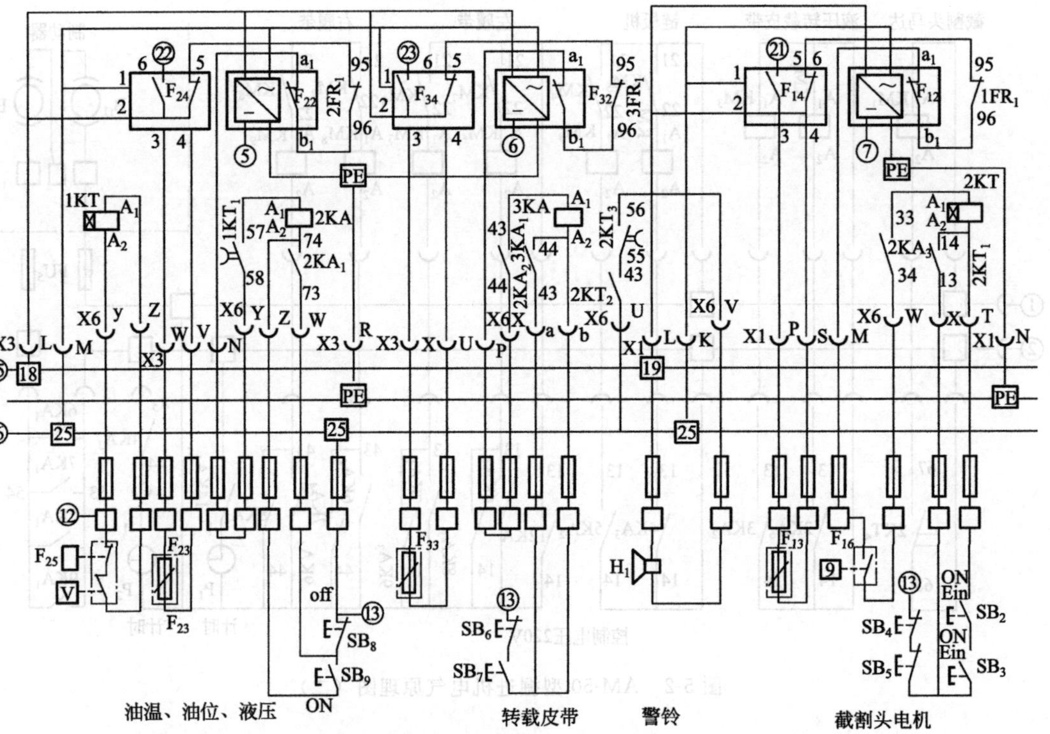

图 5-4 AM-50 型掘进机电气原理图（四）

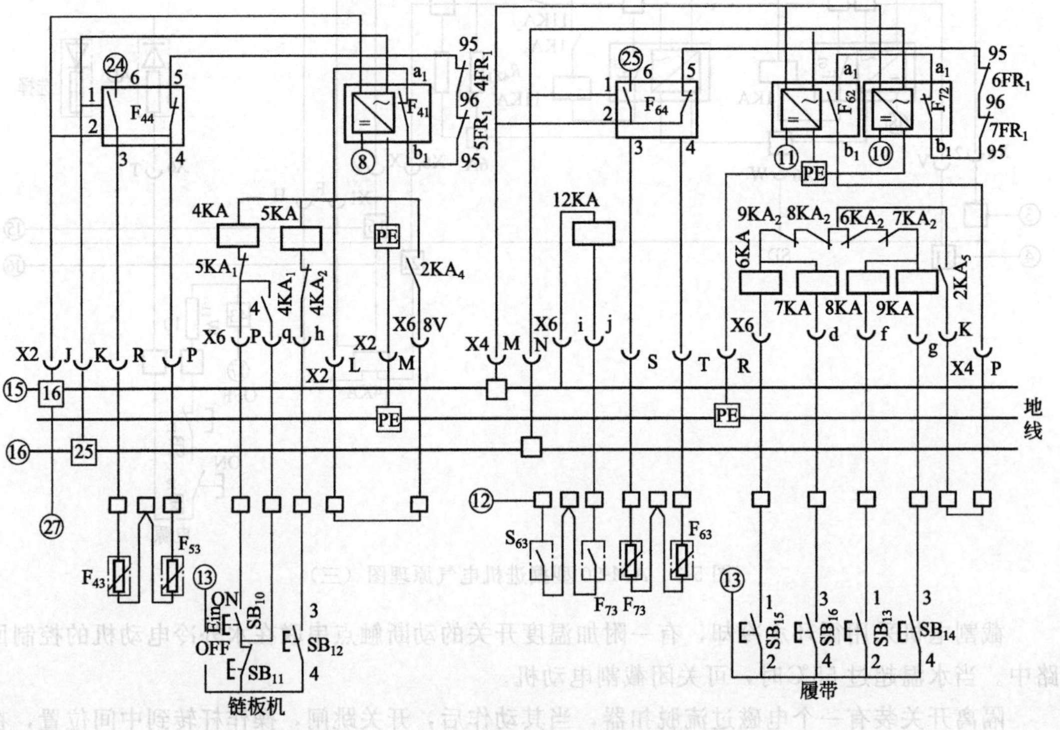

图 5-5 AM-50 型掘进机电气原理图（五）

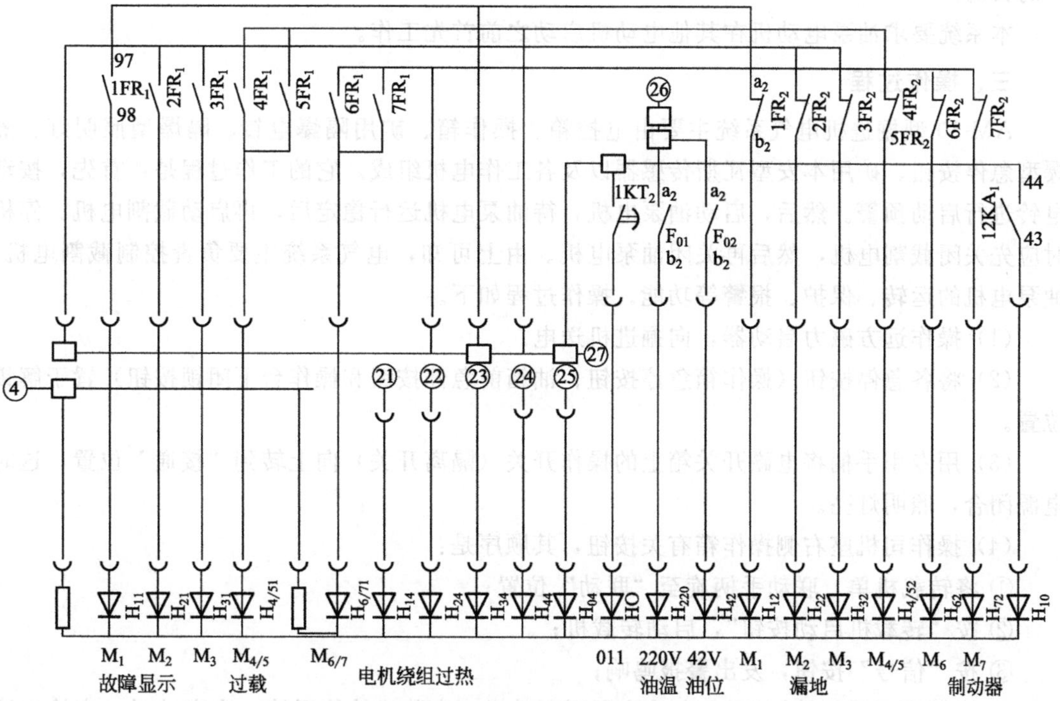

图 5-6　AM-50 型掘进机电气原理图（六）

表 5-1　AM-50 型掘进机主要电气元件作用表

序号	符号	名称	作用	
1	Q	隔离开关	隔离电源	
2	SB_1	紧急停止按钮		
3	FU_6～FU_9	熔断器	电动机短路保护	
4	KM_1～KM_3	接触器触头	开闭电路	
5	1FR～7FR	热继电器	电动机过载保护	
6	F_{13}～F_{73}	热敏元件	电动机过载保护	
7	M_1	截割电动机	掘进	100kW
8	M_2	油泵电动机		11kW
9	M_3	皮带机电动机	拖动转载机	11kW
10	M_4、M_5	刮板机电动机	拖动运输机	11kW
11	M_6、M_7	行走电动机	掘进机前进、后退转弯	15kW
12	FU_1～FU_5	熔断器	控制回路短路保护	
13	T_1、T_2	变压器	控制回路电源	
14	T_3	变压器	照明电源	
15	E_1、E_2	头灯	照明	

主机控制开关箱有一个紧急停止按钮，当发生紧急情况时按下，造成拖曳电缆监视线人为接地，拖曳电缆绝缘监视器动作，断开低压配电箱中的相应接触器，达到全机立即断电停

车的目的。

本系统要求油泵电动机在其他电动机启动之前首先工作。

三、操作过程

AM-50 型掘进机电气系统主要由电控箱、操作箱、矿用隔爆电铃、隔爆型照明灯、隔爆型急停按钮、矿用本安型瓦斯传感器以及各工作电机组成。它的工作过程是：首先，按动电铃进行启动预警。然后，启动油泵电机，待油泵电机运行稳定后，再启动截割电机。停机时应先关闭截割电机，然后再关闭油泵电机。由上可知，电气系统主要负责控制截割电机、油泵电机的运转、保护、报警等功能。操作过程如下。

(1) 操作远方磁力启动器，向掘进机送电。

(2) 将各急停按钮（操作箱急停按钮、油箱前急停按钮和操作台下闭锁按钮）置于解锁位置。

(3) 用专用手柄将电磁开关箱上的操作开关（隔离开关）向上转到“接通”位置，这时电源闭合，照明灯亮。

(4) 操作司机座右侧操作箱有关按钮，其顺序是：

① 将转载机单、联动手柄旋至“联动”位置；

② 按“转载机启动按钮”，启动转载机；

③ 按“信号”按钮，发出警报鸣响；

④ 按“液压泵运转按钮”，启动液压泵电动机（安装或检修后第一次启动时，应检查液压泵旋向，正确的旋向是：面向工作面，电动机顺时针旋转）。

(5) 操纵液压操作台“刮板输送机手柄”，启动刮板输送机。

(6) 操作“耙爪”手柄，启动耙爪。

(7) 将操作箱“截割电动机高、低速手柄”旋至高速位置。

(8) 按“截割警报”按钮，警报鸣响。

(9) 启动喷雾泵，进行喷雾冷却。

(10) 按“截割运转”按钮，启动截割电动机。至此，启动工作全部完毕，可以进行截割操作。

四、工作流程

掘进机各电机的作用与功能不同，它们启停也存在一定的顺序，其中，启动顺序：信号—油泵电机—转载电机—报警信号—截割电机。停止顺序：截割电机—转载电机—油泵电机。

掘进机工作流程如图 5-7 所示。

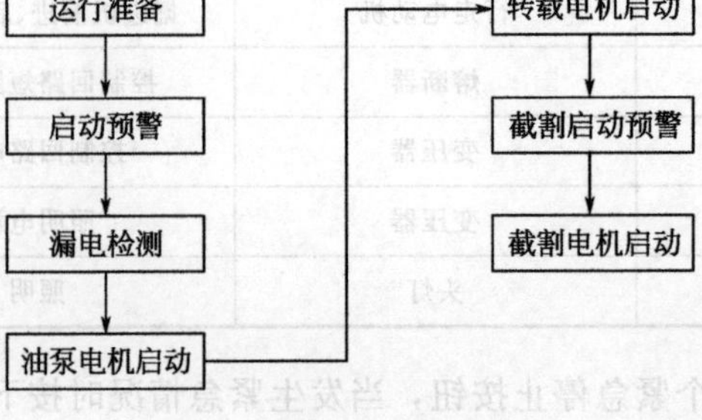

图 5-7 掘进机工作流程图

（一）启动控制

电控箱通电，并未与显示屏PLC通讯时，显示屏将闪烁显示设备自检提示画面；当与PLC通讯时将闪烁显示掘进机型号生产厂家等基本信息；数秒之后出现待机监测画面，显示各电机及其他状态信息。

按下启动报警开关，其常开点闭合，PLC信号输入端常开点闭合，电铃警报输出端得电，同时继电器线圈得电，其常开触点闭合，电铃回路接通电源，电铃鸣响。

电铃鸣响后，将对油泵电机进行漏电检测，检测时间为4s。如有漏电发生所有电机都不能启动，显示屏显示油泵漏电闭锁提示。

漏电闭锁检测完毕后，PLC程序控制油泵电机自动启动，油泵启动输入端常开点闭合，油泵运行输出端得电并自锁，同时油泵运行继电器线圈得电，其常开点闭合，从而使真空接触器线圈得电，真空接触器主触点闭合，使油泵电机主回路接通电源，油泵电机启动。在无故障时，显示屏将显示油泵电机启动正常提示。当油泵电机出现过载、过流、断相等故障时，显示屏将立刻弹出其相对应的故障画面。

按下转载电机启动转换开关，如有漏电发生，转载电机不能启动，显示屏出现转载电机漏电闭锁提示。漏电闭锁检测完毕后，PLC程序控制转载电机启动，转载运行PLC输出端得电并自锁，同时转载运行继电器线圈得电，其常开点闭合，从而使转载真空接触器线圈得电，真空接触器主触点闭合，使转载电机主回路接通电源，转载电机启动。在无故障时，显示屏将显示转载电机正常启动提示。当转载电机出现过载、过流、断相等故障时，显示屏将立刻弹出其相对应的故障画面。备用电机启动同转载电机相同。截割电机启动前要求必须先发出报警信号。

油泵电机启动后，按下截割电机启动报警开关，其常开点闭合，启动警报输入端常开点闭合。这时电铃警报输出端得电，同时继电器线圈得电，其常开点闭合，电铃回路接通电源，电铃发出报警鸣响。待延时5s后，PLC程序控制截割电机自动启动，截割电机运行PLC输出端得电，同时截割电机运行继电器线圈得电，其常开点闭合，从而使截割电机真空接触器得电，真空接触器主触点闭合，使截割电机主回路接通电源，截割电机启动运行。在无故障时，显示屏将显示正常启动提示。当截割电机出现过载、过流、断相等故障时，显示屏将立刻弹出其相对应的故障画面。高速与低速启动情况相同，但需注意的是电机的两种速度运行是互锁关系。

（二）停止控制

停机顺序与启动顺序相反。先关闭截割电机，最后关闭油泵电机。按下截割电机停止开关，其常开点闭合，截割电机停止PLC输入端常开点闭合，使截割电机运行PLC输出端失电，其常开点打开，同时继电器线圈失电，其常开点断开，使截割电机运行真空接触器线圈失电，真空接触器主触点断开，最终截割电机主回路电源被切断，运行中的截割电机停止运行。

按下转载停止转换开关，其常开点闭合，转载停止PLC输入端常开点闭合，转载运行PLC输出端失电，其常开点打开，同时转载运行继电器线圈失电，其常开点断开，使转载真空接触器线圈失电，真空接触器主触点断开，最终转载电机主回路电源被切断，转载电机停止运行。

按下油泵停止开关，油泵停止PLC输入端常开点闭合，使油泵运行PLC输出端失电，其常开点打开，同时油泵运行继电器线圈失电，其常开点断开，使真空接触器线圈失电，主触点断开，最终油泵电机主回路电源被切断，运行中的油泵电机将停止运行。

（三）总急停

机器运转过程中，按下紧急停止按钮，PLC停止所有输出继电器，使运行中的各电机立刻停止。在正常情况下，按下紧急停止按钮，并顺时针旋钮自锁，机器各电机不能启动。

（四）电气联锁

在控制回路中主要的电气联锁有以下六处。

第一：油泵启动前必须发出信号，油泵才可以启动。

第二：只有油泵电机启动后，截割电机和转载电机才可以启动，油泵电机停止运行，运行中的截割电机和转载电机也随之停止。

第三：截割电机高低速互锁不能同时启动。

第四：不发出报警信号，截割电机不能启动。

第五：利用限位开关，确保在无负荷情况下，隔离开关停、送电。

第六：电源联锁和门闭锁。

五、掘进机电气维护

掘进机的日常维护检查包括电气部分和机械部分（这里只介绍电气部分）。检查时必须切断电源，在不带电的状态下进行。

（一）电气部分的日常维护检查

掘进机电气部分的日常维护检查包括以下内容：

① 检查拖曳电缆有无损伤、擦伤或扭曲现象，确保其能在机器后自由拖动，不刮不抻；

② 对电动机、电控箱、电缆等电气设备上的尘土和煤泥应经常清除，便于检查；

③ 定期检查各导线、电气元件的连接螺钉，有无松动现象并及时紧固；

④ 检查并确定对载继电器的调整正确；

⑤ 检查各电动机轴承有无缺油及异常情况；

⑥ 对经常打开的各种防爆电气设备的隔爆前面，必须保持有薄薄一层防锈油，以防生锈；

⑦ 检查各种电气设备的接地装置绝缘电阻，在允许条件下用5000V兆欧表测量应不低于0.7MΩ。

（二）掘进机电气完好标准

(1) 电动机、开关箱、电控箱、接地装置、电缆、电动机配线符合《煤矿矿井机电设备完好标准》中电气设备分册完好标准的要求。

(2) 电气设备无失爆。开关箱、电控箱、电动机等外壳无变形、无积尘、无淋雨（如工作面有淋雨应遮盖妥当）、无油垢、涂漆无脱落（脱落部分应及时补漆），隔爆接合面应符合隔爆性能要求。

(3) 照明灯、蜂鸣器完好无损、牢固可靠。

(4) 电气设备的绝缘电阻值：660V等级不小于36kΩ；127V等级不小于10kΩ。

(5) 各种保护应定期整定，符合规定，并有整定卡。

(6) 电缆、风水管应吊挂整齐，符合标准要求；缆线布置应整齐，无挤压、无堆埋。

(7) 工具、备件、材料应整齐摆放在专用箱柜内或指定位置。

六、掘进机电气系统常见故障与处理（表 5-2）

表 5-2　掘进机电气系统常见故障与处理方法

机械部分	故　障	原　因	处 理 方 法
电源回路	开关合闸后，指示灯不亮，电压表无指示	(1)开关跳闸 (2)熔断器熔丝熔断或接触不良 (3)电源电缆抽脱或损坏 (4)指示灯泡和电压表均损坏 (5)过热继电器动作 (6)空气开关跳闸	(1)对跳闸的空气开关复位 (2)更换熔丝，接触不良的地方进行紧固 (3)按规定用兆欧测试电缆的绝缘电阻值，不合适的要进行更换 (4)用万用表检查各线路情况，紧固接线端子，更换不合适元件
	开关合闸后，指示灯不亮	(1)熔断器熔丝熔断 (2)照明灯泡坏 (3)照明灯接触不良，照明线路断线	(1)更换熔丝 (2)检查照明灯，更换灯泡 (3)检查照明线路，接通或更换线路
截割电动机安全保护回路	截割电动机过热，继电器动作频繁，使截割电动机不能正常运转	截割电动机长时间过载或电动机启动频繁，使热继电器处于热态；也可能是热继电器使用时间长，金属片热态改变	控制电动机频繁启动，更不能带负载启动；如果热元件失效，则应及时更换过热继电器，保证过负荷动作可靠
	截割电动机过载保护跳闸	(1)截割头卡在岩石中，使电动机超载时间长 (2)长时间超载截割	(1)退出截割头，减少截割深度 (2)电子插件故障，应更换
掘进机警报及连锁回路	液压泵启动后，不能实现截割报警，截割电动机无法启动	(1)截割警报按钮接触不良或接线短路 (2)截割电动机过热继电器动作后未恢复或截割机停电关闭锁 (3)截割电动机其他保护跳闸 (4)接触器的辅助继电器损坏，接点接触不良；外部电缆或内部电缆有短路的现象 (5)截割电动机本身故障，接地或烧坏	(1)检查截割报警按钮及接线有无接触不良、损坏或线路故障 (2)解除关闭锁 (3)检查截割电动机其他保护是否有跳闸情况，对已跳闸的进行复位 (4)打开控制箱、检查有关继电器是否有烧焦或接触不良的地方，然后用万用表测试电缆和接头紧固情况 (5)按规定用兆欧表检查截割电动机的绝缘及绕组情况，确定是否应该更换电动机
	转载机不联动	(1)联动开关接触不良，开关或接线有故障 (2)转载机限位开关没到位或有故障 (3)线路有故障	先检查开关，再检查线路，排除故障

【操作训练】

序号	训练内容	训练要点
1	AM50 型掘进机电控系统结构	认识掘进机电气系统组成
2	AM50 型掘进机的操作	掘进机的正常操作
3	AM50 型掘进机的故障诊断与检修	掘进机不启动、不能自保等故障检修

【任务评价】

序号	考核内容	考核项目	配分	得分
1	AM50 型掘进机电控系统电气结构	组成,各部分的主要作用	20	
2	AM50 型掘进机电控系统电气系统工作原理	掘进机主回路、控制回路、保护回路、显示回路的工作过程	20	
3	AM50 型掘进机电控系统使用、维护	掘进机的正常操作、维护	20	
4	AM50 型掘进机故障检修	掘进机不启动、不能自保等故障检修	20	
5	遵守纪律	出勤、态度、纪律、认真程度	20	

任务六　矿井提升设备电气控制系统

分任务一　提升绞车控制系统概述

知识要点

（1）提升绞车电气控制系统的基础知识。

（2）提升绞车系统的原理。

技能目标

（1）能说出绞车控制系统的组成。

（2）能说出绞车控制系统的原理。

任务描述

本任务主要从提升机系统的组成、原理等几方面进行分析。通过完成本次任务，掌握提升机控制系统的基本组成，理解此系统的工作原理。

当前国内提升机电控绝大多数还是转子回路串电阻分段控制的交流绕线式电机继电器、接触器系统，设备陈旧、技术落后。而且这种控制方式存在着很多的问题。

（1）转子回路串接电阻，消耗电能，造成能源浪费。

（2）电阻分级切换，为有级调速，设备运行不平稳，容易引起电气及机械冲击。

（3）继电器、接触器频繁动作，电弧烧蚀触点，影响接触器使用寿命，维修成本较高。

（4）交流绕线异步电动机的滑环存在接触不良问题，容易引起设备事故。

（5）电动机依靠转子电阻获得的低速，其运行特性较软。

（6）提升容器通过给定的减速点时，由于负载的不同，而将得到不同的减速度，不能达到稳定的低速爬行，最后导致停车位置不准，不能正常装卸载。

上述问题使提升机运行的可靠性和安全性不能得到有效的保障。因此，需要研制更加安全可靠的控制系统，使提升机运行的可靠性和安全性得到提高。在提升机控制系统中应用计算机控制技术和变频调速技术，对原有提升机控制系统进行升级换代。

就计算机技术在工业现场应用情况而言，可编程控制器（PLC）是目前作为工业控制最理想的机型，它是采用计算机技术、按照事先编好并储存在计算机内部的一段程序来完成设备的操作控制。采用PLC控制，硬件简洁、软件灵活性强、调试方便、维护量小，PLC技术已经广泛应用于各种提升机控制，配合一些提升机专用电子模块组成的提升机控制设备，可供控制高压带动力制动或低频制动，单、双机拖动等操作、监控和安全保护系统选用可编程控制器。主控计算机应用软件能完成提升机自动、半自动、手动、检修、低速爬行等各种运动方式的控制要求，而在PLC电控系统的基础上配合变频调速装置，运用现在先进的矢量控制技术，不但适合提升机运行工艺的要求，还将解决整套提升机系统的电力拖动方面的一系列问题。变频装置取代复杂的串联电阻切换装置，对提升机运行速度曲线、转矩大小的要求都由变频器来完成，简化了控制操作流程，提高了控制精度。

一、矿井提升机系统基础知识

提升机是工业生产过程中一种常见的机械，具有悠久的发展历史和比较成熟的设计制造技术。随着绞车制造技术的不断提高、加工材料的不断改进以及电子控制技术的不断发展，绞车在动力、节能和安全性等方面取得了很大的进步。目前，绞车正被广泛地运用于矿山、港口、工厂、建筑和海洋等诸多领域。

提升机定义：安装在地面，借助于钢丝绳带动提升容器沿井筒或斜坡道运行的提升机械。分“缠绕式提升机（mine drum winder）”和“摩擦式提升机（mine friction winder）”，又称矿井卷扬机、绞车、矿井绞车。

（一）矿井提升机的组成

矿井提升机主要由电动机、减速器、卷筒（或摩擦轮）、制动系统、深度指示系统、测速限速系统和操纵系统等组成，采用交流或直流电机驱动（如图 6-1 所示）。按提升钢丝绳的工作原理分缠绕式矿井提升机和摩擦式矿井提升机。缠绕式矿井提升机有单卷筒和双卷筒两种，钢丝绳在卷筒上的缠绕方式与一般绞车类似。单筒大多只有一根钢丝绳，连接一个容器。双筒的每个卷筒各配一根钢丝绳，连接两个容器，运转时一个容器上升，另一个容器下降。缠绕式矿井提升机大多用于年产量在 120 万吨以下、井深小于 400m 的矿井中。摩擦式矿井提升机的提升绳搭挂在摩擦轮上，利用与摩擦轮衬垫的摩擦力使容器上升。提升绳的两端各连接一个容器，或一端连接容器，另一端连接平衡重。摩擦式矿井提升机根据布置方式分为塔式摩擦式矿井提升机（机房设在井筒顶部塔架上）和落地摩擦式矿井提升机（机房直接设在地面上）两种。按提升绳的数量又分为单绳摩擦式矿井提升机和多绳摩擦式矿井提升机。后者的优点是：可采用较细的钢丝绳和直径较小的摩擦轮，从而机组尺寸小，便于制造；速度高、提升能力大、安全性好。年产 120 万吨以上、井深小于 2100m 的竖井大多采用这种提升机。矿井提升机包括机械设备及拖动控制系统，如图 6-1 所示。

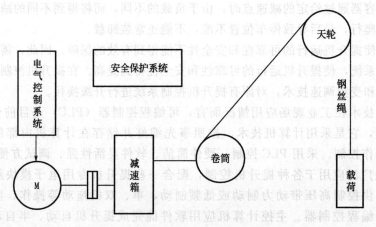

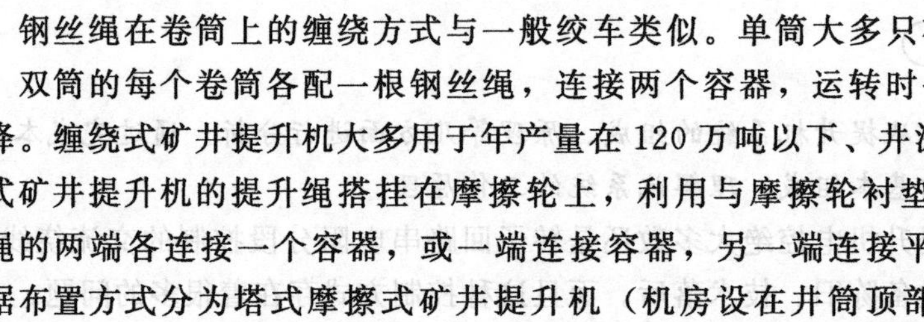

图 6-1 绞车提升系统

（二）矿井提升机的分类

矿井提升系统的类型很多，按被提升对象分：主井提升、副井提升。按井筒的提升道角度分：竖井和斜井。按提升容器分：箕斗提升、笼提升、矿车提升。按提升类型分：单绳缠绕式和多绳摩擦式等。我国常用的矿用提升机主要是单绳缠绕式和多绳摩擦式。我国的矿井与世界上矿业较发达的国家相比，开采的井型较小、矿井提升高度较浅，煤矿用提升机较多，其他矿（如金属矿、非金属矿）则较少。因此在 20 世纪 60 年代开始单绳缠绕式矿井提升机采用较多。

下面主要按照工作方式的不同将提升机做出分类。矿井提升机是联系矿井井下和地面的工作机械。用钢丝绳带动容器在井筒中升降，完成运输任务。按工作方式分类如下。

1. 缠绕式提升机

缠绕式提升机的主要部件有主轴、卷筒、主轴承、调绳离合器、减速器、深度指示器和制动器等。双卷筒提升机的卷筒与主轴固接者称固定卷筒，经调绳离合器与主轴相连者称活动卷筒。中国制造的卷筒直径为 2～5m。随着矿井深度和产量的加大，钢丝绳的长度和直径相应增加。因而卷筒的直径和宽度也要增大，故不适用于深井提升。

（1）单绳缠绕式提升机　根据卷筒数目可分为单卷筒和双卷筒两种。

① 单卷筒提升机，一般作单钩提升。钢丝绳的一端固定在卷筒上，另一端绕过天轮与提升容器相连；卷筒转动时，钢丝绳向卷筒上缠绕或放出，带动提升容器升降。

② 双卷筒提升机，作双钩提升。两根钢丝绳各固定在一个卷筒上，分别从卷筒上、下方引出，卷筒转动时，一个提升容器上升，另一个容器下降。缠绕式提升机按卷筒的外形又分为等直径提升机和变直径提升机两种。等直径卷筒的结构简单，制造容易，价格低，得到普遍应用。深井提升时，由于两侧钢丝绳长度变化大，力矩很不平衡。早期采用变直径提升机（圆柱圆锥形卷筒），现多采用尾绳平衡。

（2）多绳缠绕式提升机　提升机在超深井运行中，尾绳悬垂长度变化大，提升钢丝绳承受很大交变应力，影响钢丝绳寿命；尾绳在井筒中还易扭转，妨碍工作。20 世纪 50 年代末，英国人布雷尔（Blair）设计了一台直径 3.2m 双绳多层缠绕式提升机（又称布雷尔式提升机），提升高度 1580～2349m，一次提升量 10～20t。

2. 摩擦式提升机

多绳摩擦式提升机具有安全性高、钢丝绳直径细、主导轮直径小、设备重量轻、耗电少、价格便宜等优点，发展很快。除用于深立井提升外，还可用于浅立井和斜井提升。钢丝绳搭放在提升机的主导轮（摩擦轮）上，两端悬挂提升容器或一端挂平衡重（锤）。运转时，借主导轮的摩擦衬垫与钢丝绳间的摩擦力，带动钢丝绳完成容器的升降。钢丝绳一般为 2～10 根。

多绳摩擦式提升机的主要部件有主轴、主导轮、主轴承、车槽装置、减速器、深度指示器、制动装置及导向轮等。主导轮表面装有带绳槽的摩擦衬垫。衬垫应具有较高的摩擦系数和耐磨、耐压性能，其材质的优劣直接影响提升机的生产能力、工作安全性及应用范围。目前使用较多的衬垫材料有聚氯乙烯或聚氨基甲酸乙酯橡胶等。由于钢丝绳与主导轮衬垫间不可避免的蠕动和滑动，停车时深度指示器偏离零位，故应设自动调零装置，在每次停车期间使指针自动指向零位。车槽装置用于车削绳槽，保持直径一致，有利于每根钢丝绳张力均匀。为了减少震动，可采用弹簧机座减速器。

（1）井塔式提升机　机房设在井塔顶层，与井塔合成一体，节省场地；钢丝绳不暴露在露天，不受雨雪的侵蚀，但井塔的重量大，基建时间长，造价高，并不宜用于地震区。

(2) 落地式提升机　机房直接设在地面上，井架低，投资小，抗震性能好；缺点是钢丝绳暴露在露天，弯曲次数多，影响钢丝绳的工作条件及使用寿命。

二、基于PLC和变频器的提升绞车控制原理

(一) 矿井提升绞车电控系统实训装置组成

“矿井提升绞车电控系统”实训装置由矿井提升绞车模型、三相异步电动机、操作台等部分组成。从功能上讲，主要由提升绞车模型、PLC电气控制系统、变频器变频调速系统、触摸屏监控系统组成，方案结构图如图6-2所示。

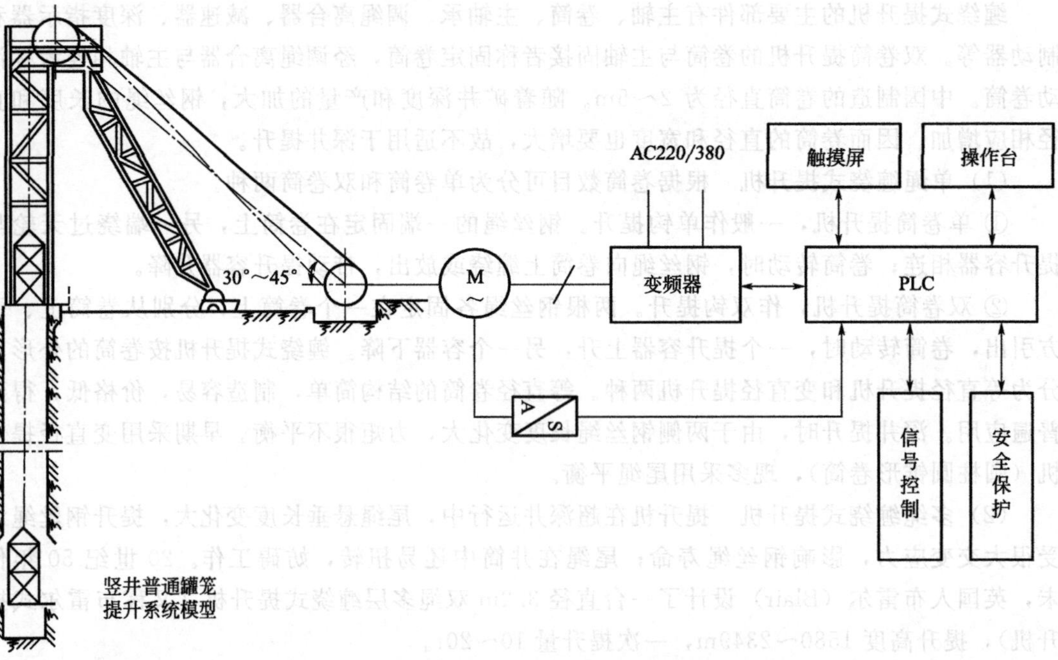

图6-2　矿井提升绞车电控系统实训装置结构图

1. 提升绞车模型

提升绞车采用单绳缠绕式，该类型提升绞车在我国矿井提升中占有很大比重。其工作原理是把钢丝绳的一端固定并缠绕在提升绞车的滚筒上，另一端绕过井架上的天轮悬挂提升容器，利用滚筒转动方向的不同，将钢丝绳缠上或放出，完成提升或下放重物的任务。

2. 电气控制系统

主控系统采用欧姆龙CP1H系列的可编程控制器，通过对绞车速度、位置信号的检测，利用变频器实现提升绞车的速度控制及停车位的精确控制，满足运行的要求。

3. 变频调速系统

调速系统采用欧姆龙变频器，性能优越，采用矢量控制技术适合提升绞车工作环境，只需在控制单元给出对变频器的控制命令即可使提升绞车按照设定的速度曲线运行，满足提升阶段稳定运行的要求。

4. 触摸屏监控系统

利用触摸屏开发提升绞车监控软件，实现绞车的运行状态监测。

（二）系统控制原理图

1. PLC 控制原理图

本系统设计采用欧姆龙 CP1H 型 PLC 作为主控单元，PLC 的输入点包括自动手动切换输入、用来检测速度的编码器输入、位置检测电路的检测信号输入等，输出点包括对变频器的控制、运动状态的指示信号等。PLC 的接线图如图 6-3 所示。

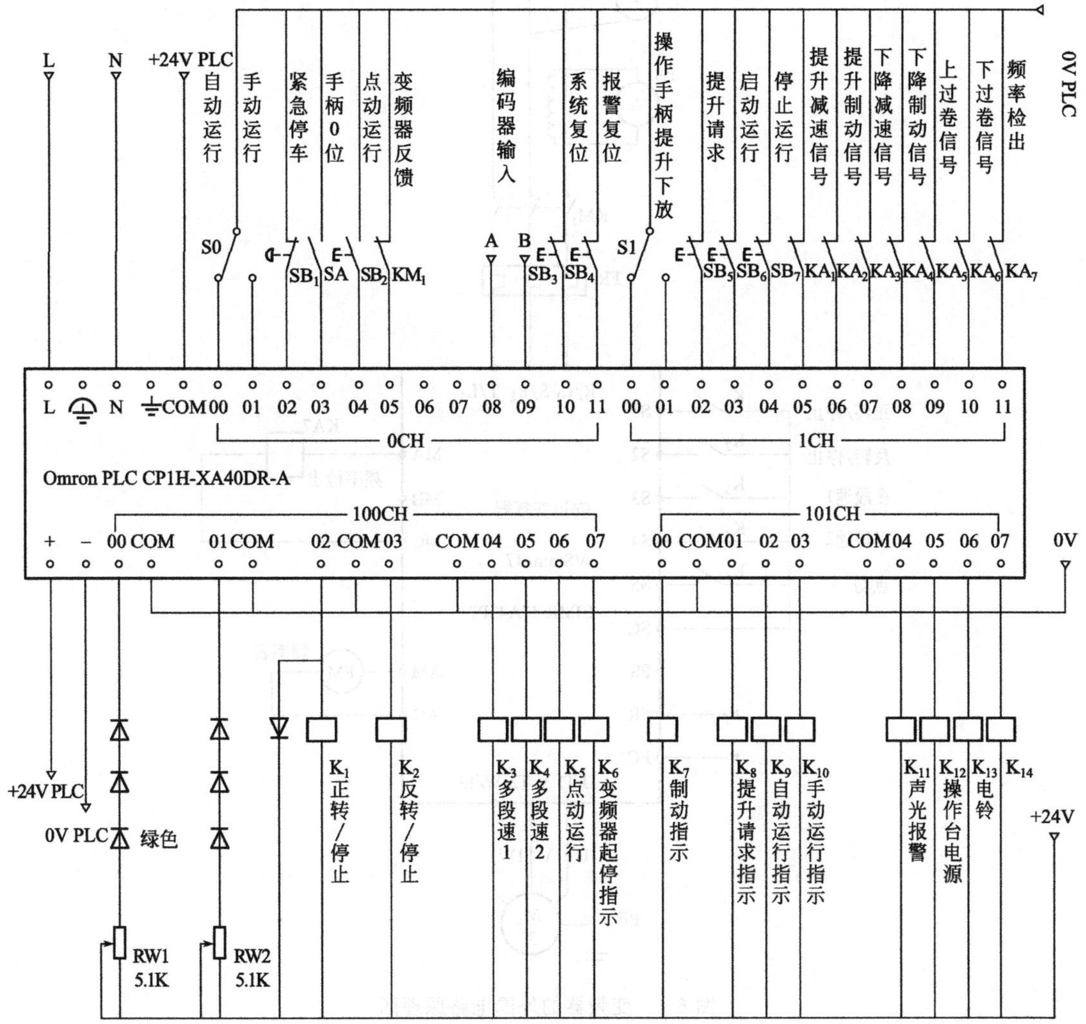

图 6-3　PLC 的接线原理图

2. 变频器控制电路

变频器的控制电路设计主要是实现正转、反转、多段速和点动运行要求，有频率检出，能够去控制制动回路。变频器外围电路原理图如图 6-4 所示。位置传感器检测到信号的时候会传送给 PLC，然后 PLC 给变频器发出控制信号，变频器接收控制单元给出的控制命令，即可使提升绞车按照参数设定的速度曲线运行。

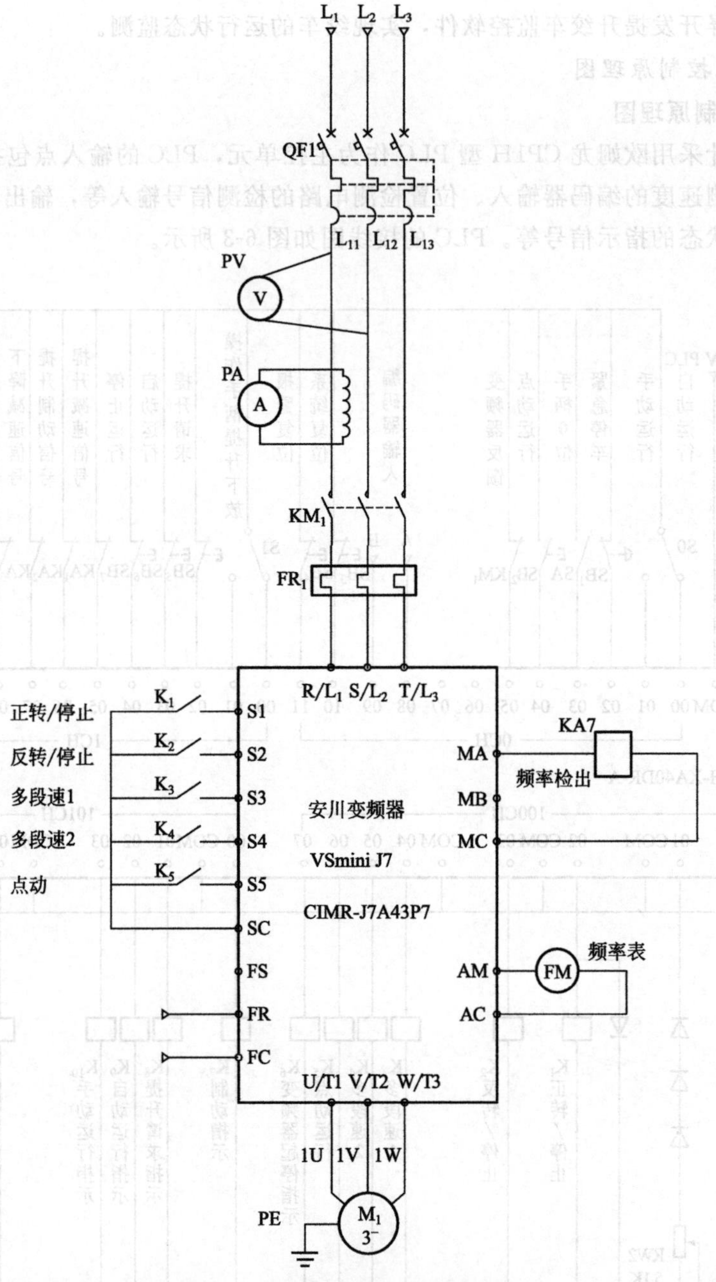

图 6-4　变频器的外围电路原理图

【操作训练】

序号	训练内容	训练要点
1	矿井提升系统控制系统的组成	熟悉矿井提升系统控制系统的组成，明确各组成部件的作用
2	矿井提升系统控制系统的原理	理解矿井提升系统控制系统的原理

【任务评价】

序号	考核内容	考核项目	配分	得分
1	矿井提升系统的组成	组成、各部分的位置及主要作用	20	
2	矿井提升系统的原理	识读矿井提升系统 PLC 控制原理图 了解实训装置的使用方法	60	
3	遵守纪律	出勤、态度、纪律、认真程度	20	

分任务二　TKD 单绳提升机交流电气控制系统的组成及工作原理

知识要点

(1) TKD 单绳交流提升机电控系统的组成。

(2) 组成 TKD 单绳交流提升机电控系统各环节工作原理。

技能目标

(1) 掌握单绳交流提升机电控系统的组成。

(2) 能够掌握 TKD 单绳交流提升机电控系统各环节工作原理。

任务描述

本任务主要从 TKD 单绳交流提升机电控系统的组成及 TKD 单绳交流提升机电控系统各环节工作原理进行分析。熟悉 TKD 单绳交流提升机电控系统的组成，明确该控制系统的功能，并能掌握各环节的工作原理。

矿井提升设备属于大功率、恒转矩负载，在运行过程中需要频繁启动、加速和制动。

传统的矿井提升机的电控系统主要有以下几种方案：转子回路串电阻的交流调速系统、直流发电机与直流电动机组成的 G-M 直流调速系统和晶闸管整流装置供电的 V-M 直流调速系统等。

矿井提升机电控系统分为矿井提升机直流电控系统和矿井提升机交流电控系统。交流提升机电控系统的类型很多，目前国产用于单绳交流提升机的电控系统主要有 TKD-A 系列、TKDG 系列、JTKD-PC 系列，用于多绳交流提升机的电控系统主要有 JKMK/J-A 系列、JKMK/J-NT 系列、JKMK/J-PC 系列等。单绳提升机电控系统又分为继电器控制和 PLC 控制。

一、TKD-A 单绳交流提升机电控系统的组成

提升机交流电控系统主要由高压开关柜（空气或真空）、高压换向柜（空气或真空）、转子电磁控制站、制动电源、操纵台、液压站、润滑油与制动液泵站、启动电阻运行故障诊断与报警装置等电气设备组成。主要完成矿井提升机的启动、制动、变速及各种保护。TKD-A 系列交流提升机电控系统图如图 6-5 所示。

TKD-A 型单绳提升机控制系统是采用继电器控制的半自动控制系统。提升过程既可以自动控制，也可以由提升机司机随时参与控制或退出控制，具有操作简单、方便，运行可靠、灵活，安全程度高等特点。TKD 单绳提升机电控系统是继电器-接触器控制系统，主要

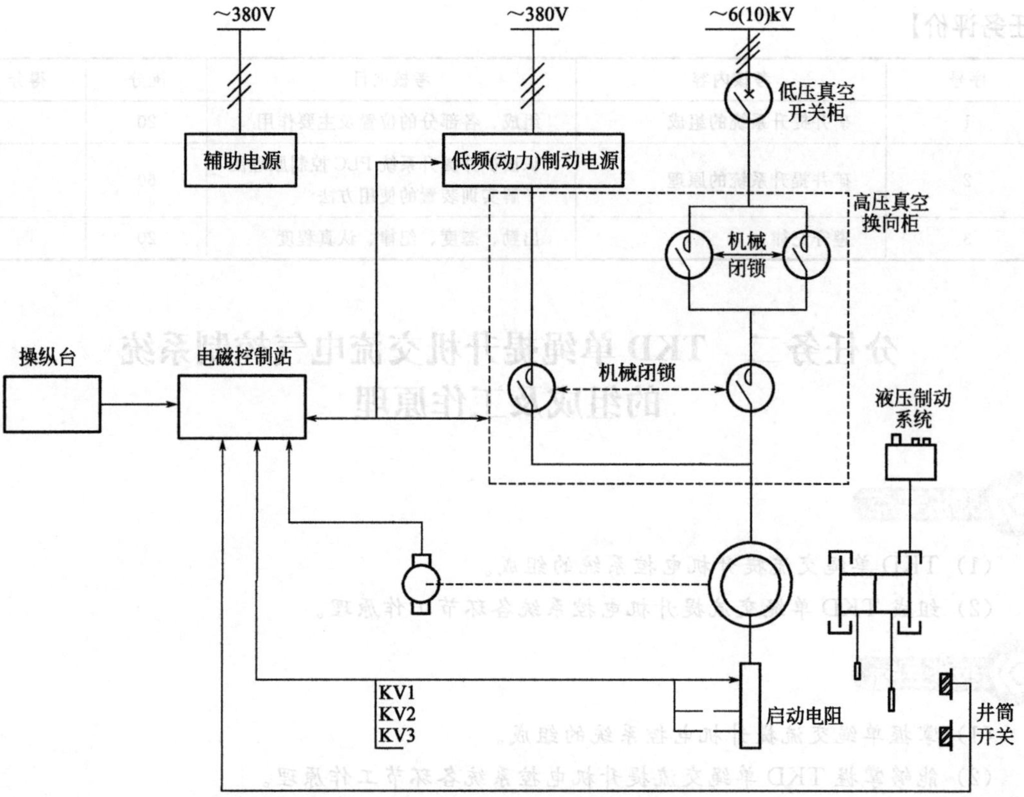

图 6-5 TKD-A 系列交流提升机电控系统

由主回路、测速回路、安全回路、控制回路、调绳闭锁回路、可调闸控制回路、减速阶段过速保护回路、动力制动回路、辅助回路等组成。

二、TKD 单绳交流提升机电控系统各环节工作原理

（一）主回路的组成和工作原理

1. 主回路的组成

主回路由电机定子回路和转子回路构成。电动机定子回路由高压开关柜、高压接触器和制动电源装置组成。主回路的组成如图 6-6 所示。

2. 主回路的工作原理

(1) 电动机定子回路　高压开关柜由 QS、QF、TV、TA 及其二次回路组成。提升机供电线路采用两路 6kV 高压进线，其中一路运行，一路备用。高压电源经隔离开关 QS_1、QS_2 控制，通过高压油断路器 QF 向提升电动机供电。电流互感器 TA_2、TA_1 以不完全星接方式连接过流脱扣线圈 $2KA_1$、$2KA_2$ 和三相电流继电器 1KA。

当电动机过流时，过电流脱扣线圈 $2KA_1$、$2KA_2$ 动作，使高压油断路器 QF 跳闸断电以保护电动机；三相电流继电器 1KA 用于电动机转子回路电阻切除时的电流控制。电压互感器 TV 二次侧接有电压表 PV_1 和失压脱扣线圈 KV，当电网电压低于规定值时，KA 动作使高压油断路器 QF 跳闸。与失压脱口器 KV 相串联的还有紧急停车开关 SF、高压换向器室栅栏门闭锁开关 1SE，前者用于紧急情况下司机脚踏停车，后者用于栅栏门与高压电源闭锁。当打开栅栏门时，1SE 即断开，KA 断电，断路器跳闸，可以保证进入高压器室人员的安全。

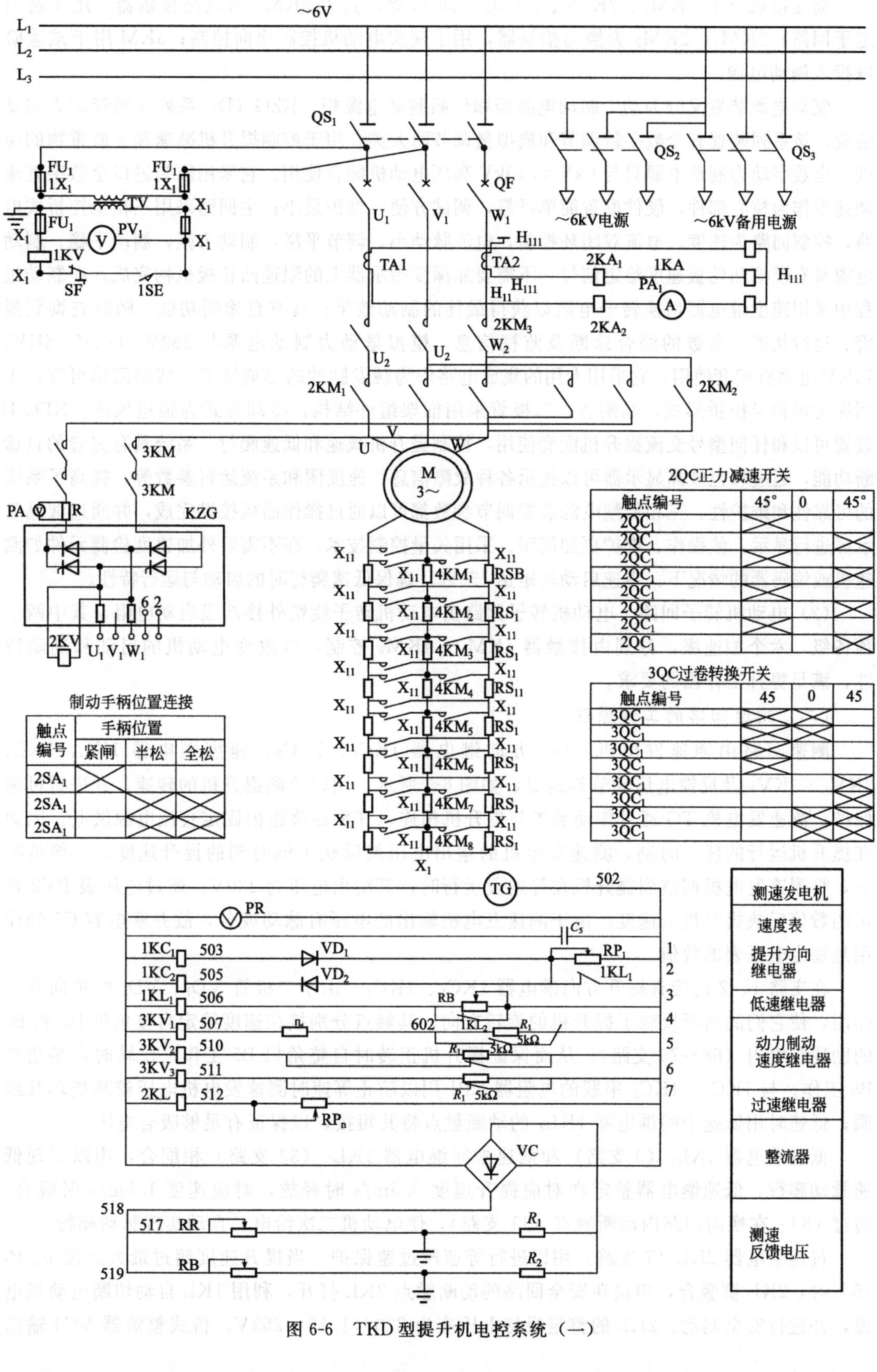

制动手柄位置连接

触点编号	手柄位置		
	紧闸	半松	全松
2SA1	×		
2SA1		×	×
2SA1		×	×

2QC正力减速开关

触点编号	45°	0	45°
2QC1	×		
2QC1			×
2QC1	×		
2QC1			×
2QC1	×		
2QC1			×
2QC1	×		
2QC1			×

3QC过卷转换开关

触点编号	45	0	45
3QC1	×	×	
3QC1	×	×	
3QC1	×		
3QC1	×		
3QC1			×
3QC1			×
3QC1		×	×
3QC1		×	×

图 6-6　TKD 型提升机电控系统（一）

高压接触器有 $2KM_1$、$2KM_2$、$2KM_3$、3KM 等，其中 $2KM_3$ 为线路接触器，用于通断定子回路；$2KM_1$、$2KM_2$ 为换向接触器，用于现实电动机控制换向控制；3KM 用于减速阶段投入制动电源。

制动电源装置又分为动力制动电源柜和低频制动电源柜。KZG（D）系列晶闸管动力制动装置。该系列装置有全数字量调节和模拟量调节两大类，用于控制提升机减速和下放重物的速度。全数字动力制动电源只与 6kV 和 10kV 高压电动机配合使用。它采用原装进口全数字直流调速器作为核心部件，硬件配置简单可靠，调试方便，维护量小；主回路采用三相全控桥式电路，控制回路为速度、电流双闭环控制，电流脉动小，调节平滑，制动力强，制动平稳。制动电源具有模拟凸轮板速度给定信号，不需要靠深度指示器上的限速凸轮板机构完成；在制动过程中采用速度继电器切换转子电阻以获得最佳的制动效果；具有自诊断功能，随时查询到报警、运行状态、参数的综合诊断及监视信息。模拟量动力制动电源与 380V、660V、6KV、10KV 电动机配套使用，它采用专用的集成电路作为触发脉冲的形成环节，线路简单可靠；主回路为单相半控桥形式，晶闸管、二极管采用框架组件结构，冷却方式为强迫风冷。KDG-D 装置可以和任何型号交流提升机配套使用，控制提升机减速和低速爬行。系统具有完善的自诊断功能，通过彩色液晶显示器可以指示各种故障信息、速度图和系统运行参数等，提高了系统的可靠性和维护性。三相低频电源装置调节参数都可以通过操作面板按键完成，并通过液晶显示屏进行显示，使操作、维护更加简明。采用矢量控制技术，在不需要外加速度检测元件如测速机或编码器的情况下，零速启动转矩达 150%，确保低速爬行时的启动与运行特性。

(2) 电动机转子回路　电动机转子回路由电动机转子绕组外接八段启动电阻，其中两个预备级，六个加速级，分别由接触器 $4KM_1$～$4KM_8$ 控制，以改变电动机的启动和制动特性，满足提升工作图的要求。

(二) 测速回路的工作原理

测速回路由测速发电机 TG，方向继电器 $1KC_1$、$1KC_2$，速度继电器 1KL、2KL、$3KV_1$～$3KV_3$ 及反馈电压环节等组成，如图 6-6 所示，用以监测提升机的转速，并进行过速保护。测速发电机 TG 通过传动装置与提升机相连，其励磁绕组由固定直流电源供电。因而在提升机运行的任一时刻，测速发电机的输出电压就反映了该时刻的提升速度。一般情况下，将测速发电机调整到提升机在等速段运行时，其输出电压为 220V。通过电压表 PV2 显示的数值反映提升机的速度。由于测速发电机输出的电压有脉动成分，故并联电容 C5 的作用是稳定电压表的数值。

在支路 1、2 内接有提升方向继电器 $1KC_1$、$1KC_2$。由于二极管 VD_1、VD_2 的单向导通作用，使它们的通断反映了提升机的旋转方向。其触点分别接在速度给定自整角机 B5 和 B6 的励磁绕组内（68～70 支路），从而保证提升机正转时自整角机 B5 工作，反转时自整角机 B6 工作。与 $1KC_1$、$1KC_2$ 串联的电阻器 RP1 用以防止等速时测速发电机电压较高烧坏其线圈；低速时用低速中间继电器 $1KL_2$ 的动断触点将其短接，以保证有足够吸合电压。

低速继电器 $1KL_1$（3 支路）和低速中间继电器 $1KL_2$（33 支路）相配合，用以实现低速脉动爬行。低速继电器整定在对应提升速度 0.5m/s 时释放，对应速度 1.5m/s 时吸合。通过 $1KL_2$ 在换向回路内动断触点（11 支路），使电动机二次给电，自动实现脉动爬行。

过速继电器 2KL（7 支路）用以进行等速段过速保护。当提升速度超过最大速度 v_m 的 15%时，2KL 被吸合，串接在安全回路的动断触点 2KL 打开，利用 1KL 自动切断电动机电源，并进行安全制动。2KL 的整定吸持电压应为 $220\times1.15=253$V。桥式整流器 VC4 输出反映提升机实际速度的测速反馈电压，通过输出端 518、519 分别为可调闸闭环和制动闭环提供速度反馈信号。

（三）安全回路的工作原理

安全回路由安全接触器 1KM 各保护电器和开关的触点组成，用以保证提升机安全、可靠地运行。当出现不正常工作状态时，安全接触器 1KM 断电，支路 12 中动合触点打开，将电动机换向回路断电，使电动机与电源断开；并且断开安全阀电磁铁 YB（63 支路）的电源，提升机进行安全制动。

（1）主令控制器手柄零位联锁触点 $1SA_1$。当主令控制器操纵手柄在中间位置时，$1SA_1$ 闭合，提升机在运行中 $1SA_1$ 断开。使提升电动机只能在断电的情况下才能解除安全制动，以防止安全制动一解除，提升机自动启动。

（2）工作闸制动手柄联锁触点 $2SA_1$。当手柄位于制动位置时，该触点闭合，其作用是提升机只能在工件制动状态下才能解除安全制动。

（3）测速回路断线监视继电器 3KA（71 支路）的动合触点。一旦测速回路出现故障，该触点断开。正常工作时，由于加速开始或提升终了测速发电机 TG 转速较低，以致 3KA 无法吸合。为此利用加速接触器 $4KM_8$ 的动断触点短接 3KA，使提升机能正常运转。

（4）减速阶段过速保护继电器 3KL（66 支路）动合触点。减速阶段实际速度超过给定速度 10%时，此触点断开。

（5）等速阶段过速保护继电器 2KL（7 支路）动断触点。当提升机运转速度超过最大速度 15%时，触点断开。

（6）失流联锁继电器 3KT（55 支路）动合触点。为防止深度指示器回路断线，将其失流继电器 4KM 动合触点串接在 3KT 线圈的回路中，当深度指示器断线或直流断电时，该触点断开。

（7）制动油过压继电器 K1（37 支路）动断触点。当制动油压过高时，油压继电器 1SP 的触点闭合，K1 有电，断开其动断触点；同时，信号灯 $1HL_2$ 发出指示。

（8）动力制动失压继电器 2KV（图 6-6）的动合触点。若晶闸管整流装置断线或发生故障失压时，2KV 失电，同时安全回路断电。

（9）高压油断路器 QF（图 6-6）的辅助动合触点。若油断路器因故跳闸，该触点打开，使高压断电的同时，安全回路断电进行安全制动。

（10）过卷开关 $1SL_1$～$1SL_2$。其中 $1SL_1$、$1SL_2$ 装在深度指示器上，$2SL_1$～$2SL_2$ 安装在井架上，当任一过卷开关打开时，均能使安全回路断电进行安全制动。

（11）过卷复位开关 3QC。用于过卷后将 $1SL_1$～$2SL_2$ 短接，使安全回路通电，以放下过卷的容器。为了防止再次过卷，3QC 与过卷开关之间有联锁关系，有两组触点串接在换向回路内，当接通 3QC 时，只能使提升机向过卷相反的方向开车。

（12）闸瓦磨损开关 $3SL_1$、$3SL_2$。它们分别安装在制动器上，当闸瓦磨损量超过其规定的量时，其触点打开。

（13）调绳回路。调绳回路由调绳转换开关 1QC7，调绳开关 3SA，5SL、$4SL_1$、$4SL_2$ 组成（9 支路），通过控制 64 回路中的五通阀电磁阀 YA_1 和四通阀 YA_2 实现安全调绳。

（四）控制回路的组成和工作原理

1. 控制回路的组成

控制回路由高压换向回路、电动机正反转控制回路、动力制动回路、转子电阻控制回路、信号控制回路、时间继电器控制回路组成。控制回路图如图 6-8、6-9 所示。

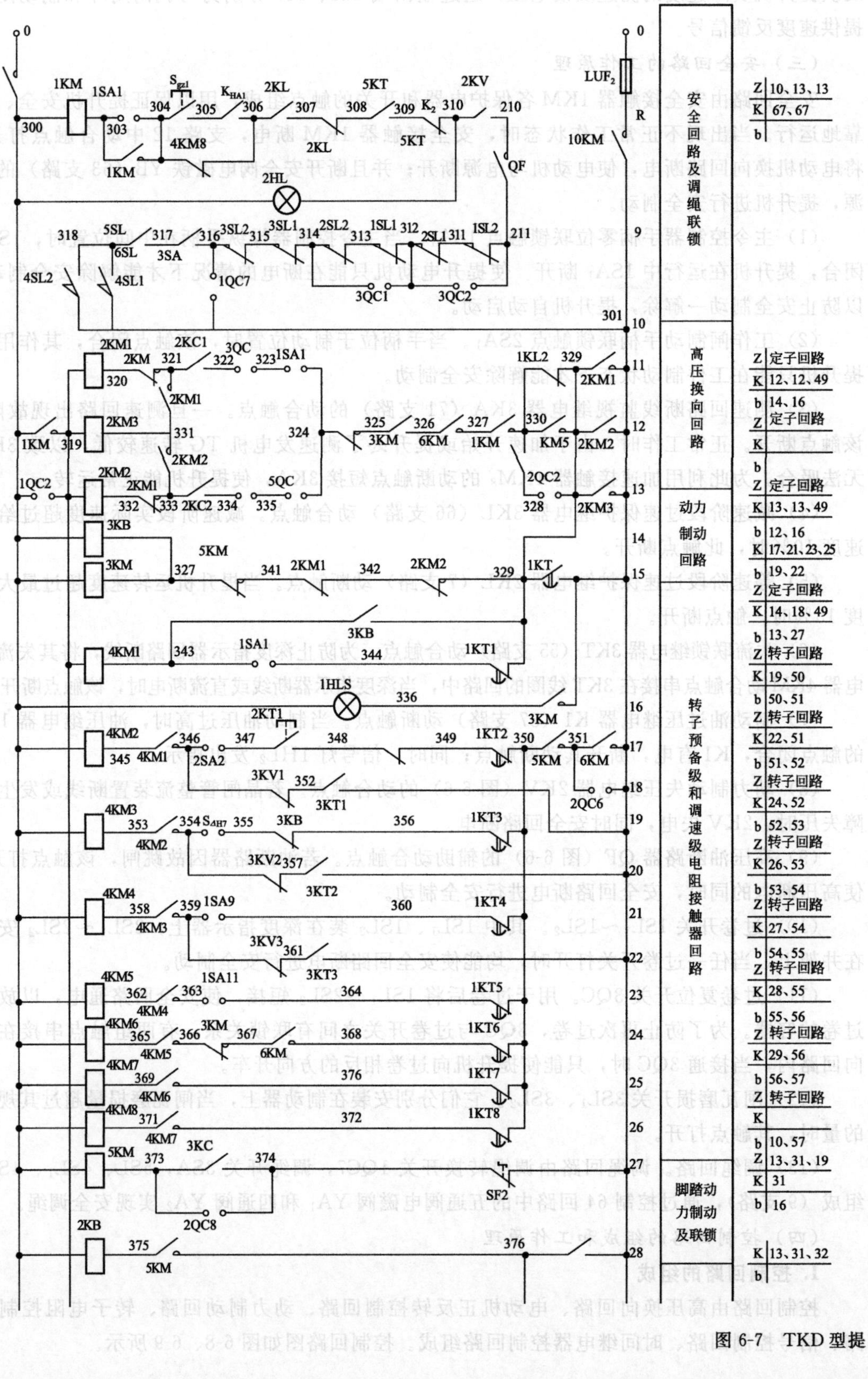
安全回路及调绳联锁
Z 10、13、13
K 67、67
b
高压换向回路
Z 定子回路
K 12、12、49
b 14、16
Z 定子回路
K
b
Z 定子回路
K 13、13、49
动力制动回路
b 12、16
K 17、21、23、25
b 19、22
Z 定子回路
K 14、18、49
b 13、27
Z 转子回路
K 19、50
b 50、51
转子预备级和调速级电阻接触器回路
Z 转子回路
K 22、51
b 51、52
Z 转子回路
K 24、52
b 52、53
Z 转子回路
K 26、53
b 53、54
Z 转子回路
K 27、54
b 54、55
Z 转子回路
K 28、55
b 55、56
Z 转子回路
K 29、56
b 56、57
Z 转子回路
K
b 10、57
Z 13、31、19
K 31
脚踏动力制动及联锁
b 16
K 13、31、32
b

图 6-7 TKD 型提

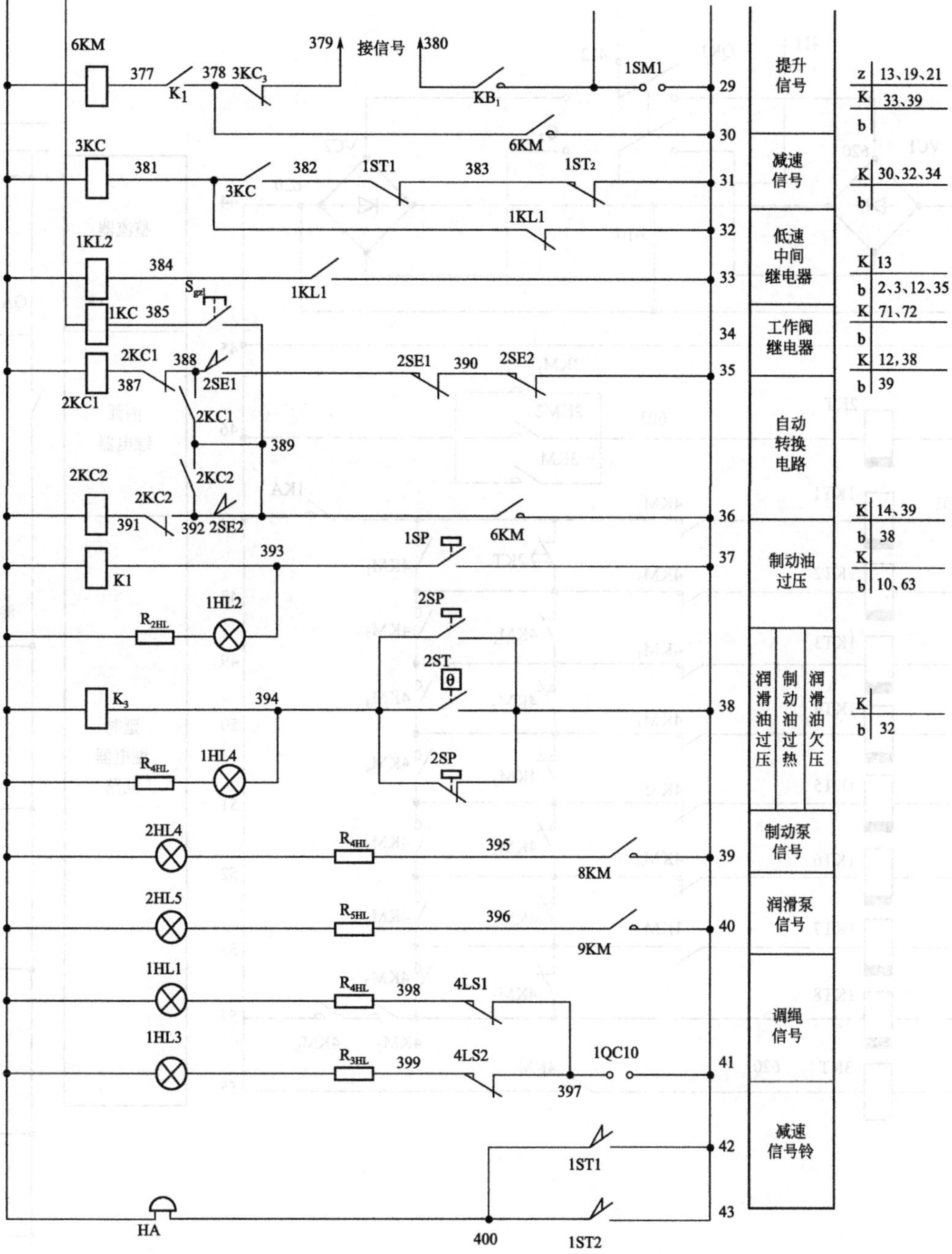
6KM
377
K1
378 3KC3
379
接信号
380
KB1
1SM1
29
6KM
30
3KC
381
3KC
382
1ST1
383
1ST2
31
1KL1
32
1KL2
384
1KL1
33
1KC 385
34
2KC1
388
387
2SE1
2SE1
390
2SE2
35
2KC1
389
2KC2
2KC2
391
392 2SE2
6KM
36
K1
393
1SP
37
R2HL
1HL2
2SP
2ST
K3
394
38
R4HL
1HL4
2SP
2HL4
R4HL
395
8KM
39
2HL5
R5HL
396
9KM
40
1HL1
R4HL
398
4LS1
1HL3
R3HL
399
4LS2
1QC10
397
41
1ST1
42
HA
400
1ST2
43
提升信号
减速信号
低速中间继电器
工作阀继电器
自动转换电路
制动油过压
润滑油过压
制动油过热
润滑油欠压
制动泵信号
润滑泵信号
调绳信号
减速信号铃
z 13、19、21
K 33、39
b
K 30、32、34
b
K 13
b 2、3、12、35
K 71、72
b
K 12、38
b 39
K 14、39
b 38
K
b 10、63
K
b 32

升机电控系统（二）

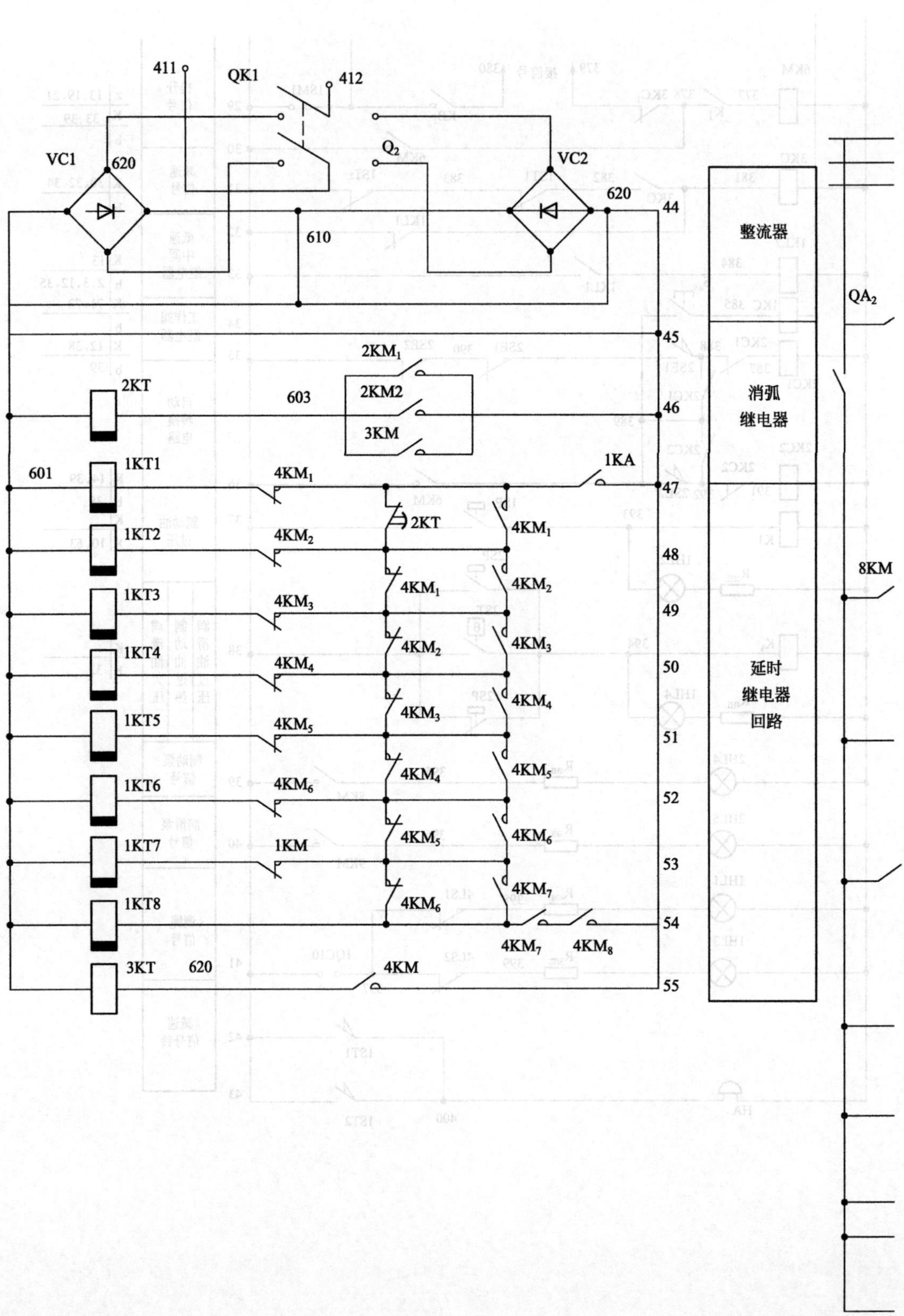
411
412
QK1
Q2
VC1
620
VC2
620
610
44
45
46
47
48
49
50
51
52
53
54
55
整流器
QA2
2KM1
2KM2
3KM
2KT
603
消弧
继电器
1KT1
601
4KM1
1KA
2KT
1KT2
4KM2
4KM1
4KM1
4KM2
1KT3
4KM3
4KM2
4KM3
1KT4
4KM4
4KM3
4KM4
延时
继电器
回路
1KT5
4KM5
4KM4
4KM5
1KT6
4KM6
4KM5
4KM6
1KT7
1KM
4KM6
4KM7
1KT8
4KM7
4KM8
3KT
620
4KM
8KM

图 6-8 TKD 型提

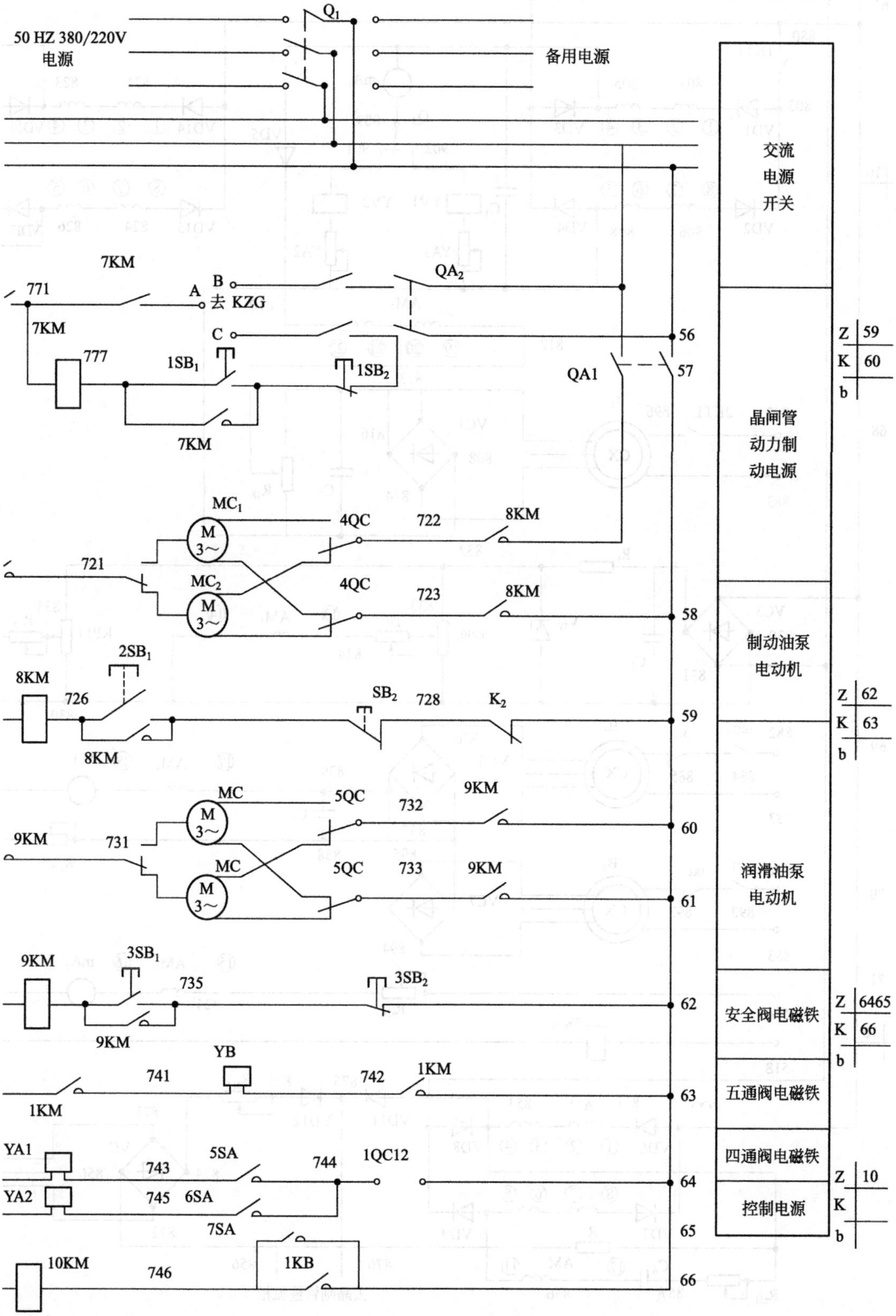
50 HZ 380/220V
电源
Q1
备用电源
交流
电源
开关
7KM
771
A
B
去 KZG
C
QA2
56
7KM
777
1SB1
1SB2
QA1
57
7KM
晶闸管
动力制
动电源
Z 59
K 60
b
MC1
4QC
722
8KM
721
MC2
4QC
723
8KM
58
制动油泵
电动机
2SB1
8KM
726
SB2
728
K2
59
8KM
Z 62
K 63
b
MC
5QC
732
9KM
60
9KM
731
MC
5QC
733
9KM
61
润滑油泵
电动机
9KM
3SB1
735
3SB2
62
9KM
安全阀电磁铁
Z 6465
K 66
b
741
YB
742
1KM
63
1KM
五通阀电磁铁
YA1
5SA
743
744
1QC12
64
四通阀电磁铁
YA2
745
6SA
7SA
65
控制电源
Z 10
K
b
10KM
746
1KB
66

升机电控系统（三）

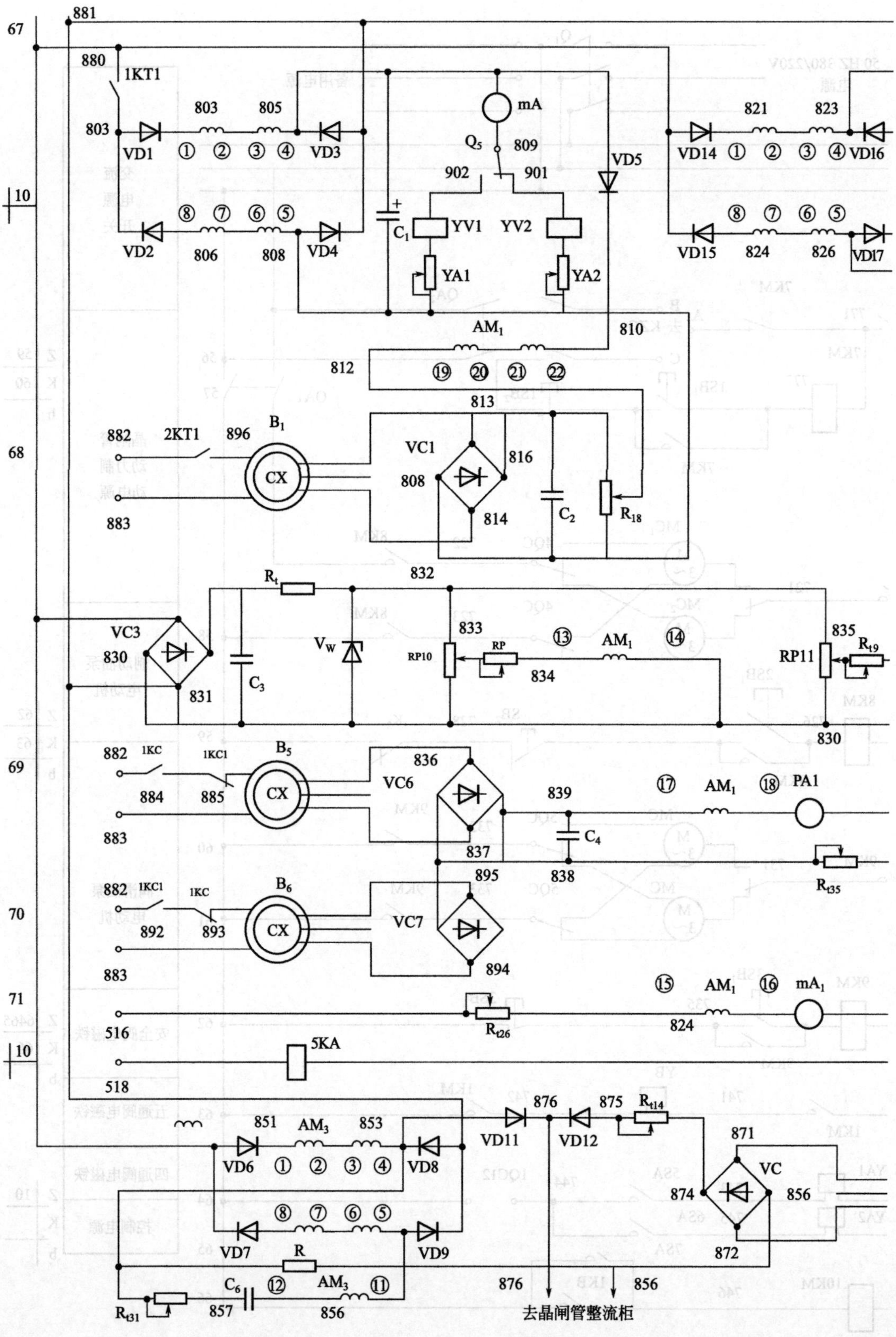
67
881
880
1KT1
803
805
VD1
VD3
① ② ③ ④
mA
Q5
809
902
901
VD5
C1
YV1
YV2
YA1
YA2
VD2
VD4
⑧ ⑦ ⑥ ⑤
806
808
821
823
VD14
VD16
VD15
824
826
VD17
10
AM1
810
812
⑲ ⑳ ㉑ ㉒
813
68
882
2KT1
896
B1
CX
VC1
816
814
C2
R18
883
832
Rt
VC3
830
831
C3
VW
833
RP10
RP
834
⑬
⑭
835
Rt9
RP11
1KC
1KC1
884
885
B5
VC6
836
839
⑰
⑱
PA1
C4
837
838
Rt35
895
69
70
892
893
B6
VC7
894
71
516
Rt26
⑮
⑯
mA1
5KA
518
851
AM3
853
VD6
VD8
VD11
876
VD12
875
Rt14
871
VC
874
856
VD7
VD9
872
R
C6
⑫
⑪
Rt31
857
去晶闸管整流柜

图 6-9 TKD 型提

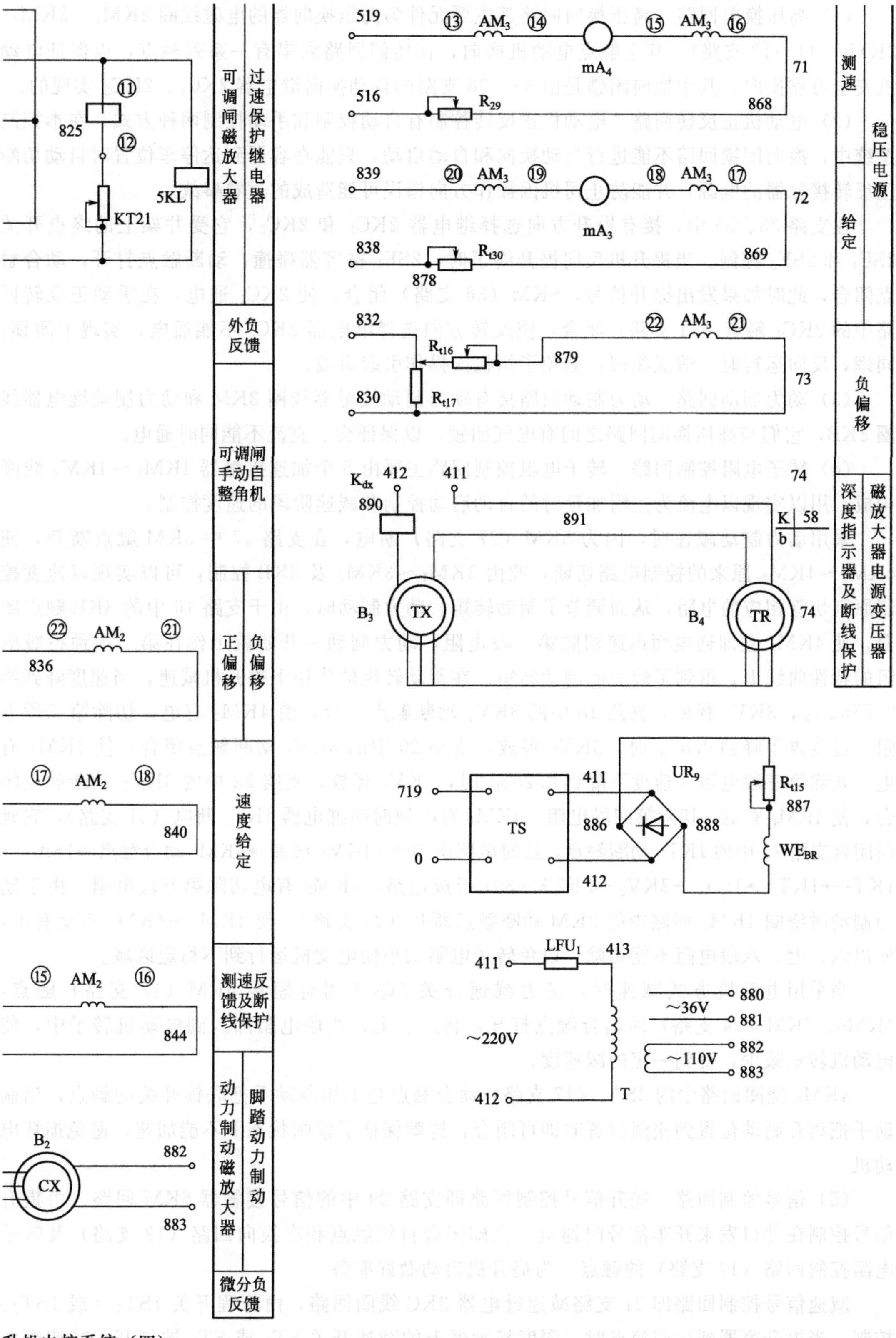

过速保护继电器
可调闸磁放大器
外负反馈
可调闸手动自整角机
正偏移
负偏移
速度给定
测速反馈及断线保护
动力制动磁放大器
脚踏动力制动
微分负反馈
测速
给定
稳压电源
负偏移
深度指示器及断线保护
磁放大器电源变压器
825
KT21
5KL
519
AM3
mA4
71
516
R29
868
839
mA3
72
838
Rt30
878
869
832
Rt16
879
73
830
Rt17
74
Kdx
890
412
411
891
K
b
58
B3
TX
B4
TR
AM2
836
840
844
B2
CX
882
883
719
0
TS
UR9
Rt15
887
886
888
WEBR
LFU1
413
880
~36V
881
~220V
~110V
T

升机电控系统（四）

2. 控制回路的工作原理

（1）高压换向回路　高压换向回路其主要元件为高压换向器的电磁线圈 $2KM_1$、$2KM_2$、$2KM_3$（11～13 支路），其主触点电动机换向，在他们回路内串有一系列触点，以保证电动机安全可靠换向。其中换向闭锁是由 35、36 支路的自动换向继电器 $2KC_1$、$2KC_2$ 实现的。

（2）电动机正反转回路　电动机正反转控制有自动控制和手动控制两种方式。在本控制系统中，换向闭锁回路不能进行自动换向和自动启动，只能在容器到达停车位置时自动切断正反转接触器的电源，并能防止司机因操作方向错误可能造成的过卷事故。

在支路 35、36 中，接有提升方向选择继电器 $2KC_1$ 和 $2KC_2$，它受井架上的终点开关 $2SE_1$ 和 $2SE_2$ 控制。当提升机反向提升终了时，$2SE_1$ 被容器碰撞，动断触点打开，动合触点闭合，此时如果发出提升信号，6KM（36 支路）闭合，使 $2KC_1$ 通电，在手动正反转回路中的 $2KC_1$ 触点（11 支路）闭合，使反转方向选择继电器 $2KC_2$ 不能通电，实现了闭锁。同理，反向运行时，情况相似，避免了司机误操作引起事故。

（3）动力制动回路　动力制动回路接有动力制动接触器线圈 3KM 和动力制动继电器线圈 3KB，它们与高压换向回路之间有电气闭锁，以保证交、直流不能同时通电。

（4）转子电阻控制回路　转子电阻控制回路主要由 8 个加速接触器 $4KM_1$～$4KM_8$ 线圈构成，用以实现以电流为主附加延时的自动启动控制和减速阶段的速度控制。

采用动力制动减速时，因为 5KM（27 支路）断电，在支路 17 中 5KM 触点断开，使 $4KM_2$～$4KM_8$ 原来的控制电路切断，改由 $3KM_1$～$3KM_3$ 及 3KB 控制，可以实现以速度控制原则切除相应的电阻，从而调节了制动转矩。动力制动时，由于支路 16 中的 3KB 触点闭合，使 $4KM_1$ 立即通电而迅速切除第一段电阻，动力制动一开始就工作在第二项预备级电阻的特性曲线上，得到了较大的制动转矩。在制动转矩的作用下提升机减速，当速度降到约 $0.75v_m$ 时，$3KV_1$ 释放，支路 18 中的 $3KV_1$ 动断触点闭合，使 $4KM_2$ 有电，切除第二段电阻。速度再下降到 $0.5v_m$ 时，$3KV_2$ 释放，支路 20 中的 $3KV_2$ 动断触点闭合，使 $4KM_3$ 有电，切除第三段电阻，速度下降到 $0.25v_m$ 时，$3KV_3$ 释放，支路 22 中的 $3KV_3$ 动断触点闭合，使 $4KM_4$ 有电，切除第四段电阻。$4KM_4$ 有电使时间继电器 $1KT_5$ 断电（51 支路），它延时闭合支路 23 中的 $1KT_5$ 动断触点，这时电路由 300→$4KM_5$ 线圈→$4KM_4$ 动合触点→$1SA_{11}$→$1KT_5$→$1KT_4$→$1SA_9$→$3KV_3$→3KT3→301 形成通路，$4KM_5$ 有电切除第五段电阻，由于动力制动时绕圈 $4KM_6$ 回路中的 3KM 动断触点断开（24 支路），使 $4KM_6$～$4KM_8$ 不能有电，所以六、七、八段电阻不能切除，以免转子电阻太小使电动机运行到不稳定区域。

当采用电动机方式减速时，正力减速开关 2QC6 闭合短接 6KM（17 支路）触点，4KM6、6KM（24 支路）的动合触点打开，将六、七、八段电阻加入到电动机转子中，使电动机转矩减少，得到一定的减速度。

$4KM_2$ 绕圈回路中的 $2SA_2$（17 支路）动合触点是工作制动手把联锁开关的触点，当制动手把离开制动位置到松闸位置时即可闭合，这就保证了紧闸状态下不能加速，避免损坏电动机。

（5）信号控制回路　提升信号控制回路即支路 29 中的信号接触器 6KM 回路。由提升信号控制在井口发来开车信号时通电，立即闭合自锁触点和在换向回路（12 支路）及转子电阻控制回路（17 支路）的触点，为提升机启动做好准备。

减速信号控制回路即 31 支路减速继电器 3KC 线圈回路，由行程开关 $1ST_1$（或 $1ST_2$）控制。当提升容器到达减速点时，深度指示器上的减速开关 ST_1 或 ST_2 被打开，减速继电器 3KC 断电，打开其自锁触点和 6KM 线圈回路中的触点，使 6KM 断电，将主电动机电源切断，并在转子回路加入全部电阻，同时动力制动控制接触器 5KM（27 支路）回路中的 3KC 断开，准备投入动力制动。

（6）时间继电器控制回路　时间继电器控制回路（44～55 支路），采用直流电源，由 44 支路的整流器 VC1 或 VC3 获得直流电，二者互为备用。在直流电源上接有消弧继电器 2KT（46 支路），用以防止换向时因电弧未熄灭而引起主回路电弧短路，也可以避免交直流切换时造成短路。因为在正反换向时或动力制动投入时，都要经过 KT 的 0.5～0.8s 延时，在这段时间内电弧已熄灭，然后才能使 $1KT_1$（15 支路）闭合，构成换向通路。

47～54 支路的 $1KT_1$～$1KT_8$ 为 8 个时间继电器，用以实现时间控制，它们的动断触点接在相应的加速回路中。

【操作训练】

序号	训练内容	训练要点
1	TKD 单绳交流提升机电控系统的组成	熟悉提升机电控系统的组成，掌握 TKD 单绳交流提升机电控系统各环节工作原理
2	TKD 单绳交流提升机电控系统各环节工作原理	

【任务评价】

序 号	考核内容	考核项目	配分	得分
1	TKD 单绳交流提升机电控系统的组成	TKD 单绳交流提升机电控系统的组成	20	
2	TKD 单绳交流提升机电控系统各环节工作原理	主回路的组成和工作原理 测速回路的工作原理 安全回路的工作原理 控制回路的组成和工作原理	60	
3	遵章守纪	出勤、态度、纪律、认真程度	20	

分任务三　矿井提升机交流 TKD 电控系统的工作过程

知识要点

（1）TKD 单绳交流提升机电控系统的启动、加速控制。

（2）TKD 单绳交流提升机电控系统的等速控制阶段工作过程。

（3）TKD 单绳交流提升机电控系统的减速阶段工作过程。

技能目标

掌握 TKD 单绳交流提升机电控系统加速、等速、减速各阶段的工作过程。

任务描述

通过学习TKD单绳交流提升机电控系统加速、等速、减速各阶段的工作过程，能够掌握此类提升机的工作全过程，并能够完成对此类提升机进行日常的维护维修工作。

开机前准备：将制动手柄拉至全抱闸位置，主令控制器手柄置于中间位置，各转换开关扳至所需位置。合上高压开关柜的隔离开关 QS_1、QS_2（或 QS_3）和油断路器 QF，使高压换向器电源端有电，同时电压表指示出高压数值。合上辅助回路开关 QK_1、QA_1 和 QA_2，辅助回路送电。

启动制动油泵、润滑油泵，给动力制动电源柜送电。合上 QK_2 开关，直流控制回路（44～45 支路）送电。合上 7SA（65 支路）开关，接触器 10KM 通电控制回路接通电源（8～9支路）。如果安全回路正常，则安全接触器 1KM 通电，解除安全制动。

一、TKD 单绳交流提升机电控系统的启动、加速控制

当井口发来开车信号，信号接触器 6KM（29 支路）通电，其他触点动作，完成下列功能：30 支路动合触点闭合，实现自锁；12 支路动合触点闭合，为正转（或反转）接触器 $2KM_1$（或 $2KM_2$）通电做准备；17、24 支路动合触点闭合，为 $4KM_1$～$4KM_2$ 通电做准备；36 支路动合触点闭合，短接终点开关 $2SE_1$、$2SE_2$，$2KC_1$ 通电，闭合串在 11 支路的动合触点 $2KC_1$，提升机只能正转。

将工作闸制动手柄置于松闸位置。将主令控制器手柄置于正转方向的终端位置，其触点闭合情况如图 6-6 所示，此时正转接触器 $2KM_1$ 通电，其触点动作，完成下列功能：11 支路动合触点闭合，实现自锁；电动机定子回路主触点闭合；11、12 支路间动合触点闭合，使线路接触器 $2KM_3$ 通电，闭合其定子回路主触点，电动机定子接通电源；13 支路动断触点断开，对反转接触器 $2KM_2$ 实现闭锁；15 支路动断触点断开，对动力制动接触器 3KM 实现闭锁；46 支路动合触点闭合，熄弧继电器 2KT 通电，断开其串接在 47～48 支路间的动断触点，使时间继电器 $1KT_1$ 断电（由于此时电动机电流小，加速电流继电器 1KA 未闭合），此时，电动机定子接通电源，转子串入八段电阻，运行在 RY1 特性曲线上。

当 1KT 在 16 支路中的触点延时闭合时，加速接触器 $4KM_1$ 通电，完成下列功能：电动机转子回路内的主触点闭合，切除第一预备级电阻 RY1，使电动机运行在第二预备级电阻 RY2 特性曲线上，提升机开始加速；47 支路动断触点断开，以免加速电流继电器 1KA 吸合后 $1KT_1$ 再次通电；48 支路与 49 支路之间动合触点闭合，使 $1KT_2$ 断电（一般情况下第一、第二级采用的单纯的时间控制，所以此时 1KA 仍未吸合），实现时间控制；17 支路动合触点闭合，为 $4KM_2$ 通电做准备。

当时间继电器 1KT2 在 17 支路的动断触点延时闭合时，第二加速接触器 $4KM_2$ 便通电吸合，闭合了转子回路的主触点，切除了第二段预备级的电阻，使电动机运行在主加速级电阻 RS3 特性上。此时由于电动机的转矩增大至尖峰转矩 M_1，所以启动电流增大，使加速电流继电器 1KA 吸合，47 支路的动合触点闭合，维持 $1KT_3$ 通电。

随着转速升高，转矩减小，当电动机电流达到 1KA 释放值时，继电器 1KA 释放，47 支路动合触点断开，使 $1KT_3$ 断电，经过延时后，闭合 19 支路的动断触点，使第三个加速接触器 $4KM_3$ 通电，其触点转换作用和 $4KM_2$ 相似。以后均按电流为主、时间为辅的控制原则，切换全部附加电阻，使电动机运行在固有的特性曲线上，完成启动过程。

二、TKD 单绳交流提升机电控系统的等速、减速控制阶段工作过程

（一）TKD 单绳交流提升机电控系统的等速控制阶段工作过程

等速阶段控制回路无任何切换，电动机以最大转速稳定运行在固有特性曲线 $M=$

M_L 点。

（二）TKD 单绳交流提升机电控系统的减速控制阶段工作过程

1. 动力制动减速

当提升机容器达到减速点时，限速圆盘上的撞块压动减速开关 $1ST_1$ 或 $1ST_2$（31 支路），使减速信号继电器 3KC 断电；同时压合其动合触点（42、43 支路），电铃 HA 发出减速信号。3KC 断电使 29 支路信号接触器 6KM 断电，6KM 在 12 支路中的动合触点断开，使 $2KM_1$（或 $2KM_2$）线圈断电，其主触点切除主电动机高压工频交流电源；同时，在 27 支路中的 3KC 触点断开动力制动控制接触器 5KM 的电源，5KM 断电使 2KB（28 支路）断开，同时在 15 支路回路中的动断触点闭合，使动力制动接触器 3KM 线圈及动力制动中间继电器 3KB 线圈通电。其完成下列功能：闭合定子回路 3KM 主触点，电动机定子送入直流电，开始动力制动；12 支路中的 3KM 动断触点断开，对交流实现闭锁；15 支路中的 3KB 动合触点闭合，使 $4KM_1$ 通电，切除第一预备级电阻，使动力制动运行在第二预备级电阻 RY2 特性曲线上，以获得较大的制动转矩；18、20、22 支路中的 3KB 动断触点断开，故 $4KM_6$～$4KM_8$ 不能通电，使动力制动过程中保留一部分转子电阻不切除；16 支路和 17 支路之间 3KM 动断触点闭合，用信号灯 $1HL_5$ 发出动力制动运行指示。

当提升机速度下降到 $0.75v_m$ 左右时，速度继电器 $3KV_1$（4 支路）释放，其串接在 18 支路的动断触点闭合。使 $4KM_2$ 通电吸合，切除第二预备级电阻 RY2，电动机转入 RS3 特性曲线上运行，制动转矩已重新增大。以后，按 $3KV_2$、$3KV_3$ 整定值适时动作，电动机依次过渡到 RS4、RS5 特性曲线上运行，使制动转矩维持在最大值附近。

另外，在动力制动过程中，制动电流大小还要根据实际速度与给定速度的偏差来自动调整。速度偏差信号经 AM3 放大，由端点 876、856 输入到动力制动电源柜移相电路的 6、8 两端中，自动控制动力制动电流的大小，使其按速度图运行。

2. 电动机减速

当采用电动机减速方式时，应将正力减速开关 2QC 置于减速位置，此时，$2QC_2$、$2QC_6$、$2QC_8$ 均闭合（13、18、27 支路）。

当提升容器到达减速点时，1ST1（或 1ST2）断开 3KC 的电源（31 支路），信号接触器 6KM 同时失电，但由于 $2QC_2$（13 支路）闭合，电动机定子不断电；加速接触器 $4KM_6$（24 支路）因 $4KM_6$ 动合触点断开，电动机转子串入三段电阻，按电动机方式运行。由于 $M<M_L$，电动机开始减速。

3. 自由滑行减速

自由滑行减速时，司机在减速点立即将主令控制器手柄扳至中间零位，电动机定子断电，转子串入全部电阻。此时，电动机转矩 $M=0$，在负载转矩的作用下开始减速。当达到爬行阶段时，如需正力，司机重新扳动主令手柄以实现二次给电脉动爬行。

4. 脚踏动力制动减速

在提升机运行的任何时刻均可投入脚踏动力制动减速。在低速下放重物或人员时，也可按脚踏动力制动方式运行。

提升机运行中，如需动力制动减速，司机可踩下脚踏动力制动开关 SF2（27 支路），利用 5KM 与 2KB 使电动机投入动力制动运行，控制线路动作与自动投入动力制动减速相似。动力制动转矩的调节，可由司机通过脚踏自整角机 B2 来人工控制。

当采用脚踏动力制动下放重物时，由于开始下放速度很低，$3KV_1$～$3KV_3$ 的触点（18、20、22 支路）均闭合，使 $4KM_1$～$4KM_4$ 均有电，电动机转子串入四段电阻动力制动运行。此时，主令控制器手柄习惯上均放在零位，同时将工作制动手柄慢慢推向松闸位置，提升机便在重物的作用下慢慢加速，转子电阻按 $3KV_1$～$3KV_3$ 吸合自动串入（$4KM_2$～$4KM_4$ 释放），司机控制动力制动踏板的角度，即改变自整角机 B2 的角度，用以调节制动电流的大小，以满足下放速度的要求。制动电流愈大，下放速度愈低。当至减速点，制动电流按速度闭环自动调节，转子电阻的切除仍由继电器控制，进行自动减速。

5. 爬行阶段

当提升速度减至 0.5m/s 时，第 3 支路中的低速继电器 $1KL_1$ 释放，其串接在 33 支路中的动合触点断开，使低速中间继电器 $1KL_2$ 断电，它在 11 支路中的动断触点闭合，为二次给电做好准备；它在 32 支路中的动断触点闭合，使 3KC 通电吸合。3KC 串接在 27 支路中的动合触点闭合使 5KM 通电，其串接在 15 支路的动断触点断开，使动力制动接触器 3KM 和动力制动继电器中间 3KB 断电，解除动力制动；接在 9 支路的动合触点 $4KM_8$ 闭合，为电动机二次给电做准备。46 支路中的 3KM 动合触点断开，使熄弧继电器 2KT 断电，其在 47 支路与 48 支路之间动断触点延时闭合，使 1KT1 通电。1KT1 串接在 15 支路的动合触点闭合，使 $2KM_1$（或 $2KM_2$）通电吸合，电动机二次给电，转子串入全部电阻运行在 RY1 特性曲线上，速度继续下降。同时 $2KM_1$ 在 46 支路中的动合触点闭合，使 2KT 通电，1KT 断电，其 16 支路的动断触点延时闭合，接通 $4KM_1$，切除第一预备级电阻，电动机转入 RY2 特性曲线上加速运行。当提升机速度达到 1.5m/s 左右时，第 3 支路低速继电器 $1KL_1$ 又重新吸持，通过第 33 支路使中间继电器 $1KL_2$ 通电，电动机又与交流电网断开，电动机以自由滑行方式减速，待速度下降到 0.5m/s 时又重复上述过程，如此直至容器达到停车位置。

6. 停车

当容器达到停车点时，35 支路中的终点开关 2SE1（或 2SE2）被碰开，使工作闸继电器 1KB 断电，在 66 支路中的动合触点断开 AM1 电源，自动实现工作制动。同时使提升方向选择继电器 $2KC_1$ 断电，$2KC_2$ 可以通电（36 支路），保证了提升机再次提升时，只能反向运转。

7. 验绳及调绳

（1）验绳　当需要检查提升钢丝绳或检修井筒时，要求提升机在很低的速度下运行。此时的操作过程与正常开车相同，只是用主令控制器切除第一预备级电阻，使提升机在第二预备级上低速运行，便可实现验绳或井筒检修。

（2）调绳　对于双卷筒提升机，在更换水平等情况下需要进行调绳，使上、下提升容器同时达到停车位置。

双卷筒提升机的两只卷筒，一只固定在卷筒轴上，称为固定卷筒；另一只通过离合器与卷筒轴相连，称为流动卷筒。正常提升时，离合器为“合上”状态，卷筒轴带动两只卷筒一起转动。调绳时，通过液压装置使离合器“分离”，单独闸住流动卷筒，松开固定卷筒闸，开动提升机，使固定卷筒跟随提升机转动，直到提升容器到达新的位置；然后使游动卷筒复原，完成调绳过程。

为使调绳过程能安全进行，TKD-A 系统设置有安全闭锁电路，如图 6-7 中支路 9 所示，它由开关 3SA、5SL、$4SL_1$、$4SL_2$ 各调绳转换开关 $1QC_7$ 的触点组成。其中 3SA 为主令开关，用于调绳过程中控制安全回路的通断；位置开关 5SL 装在游动卷筒的闸瓦上，紧闸状态时闭合，松闸状态时断开，用于调绳松闸保护；位置开关 $4SL_1$、$4SL_2$ 装在离合器上，当离合器完全合好时，$4SL_1$ 被压闭合；完全离开时，$4SL_2$ 被压闭合。离合器在离合过程中，$4SL_1$、$4SL_2$ 均断开，保证在离合期间，安全回路不能通电。

调绳操作的步骤如下。

① 启动制动油泵，并接通控制电路。

② 调绳转换开关 1QC 打至调绳位置，其触点 $1QC_7$ 断开，调绳闭锁电路串入安全回路；13 支路的触点 $1QC_2$ 闭合，这时工作闸继电器 1KB 通电做准备；41 支路的触点 $1QC_{10}$ 闭合，用于显示调绳过程中离合器的离合状态；64 支路的触点 $1QC_{12}$ 闭合，为液压站的四通阀、五通阀电磁铁 YA1、YA2 通电做准备。

③ 控制主令开关 $1SA_1$ 断开安全回路，提升机抱闸。

④ 将工作闸手柄推向松闸位置，使液压站制动油压达到最大值，然后调整液压系统减压阀，使离合器油路压力达到一定数值。

⑤ 闭合 64 支路中的开关 5SA，五通阀电磁铁 YA1 通电，此时游动卷筒被闸紧，压力油通过五通阀进入离合器，离合器被慢慢打开。在离合器离开前，安全回路中的触点 $4SL_1$ 闭合，$4SL_2$ 断开，41 支路的触点 $4SL_1$ 断开，$4SL_2$ 闭合，指示灯 1HL1 灭，1HL3 亮；当离合器刚离开时，安全回路中的 $4SL_1$、$4SL_2$ 均断开，保证安全闭锁，同时 41 支路中的 $4SL_1$、$4SL_2$ 均闭合，指示灯 1HL1、1HL3 均亮，表示离合器已离开；当离合器完全离开时，安全回路的触点 $4SL_2$ 闭合，解除闭锁，接通安全回路，41 支路的触点 $4SL_2$ 断开，指示灯 $1HL_3$ 灭，表示离合器已处于离开位置。

⑥ 将工件闸手柄拉回紧闸位置，安全回路中的触点 $2SA_1$ 闭合，为安全接触器通电做准备。

⑦ 闭合主令开关 $1SA_1$，安全接触器通电，解除制动，按正常开车方式启动电动机，使固定卷筒单独运行，直到提升容器到达新的终点位置时，可施闸停车，新水平调整结束。

⑧ 重新断开主令开关 $1SA_1$，安全回路断电，提升机制动抱闸。

⑨ 将工件闸手柄推向松闸位置，制动油压回升。

⑩ 闭合 64 支路中的开关 6SA，四通阀电磁铁 YA2 被接通，压力油通过四通阀将离合器慢慢合上，安全回路及 41 支路的触点 $4SL_1$、$4SL_2$ 相应动作，并由指示灯显示离合器状态。

⑪ 将工作闸手柄拉回紧闸位置，断开 64 支路的开关 5SA、6SA，并使高调绳转换开关 1QC 复位，调绳闭锁电路解除，调绳过程结束。

在调绳过程中，闭锁电路中的位置开关 5SL 作为游动卷筒的松闸保护，当离合器完全离开后，固定卷筒旋转时，若由于某种原因使游动卷筒松闸，该开关触点将断开，切断安全回路，实现安全制动，从而起到保护作用。

【操作训练】

序号	训练内容	训练要点
1	TKD 单绳交流提升机电控系统的启动、加速控制	掌握 TKD 单绳交流提升机电控系统加速、等速、减速各阶的工作过程，并能够完成对此类提升机进行日常的维护维修工作
2	TKD 单绳交流提升机电控系统的等速控制阶段工作过程	
3	TKD 单绳交流提升机电控系统的减速阶段工作过程	

【任务评价】

序号	考核内容	考核项目	配分	得分
1	TKD单绳交流提升机电控系统的工作过程	TKD单绳交流提升机电控系统加速、等速、减速各阶段的工作过程	80	
2	遵章守纪	出勤、态度、纪律、认真程度	20	

参考文献

[1] 王消灵，龚幼民．现代矿井提升机电控系统．北京：机械工业出版社，1996.
[2] 郭海，穆连生．高产高效矿井综连采电气技术．北京：煤炭工业出版社，2005.
[3] 顾永辉．煤矿电工手册：第三分册．北京：煤炭工业出版社，1999.
[4] 王红俭，王会森．煤矿电工学．北京：煤炭工业出版社，2005.
[5] 何凤有，潭国俊．矿井直流提升机计算机控制技术．徐州：中国矿业大学出版社，2003.
[6] 姚承三，杨仲平．矿山机械的自动控制系统．徐州：中国矿业学院出版社，1987.
[7] 李明．矿山机械电气控制设备使用与维护．重庆：重庆大学出版社，2009.
[8] 梁南丁．矿山机械设备电气控制．徐州：中国矿业大学出版社，2009.